普通高等教育"十三五"规划教材

资源循环科学与工程专业系列教材　薛向欣　主编

污水处理与水资源循环利用

马兴冠　编

北　京

冶金工业出版社

2020

内 容 提 要

本教材为资源循环科学与工程专业系列教材之一。内容包括：绪论；污水处理方法及原理；城市污水再生利用系统；矿山工业废水处理及循环利用；冶金工业废水处理及循环利用；电镀废水处理及循环利用；化工行业废水处理及循环利用等。

本教材为资源循环科学与工程专业本科教学用书，可作为相关专业研究生参考书，也可作为环境科学与工程专业的本科教学参考书。

图书在版编目（CIP）数据

污水处理与水资源循环利用/马兴冠编. —北京：
冶金工业出版社，2020.9
普通高等教育"十三五"规划教材
ISBN 978-7-5024-6788-3

Ⅰ.①污…　Ⅱ.①马…　Ⅲ.①污水处理—高等
学校—教材②水资源—循环使用—高等学校—教材
Ⅳ.①X703　②TV213.4

中国版本图书馆 CIP 数据核字（2020）第 166584 号

出 版 人　陈玉千
地　　　址　北京市东城区嵩祝院北巷 39 号　邮编　100009　电话　（010）64027926
网　　　址　www.cnmip.com.cn　电子信箱　yjcbs@cnmip.com.cn
责任编辑　刘小峰　雷晶晶　美术编辑　彭子赫　版式设计　禹　蕊
责任校对　李　娜　责任印制　李玉山
ISBN 978-7-5024-6788-3
冶金工业出版社出版发行；各地新华书店经销；三河市双峰印刷装订有限公司印刷
2020 年 9 月第 1 版，2020 年 9 月第 1 次印刷
787mm×1092mm　1/16；17.25 印张；415 千字；260 页
49.00 元
冶金工业出版社　投稿电话　（010）64027932　投稿信箱　tougao@cnmip.com.cn
冶金工业出版社营销中心　电话　（010）64044283　传真　（010）64027893
冶金工业出版社天猫旗舰店　yjgycbs.tmall.com
（本书如有印装质量问题，本社营销中心负责退换）

序

  人类的生存与发展、社会的演化与进步，均与自然资源消费息息相关。人类通过对自然界的不断索取，获取了创造财富所必需的大量资源，同时也因认识的局限性、资源利用技术选择的时效性，对自然环境造成了无法弥补的影响。由此产生大量的"废弃物"，为人类社会与自然界的和谐共生及可持续发展敲响了警钟。有限的自然资源是被动的，而人类无限的需求却是主动的。二者之间，人类只有一个选择，那就是必须敬畏自然，必须遵从自然规律，必须与自然界和谐共生。因此，只有主动地树立"新的自然资源观"，建立像自然生态一样的"循环经济发展模式"，才有可能破解矛盾。也就是说，必须采用新方法、新技术，改变传统的"资源—产品—废弃物"的线性经济模式，形成"资源—产品—循环—再生资源"的物质闭环增长模式，将人类生存和社会发展中产生的废弃物重新纳入生产、生活的循环利用过程，并转化为有用的物质财富。当然，站在资源高效利用与环境友好的界面上考虑问题，物质再生循环并不是目的，而只是一种减少自然资源消耗、降低环境负荷、提高整体资源利用率的有效工具。只有充分利用此工具，才能维持人类社会的可持续发展。

  "没有绝对的废弃物，只有放错了位置的资源。"此言极富哲理，即若有效利用废弃物，则可将其变为"二次资源"。既然是二次资源，则必然与自然资源（一次资源）自身具有的特点和地域性、资源系统与环境的整体性、系统复杂性和特殊性密切相关，或者说自然资源的特点也决定了废弃物再资源化科学研究与技术开发的区域性、综合性和多样性。自然资源和废弃物间有严格的区分和界限，但互相并不对立。我国自然资源禀赋特殊，故与之相关的二次资源自然具备了类似特点：能耗高，尾矿和弃渣的排放量大，环境问题突出；同类自然资源的利用工艺差异甚大，故二次资源的利用也是如此；虽是二次资源，但同时又是具有废弃物和污染物属性的特殊资源，绝不能忽视再利用过程的污染转移。因此，站在资源高效利用与环境友好的界面上考虑再利用的原理和技术，不能单纯地把废弃物作为获得某种产品的原料，而应结合具体二次资源考虑整体化、功能化的利用。在考虑科学、技术、环境和经济四者统一原则下，遵从只有科学原理简单，技术才能简单的逻辑，尽可能低投入、低消耗、低污染和高效率地利用二次资源。

2008 年起，国家提出社会经济增长方式向"循环经济""可持续发展"转变。在这个战略转变中，人才培养是重中之重。2010 年，教育部首次批准南开大学、山东大学、东北大学、华东理工大学、福建师范大学、西安建筑科技大学、北京工业大学、湖南师范大学、山东理工大学等十所高校，设立战略性新兴产业学科"资源循环科学与工程"，并于 2011 年在全国招收了首届本科生。教育部又陆续批准了多所高校设立该专业。至今，全国已有三十多所高校开设了资源循环科学与工程本科专业，某些高校还设立了硕士和博士点。该专业的开创，满足了我国战略性新兴产业的培育与发展对高素质人才的迫切需求，也得到了学生和企业的认可和欢迎，展现出极强的学科生命力。

"工欲善其事，必先利其器"。根据人才培养目标和社会对人才知识结构的需求，东北大学薛向欣团队编写了《资源循环科学与工程专业系列教材》。系列教材目前包括《有色金属资源循环利用（上、下册）》《钢铁冶金资源循环利用》《污水处理与水资源循环利用》《无机非金属资源循环利用》《土地资源保护与综合利用》《城市垃圾安全处理与资源化利用》《废旧高分子材料循环利用》七个分册，内容涉及的专业范围较为广泛，反映了作者们对各自领域的深刻认识和缜密思考，读者可从中全面了解资源循环领域的历史、现状及相关政策和技术发展趋势。系列教材不仅可用于本科生课堂教学，更适合从事资源循环利用相关工作的人员学习，以提升专业认识水平。

资源循环科学与工程专业尚在发展阶段，专业研发人才队伍亟待壮大，相关产业发展方兴未艾，尤其是随着社会进步及国家发展模式转变所引发的相关产业的新变化。系列教材作为一种积极的探索，她的出版，有助于我国资源循环领域的科学发展，有助于正确引导广大民众对资源进行循环利用，必将对我国资源循环利用领域产生积极的促进作用和深远影响。对系列教材的出版表示祝贺，向薛向欣作者团队的辛勤劳动和无私奉献表示敬佩！

中国工程院院士

2018 年 8 月

主 编 的 话

众所周知，谁占有了资源，谁就赢得了未来！但资源是有限的，为了可持续发展，人们不可能无休止地掠夺式地消耗自然资源而不顾及子孙后代。而自然界周而复始，是生态的和谐循环，也因此而使人类生生不息繁衍至今。那么，面对当今世界资源短缺、环境恶化的现实，人们在向自然大量索取资源创造当今财富的同时，是否也可以将消耗资源的工业过程像自然界那样循环起来？若能如此，岂不既节约了自然资源，又减轻了环境负荷；既实现了可持续性发展，又荫福子孙后代？

工业生态学的概念是 1989 年通用汽车研究实验室的 R. Frosch 和 N. E. Gallopou-louszai 在 "Scientific American" 杂志上提出的，他们认为 "为何我们的工业行为不能像生态系统那样，在自然生态系统中一个物种的废物也许就是另一个物种的资源，而为何一种工业的废物就不能成为另一种资源？如果工业也能像自然生态系统一样，就可以大幅减少原材料需要和环境污染并能节约废物垃圾的处理过程"。从此，开启了一个新的研究人类社会生产活动与自然互动的系统科学，同时也引导了当代工业体系向生态化发展。工业生态学的核心就是像自然生态那样，实现工业体系中相关资源的各种循环，最终目的就是要提高资源利用率，减轻环境负荷，实现人与自然的和谐共处。谈到工业循环，一定涉及一次资源（自然资源）和二次资源（工业废弃物等），如何将二次资源合理定位、科学划分、细致分类，并尽可能地进入现有的一次资源加工利用过程，或跨界跨行业循环利用，或开发新的循环工艺技术，这些将是资源循环科学与工程学科的重要内容和相关产业的发展方向。

我国的相关研究几乎与世界同步，但工业体系的实现相对迟缓。2008 年我国政府号召转变经济发展方式，各行业已开始注重资源的循环利用。教育部响应国家号召首批批准了十所高校设立资源循环科学与工程本科专业，东北大学也在其中，目前已有 30 所学校开设了此专业。资源循环科学与工程专业不仅涉及环境工程、化学工程与工艺、应用化学、材料工程、机械制造及其自动化、电子信息工程等专业，还涉及人文、经济、管理、法律等多个学科；与原有资源工程专业的不同之处在于，要在资源工程的基础上，讲清楚资源循环以及相应的工程和管理。

通过总结十年来的教学与科研经验，东北大学资源与环境研究所终于完成了《资源循环科学与工程专业系列教材》的编写。系列教材的编写思路如下：

（1）专门针对资源循环科学与工程专业本科教学参考之用，还可以为相关专业的研究生以及资源循环领域的工程技术人员和管理决策人员提供参考。

（2）探讨资源循环科学与工程学科与冶金工业的关系，希望利用冶金工业为资源循环科学与工程学科和产业做更多的事情。

（3）作为探索性教材，考虑到学科范围，教材内容的选择是有限的，但应考虑那些量大面广的循环物质，同时兼顾与冶金相关的领域。因此，系列教材包括水、钢铁材料、有色金属、硅酸盐、高分子材料、城市固废和与矿业废弃物堆放有关的土壤问题，共 7 个分册。但这种划分只能是一种尝试，比如水资源循环部分不可能只写冶金过程的问题；高分子材料的循环大部分也不是在冶金领域；城市固废的处理量也很少在冶金过程消纳掉；即使是钢铁和有色金属冶金部分也不可能在教材中概全，等等。这些也恰恰给教材的续写改编及其他从事该领域的同仁留下想象与创造的空间和机会。

如果将系列教材比作一块投石问路的"砖"，那么我们更希望引出资源能源高效利用和减少环境负荷之"玉"。俗话说"众人拾柴火焰高"，我们真诚地希望，更多的同仁参与到资源循环利用的教学、科研和开发领域中来，为国家解忧，为后代造福。

系列教材是东北大学资源与环境研究所所有同事的共同成果，李勇、胡恩柱、马兴冠、吴畏、曹晓舟、杨合和程功金七位博士分别主持了 7 个分册的编写工作，他们付出的辛勤劳动一定会结出硕果。

中国工程院黄小卫院士为系列教材欣然作序！冶金工业出版社为系列教材做了大量细致、专业的编辑工作！我的母校东北大学为系列教材的出版给予了大力支持！作为系列教材的主编，本人在此一并致以衷心谢意！

东北大学资源与环境研究所

2018 年 9 月

前　　言

　　近年来，随着对美好中国建设的不断深入，全民对水处理及循环利用的意识越来越高，对节约用水及消灭黑臭水体的呼声越来越高。为了从根本上解决水体污染和水资源供需矛盾，各行各业都开始重视污染水的处理能力，并对处理后水的循环利用提出了更高的要求，促使污水处理和水循环技术取得长足的进步。为了适应我国污水处理及水资源循环利用科学技术教育发展的需要，培养水处理及循环利用的专业技术人才，特编写本教材。

　　本教材为资源循环科学与工程专业本科教材，主要内容分为 7 章，包括：绪论；污水处理的方法及原理；城市污水再生利用系统；矿山工业废水处理及循环利用；冶金工业废水处理及循环利用；电镀废水处理及循环利用；化工行业废水再生及循环利用。本教材同时可作为环境科学与工程专业的本科教材，也可作为相关专业的研究生参考书，以及从事水处理和水循环利用工程技术人员的参考书。

　　感谢我的博士生导师薛向欣教授给予的细心指导！感谢东北大学杨合、李勇等老师以及沈阳建筑大学徐丽、李薇等同事为本教材编写提供的支持和帮助！李媛媛、席凤祥、张括、马吉燊、鄂男旬、刘潇锋、马榕徽、杜玉春、李浩楠、郝目远、蒋毓婷、宁宇、贾澍、宁慧婕、铁玉瑞、董畅、杨小铎、石宏瑀、刘金金等同学为本教材的编写收集了大量资料，部分同学参加了本教材的校对工作，在此一并表示衷心的感谢。本教材在编写过程中参考了相关教材、专著和其他文献，对文献作者表示由衷感谢！

　　限于编者水平，书中疏漏和不足之处在所难免，恳请读者批评指正。

编　者

2020 年 9 月 10 日

目　　录

1 绪　论

本章提要：

　　本章主要讲述了水及水循环、水资源、水循环经济、污水性质及水质指标四个大方面的知识。要求学生了解水的作用及水循环经济方面的知识，熟悉水循环过程，重点掌握污水分类及性质、主要的水质指标及它们之间的相互联系。

1.1　水及水循环

1.1.1　水的作用

　　水（H_2O）是由氢、氧两种元素组成的无机物，在常温常压下为无色无味的透明液体。人类很早就开始对水产生了认识，古代西方提出的四元素说中就有水；中国古代的五行学说中水代表了所有的液体，以及具有流动、润湿、阴柔性质的事物。

　　水是最常见的物质之一，是包括人类在内所有生命生存的重要资源，也是生物体最重要的组成部分，水在工业生产中也起到了重要的作用。

　　（1）水是生命的源泉。在地球上，一切生命活动都是起源于水的。水是一切生命机体的组成物质，人体内的水分，大约占到体重的 65%。其中，脑髓含水 75%，血液含水 83%，肌肉含水 76%，连坚硬的骨骼里也含水 22%！植物含有大量的水，约占体重的 80%，蔬菜含水 90%~95%，水生植物竟含水 98%以上。水是人类及一切生物赖以生存的必不可少的物质基础，没有水，食物中的养料不能被吸收，废物不能排出体外，药物不能到达起作用的部位。人体一旦缺水，后果是很严重的。缺水 1%~2%，感到渴；缺水 20%，晕倒，像死一样。没有食物，人只可以活 3 周，如果连水也没有，最多能活 3 天。

　　（2）水是工业的血液。水，参加了工矿企业生产的一系列重要环节，在制造、加工、冷却、净化、空调、洗涤等方面发挥着重要的作用，被誉为工业的血液。例如，在钢铁厂，靠水降温保证生产；钢锭轧制成钢材，要用水冷却；高炉转炉的部分烟尘要靠水来收集；锅炉里更是离不了水，制造 1t 钢，大约需用 25t 水。水在造纸厂是纸浆原料的疏解剂、解释剂、洗涤运输介质和药物的溶剂，制造 1t 纸需用 450t 水。火力发电厂冷却用水量十分巨大，同时，也消耗部分水。食品厂和面、蒸馏、煮沸、腌制、发酵都离不了水，酱油、醋、汽水、啤酒等，其实就是水的化身。

1.1.2　地球上水的分布

　　水是工农业生产、社会经济发展和生态环境改善不可替代的极为宝贵的自然资源。地球71%的面积被水覆盖，水的总量估计为 $1.39×10^{18}\,m^3$，从数量上看，地球上的水量是非常丰富的。地球上的水分布在海洋、湖泊、沼泽、河流、冰川、雪山，以及大气、生物体、土壤和地层。其中，海洋水体约占 97.41%，陆地上、大气和生物体中的水只占很少一部分，淡水总量仅为 $0.036×10^{18}\,m^3$。这部分淡水中，冰帽和冰河水体约占 1.984%，地下水约占 0.592%，湖泊水体约占 0.007%，土壤水体约占 0.005%，大气中水蒸气约占 0.001%，河流水体约占 0.0001%，生物体中水约占 0.0001%。若扣除无法取用的冰川和高山顶上的冰冠，以及分布在盐碱湖和内海的水量，陆地上可用的淡水量不到地球总水量的 1%。

1.1.3　水的自然循环

地球上的水圈是一个永不停息的动态系统。在太阳辐射和地球引力的推动下，水在水圈内各组成部分之间不停运动着，并把各种水体连接起来，使得各种水体能够长期存在。降水、蒸发和径流是水循环过程的三个最主要环节，这三者构成的水循环途径决定着全球的水量平衡。水的自然循环和社会循环如图 1-1 所示。

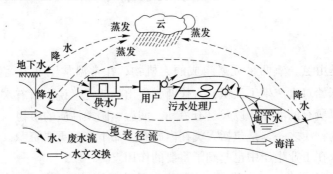

图 1-1　水的自然循环和社会循环

蒸发是水循环中最重要的环节之一。由蒸发产生的水汽进入大气并随大气活动而运动。大气中的水汽主要来自海洋，还有少部分来自大陆表面。海洋上空的水汽可被输送到陆地上空凝结降水，称为外来水汽降水；大陆上空的水汽直接凝结降水，称为内部水汽降水。某地总降水量与外来水汽降水量的比值称该地的水分循环系数。大气层中水汽的循环是"蒸发—凝结—降水—蒸发"的周而复始的过程。全球的大气水分交换的周期为 10 天。

径流是一个地区（流域）的降水量与蒸发量的差值。

多年平均的大洋水量平衡方程为：蒸发量＝降水量－径流量；

多年平均的陆地水量平衡方程为：降水量＝径流量＋蒸发量。

在太阳能的作用下，海洋表面的水蒸发到大气中形成水汽，水汽随大气环流运动，一部分进入陆地上空，在一定条件下形成雨雪等降水；大气降水到达地面后转化为地下水、土壤水和地表径流，地下径流和地表径流最终又回到海洋，由此形成海陆之间的大循环。

陆地上（或一个流域内）发生的水循环是降水—地表和地下径流—蒸发的复杂过程。陆地上的大气降水、地表径流及地下径流之间的交换又称三水转化。地下水的运动主要与分子力、热力、重力及空隙性质有关，其运动是多维的。通过土壤和植被的蒸发、蒸腾向上运动成为大气水分；通过入渗向下运动可补给地下水；通过水平方向运动又可成为河湖水的一部分。地下水储量虽然很大，但却是经过长年累月甚至上千年蓄积而成的，水量交换周期很长，循环极其缓慢。地下水和地表水的相互转换是研究水量关系的主要内容之一，也是现代水资源计算的重要问题。

据估计，全球每年总的循环水量约为 $496×10^{12}\,m^3$，不到全球总储水量的万分之四。在这些循环水中，约有 22.4% 成为陆地降水，这其中的约三分之二又从陆地蒸发掉了。但总蒸发量小于降水量，这才形成了地面径流。

1.1.4 水的社会循环

水的社会循环是指在水的自然循环当中，人类不断利用其中的地下径流或地表径流满足生活与生产之需而产生的人为水循环。

在水的社会循环中，即在人类的生活和生产用水过程中，会使水携带大量废弃物排入水体，造成水体污染。如以受污染的水体作为饮用水源，按现行的常规处理工艺又不能有效地去除污染物，必然会导致污染物进入人体，危害人的身体健康，所以也就影响了水资源的可持续利用。在我国，目前农业的用水占用水总量的 80% 左右，但因灌溉技术落后，水的有效利用率仅约 30%。同时，由于工业生产工艺落后，工业万元生产值的耗水量巨大，加之居民与工业用户的跑、冒、滴、漏等对水资源的浪费十分严重。从另一方面看，我国目前工业用水的重复利用和循环利用率普遍较低，城市污水资源化更为稀少。这些方面的情况如不改变，必然会进一步加剧我国水资源的短缺，成为制约社会经济发展的重要因素。

1.1.5 水循环的主要作用

水循环是联系地球各圈和各种水体的"纽带"，是"调节器"，它调节了地球各圈层之间的能量，对冷暖气候变化起到了重要的作用。水循环是"雕塑家"，它通过侵蚀、搬运和堆积，塑造了丰富多彩的地表形象。水循环是"传输带"，它是地表物质迁移的强大动力和主要载体。更重要的是，通过水循环，海洋不断向陆地输送淡水，补充和更新陆地上的淡水资源，从而使水成为了可再生的资源。

水循环的主要作用表现在三个方面：

（1）水是所有营养物质的介质，营养物质的循环和水循环不可分割地联系在一起；

（2）水对物质是很好的溶剂，在生态系统中起着能量传递和利用的作用；

（3）水是地质变化的动因之一，一个地方矿质元素的流失，而另一个地方矿质元素的沉积往往要通过水循环来完成。

水在循环过程中，沿途挟带的各种有害物质，可由于水的稀释扩散，降低浓度而无害化，这是水的自净作用。但也可能由于水的流动交换而迁移，造成其他地区或更大范围的污染。

人类生产和消费活动排出的污染物通过不同的途径进入水循环。矿物燃料燃烧产生并排入大气的二氧化硫和氮氧化物，进入水循环能形成酸雨，从而把大气污染转变为地面水和土壤的污染。大气中的颗粒物也可通过降水等过程返回地面。土壤和固体废物受降水的冲洗、淋溶等作用，其中的有害物质通过径流、渗透等途径，参加水循环而迁移扩散。人类排放的工业废水和生活污水，使地表水或地下水受到污染，最终使海洋受到污染。

1.1.6 影响水循环的因素

自然因素主要有气象条件（大气环流、风向、风速、温度、湿度等）和地理条件（地形、地质、土壤、植被等）。人为因素对水循环也有直接或间接的影响。

人类活动不断改变着自然环境，越来越强烈地影响水循环的过程。人类构筑水库，开凿运河、渠道、河网，以及大量开发利用地下水等，改变了水的原来径流路线，引起水的分布和水的运动状况的变化。农业的发展，森林的破坏，引起蒸发、径流、下渗等过程的变化。城市和工矿区的大气污染和热岛效应也可改变本地区的水循环状况。

1.2 水 资 源

1.2.1 水资源定义

根据世界气象组织（WMO）和联合国教科文组织（UNESCO）的"International Glossary of Hydrology"（国际水文学名词术语，第 3 版，2012 年）中有关水资源的定义，水资源是指可被利用或有可能被利用的水源，这个水源应具有足够的数量和合适的质量，并满足某一地方在一段时间内具体利用的需求。

水资源是人类生产和生活中不可缺少的自然资源，也是生物赖以生存的环境资源，从现实角度来看，水资源不仅具有自然属性、社会属性、环境属性，更重要的是它还具有经济属性。随着水资源危机的加剧和水环境质量不断恶化，水资源短缺已演变成世界备受关注的资源环境问题之一。

1.2.2 水资源保护与管理

世界上许多国家正面临水资源危机，我国水资源危机更为严重，缺水更成为经济发展和社会进步的重要制约因素。开展水资源保护管理的研究，探讨水资源质量管理理论方法和管理体系，解决我国水资源保护管理中的关键技术，是实现水资源永续利用，促进社会经济可持续发展的重要前提。

国外对水资源保护相当重视，将其纳入流域管理的核心内容之一。近年来，随着生态环境的变化和人们认识的不断提高，流域管理突出表现为合理利用流域水资源，流域环境保护和流域生态系统建设等。流域管理的目的是充分发挥水土资源及其他自然资源的生态效益、经济效益和社会效益，以流域为单元，在全面规划的基础上，合理安排工、农、林、牧、副各业用水，因地制宜布设综合治理措施，对水土及其他自然资源进行保护、改良与合理利用，实现可持续发展战略。

在欧美等发达国家，经过一个世纪的发展演变，流域管理的理念发生了重大变化，水资源保护管理的政策、形式和内容也随之而变，经历了防洪→供水→水资源保护→景观建设→生态恢复→生态平衡等阶段。

总体来看，发达国家目前的流域管理方式已从注重水资源量的管理转向流域水土保持、水资源量、水环境和生态系统的可持续性综合管理，即对流域内的水土资源及其他相关资源的开发、利用和保护进行统一规划、协调与管理，尤其重视流域生态系统的修复和人与自然的和谐相处。其中以美国的流域水资源管理模式转换最富有代表性，其特征可归纳如下：(1) 重视水资源一体化管理；(2) 重视水资源量和水质保护并重；(3) 重视生态环境用水量；(4) 强调改进流域生态系统的整体功能；(5) 由重开发转向开发保护并重；(6) 由重治理转向重预防；(7) 重视非工程措施在水资源保护管理中的作用；(8) 流域水环境保护由点污染源治理转向综合控制管理；(9) 强调政府、企业和公众在流域管理中的共同参与和协作；(10) 重视流域所有资料、信息，特别是水资源量和质量监测成果共享。

1.3　水循环经济

1.3.1　可持续发展理论与水资源管理

产业革命以来，人类活动对自然的两重性愈加明显，随着人口问题、资源问题、环境问题——即全球问题的提出，可持续发展成为全世界 21 世纪发展经济的主题。这就要求要将水资源合理开发利用提高到人口、经济、资源和环境共同协调发展的高度来认识。可见，"可持续发展"的思想将推进水资源的开发和管理，并由此构成未来水资源管理的新理论。

首先，可持续发展理论要求水资源利用要关注流域尺度或区域尺度的可持续发展。由于水资源与水环境系统以流域尺度为基本单元，可持续发展在协调水环境系统与经济系统的关系时，必须以流域整体思想为指导。恢复和逐步改善流域水资源环境系统的功能，是谋求可持续发展的必由之路。

其次，可持续发展理论要求定量描述并分析水环境系统与经济系统的关系，使得水环境核算研究成为当前水环境经济领域的最前沿课题。水环境核算包括实物量核算与价值量核算，实物核算是建立在水循环定量分析的基础上，用实物单位描述经济系统与水资源的输入输出关系；价值核算集中在水环境价值的内涵、类型及量化方法上，水资源价值核算将为水权、水价、排污权等水环境保护市场机制的形成奠定理论基础。

最后，可持续发展理论要求水资源利用从循环经济的角度考虑。循环经济作为生态效率高、经济效益好、资源消耗低、环境污染少的经济生产模式，在全球范围受到广泛的重视，是对可持续发展的重要贡献。

1.3.2　水循环经济的概念

关于水循环经济的概念，到目前为止学术界并未明确提出，大多数是在循环经济的概念基础上，从城市或产业的角度提出了一些近似的概念。

水循环经济首先是一种先进的水资源经济发展模式。它是建立在社会水循环系统分析的基础上，遵循循环经济的思想，按照水资源节约、水环境友好的原则，让人们在生产和生活过程中，在水资源开发利用的各个环节，始终贯穿"减量化、再利用、再循环"的原则；重视采用新技术、新材料、新工艺，并以完善的制度建设、管理体制、运行机制和法律体系为保障，提高水的利用效益和效率，最大限度地减轻和降低污染，来实现社会发展的最终可持续性。

水循环经济的模式方面，至少包括两层内涵：一是在用水环节，对于跑、冒、滴、漏、污实现最小量化，最大限度地实现水的净化、回收、循环利用，达到或接近水的零排放；二是尊重自然界水的循环规律，在区域范围内，通过经济、工程技术、立法等手段调整水的时空合理分布和利用，维护水的自然循环系统，使水资源得以永续利用。

1.3.3　水循环经济的特征

水循环经济作为一种先进的经济发展模式具有如下特征：

（1）发展目标上追求效率、效益和可持续的统一性。

1）效率特征要求水资源利用注重节水，节水应在不降低人民生活质量和经济社会发展能力的前提下，在先进科学技术的支撑下，采取综合措施减少用水过程中的损失、消耗和污染，提高水的利用效率，高效利用水资源。

2）效益特征表现在中观上水资源配置的高效益，要构建节水型经济系统和节水型社会系统。例如，非农产业的用水效益大大高于农业，低耗水产业的用水效益高于高耗水产业，经济作物的用水效益高于种植业，这要求通过结构调整优化配置水资源，将水从低效益用途配置到高效益领域，提高单位水资源消耗的经济产出。

3）可持续性是指水资源利用充分考虑了对生态环境的保护，不以牺牲生态环境为代价，这是水循环经济模式追求的最高目标。可持续性主要体现在宏观层面，要求区域发展与水资源承载能力相适应，塑造持续发展型社会；要求一个流域或地区量水而行，以水定发展，打造与当地资源禀赋相适应的产业结构；要求通过统筹规划、合理布局和精心管理，协调好生活、生产和生态用水的关系，将农业、工业的结构布局和城市人口的发展规模控制在水资源承载能力范围之内。

（2）管理环节上追求供水、用水和排水等环节的健康循环。

1）输入端的减量化原则（Reduce）。要求在供水环节，减少进入生产和消费流程的水资源量，即用较少的水资源投入满足既定的生产或消费需求，在经济活动的源头就做到节约水资源和减少污染。在生产中，要求采用清洁生产技术、节水技术和节水实践，从而减少生产过程中对水资源的需求量；在生活中，要求人们使用节水器具和采用节水实践来减少对水资源的过度需求，从而达到减少废水排放的目的。

2）过程控制的再利用原则（Reuse）。为了提高水资源的利用效率，要求从上一工序或过程排出的水资源能够直接为下一工序或过程所用，水资源在生产过程中尽量多次重复利用。在生产中，要求企业采用清洁生产和先进技术，以便于排出的水能够不经任何处理就能为另一用途所用；在生活中，鼓励人们采取措施将生活水重复使用后用于冲厕、灌溉等用途。

3）输出端的再循环原则（Recycle）。要求生产和消费过程中的污水重新变成可以利用的资源而不是无用的废水。废水资源化通常有两种方式：一是水资源循环利用后形成与原来相同的产品，二是水资源循环利用后形成不同的新产品，废水资源化后形成不同的产品可用于不同的用途。再循环原则要求水资源相关者将失去功能的废水恢复功能，从而可以再利用，以使水资源整个流程实现闭合。

（3）利用手段上追求科学技术、经济与行政手段的一体化。

1）先进的科学技术是循环经济的核心竞争力，如果没有先进技术的输入，水循环经济所追求的经济和环境多目标将难以从根本上实现。水循环经济的技术支持体系由五类构成，包括替代技术、减量化技术、再利用技术、污水资源化技术、系统化技术等。

2）有效的经济政策是水循环经济发展的重要推动力和必要保障。水循环经济发展模式要求应充分发挥市场机制对水资源配置的基础作用，充分利用价格、税收和财政等各种经济手段，包括建立征收水资源税制度、上下游生态补偿制度、污水资源化税收优惠制度等，从而实现符合水循环经济发展要求的"3R"原则。

3）法律和法规作为一种强制手段可以有效地推动水循环经济的发展，也是所有发达国家普遍采用的重要手段。从目前法制建设的需要来看，我国在水循环经济立法中存在着很多立法空白，极大地影响了水资源循环利用的顺利进行，迫切需要制定新的法律法规来规范各种水资源利用的行为，例如建立《节水型社会基本法》《污水资源化利用管理条例》等法律和制度，是水循环经济发展模式在管理手段上的重要特点。

1.3.4　水循环经济发展模式

水循环经济发展模式的选择体现在水循环体系的各个环节之中，包括供水、生产和生活用水、污水资源化、雨水利用等。

（1）节约用水模式。长期以来我国农业采用大漫灌的灌溉方式，用水量大，利用率低，浪费严重。可见，我国农业节水潜力相当可观，应大力研究和分析农业节水模式，通过节水灌溉和节水农业相结合的办法实现农业节水。要加强对工业行业节水的经济学研究，通过产业布局的调整和产业结构的调整，达到水资源节约利用和水环境污染控制的目的。在城镇，要加强水的循环利用研究，控制城镇生活的用水浪费，减少城市给水管网和用水器具漏水损失，充分发挥节水的潜力。要研究和分析各种节水模式的成本和效益，通过成本和效益的比较，选择最优的节约用水模式。

（2）清洁生产模式。近年来，世界上大力推广清洁生产，广泛采用循环利用经过处理的工业废水。由于采取这一措施，20年来，日本和德国的工业用水的数量没有增加。美国钢铁业在每吨钢需要的280t水中，只有14t是注入的新水，其余用的都是循环水。至2000年，我国工业废水的重复利用率已经达到70%以上，但与世界先进水平的90%~95%相比，还有不少的差距。根据我国目前的工业用水效率预计，2020年我国工业的年用水量将由现在的1100亿立方米增加到2000亿立方米，增加用水量约1倍。这就要求我们必须重视工业用水过程的研究，多角度地选择清洁生产模式，改进工艺和流程，进一步提高多次重复循环用水，提高用水的效率。

（3）污水资源化模式。工业废水资源化的观念是对传统工业废水末端治理的革命，是工业废水治理的努力方向；城市生活污水的处理可以考虑变集中处理为分散处理，分散处理的主要场所是居民住宅的屋顶。通过在城市建立中水系统，将生活、生产污水处理之后再次使用，从而节约大量的日常用水。经处理过的回用中水，主要可用于冲厕、体育场馆、高尔夫球场、浇灌花草树木、清洁道路、清洗车辆或基建施工、设备冷却、工业用水及其他可接受其水质标准的用水。我国90%以上的城市水域遭到污染，城市污水（包括生活污水和工业废水）以每年6.5%的速度增加，预计到2020年，城市污水产生量将达到600亿吨以上。因此，污水资源化应是我国21世纪城市水循环经济的着眼点，需要大力研究污水处理技术水平和污水资源化应用的方向。

（4）雨水资源化模式。由于自然和历史的原因，在我国北方地区，尤其是西北黄土高原的部分地区极度缺水。按可利用水资源统计，当地人均可利用水资源占用量只有 $110m^3$，是全国可利用水资源占有量 $720m^3$ 的 15.3%，是世界人均可利用水资源占有量 $2970m^3$ 的 3.7%。目前在我国的西部地区有近 1000 万人的饮用水极度困难。数百年来，西部地区居民积累了丰富的雨水汇集和利用的经验，使他们得以在这里生存。面对发展的需要，这种传统的集水方式受到了资金短缺的制约。为此，今后需要大力开展对西北地区雨水利用方式、雨水利用投融资方式等方面的研究。

（5）海水淡化模式。我国拥有超过 1.8 万千米的海岸线和 300 多万平方千米的海洋管辖区，海水利用和淡化是解决淡水紧缺问题的有效途径。据测算，中国城市的用水中约 80% 是工业用水，工业用水中约 80% 是工业冷却用水。如果能够用海水替代现有工业冷却用淡水总用量的 30%，就可以使沿海城市节约近 20% 的淡水资源，同时减少冷却水对环境的污染。我国的海水淡化起步于 20 世纪 60 年代，目前在技术上还不够成熟。今后，需要加强对海水淡化技术、海水对工业设备的腐蚀、海水淡化成本与效益、海水淡化产业化等方面的研究，使海水淡化利用成为我国解决缺水问题的重要选择之一。

1.3.5　水循环经济技术创新

"节流"与"开源"是解决水资源短缺的两个主要途径。在水资源供应不断减少的今天，其核心在于水的循环利用，即通过污水资源化、雨水资源化、节约用水等措施，增加水资源的间接供应，尽量减少水的使用量，这样不仅可以减少无效需求，减轻供水压力，还可以相应减少污水排放和污水处理的负担，减少对环境的污染。为此，循环用水可以说是实现水资源可持续利用的重要战略措施。循环用水需要采取工程、技术、经济和管理等各项综合措施，特别需要不断更新的污水处理技术、节水技术与设备的支持。

技术创新是为了实现一定的系统目标，考虑系统内外客观因素的制约，对各种可能得到的技术手段进行分析比较，不断研究和寻找新的最佳方案。对水循环经济的技术创新，主要是要将水循环经济的理念与思路引入水的供应、输送、使用、排放、处理和回用等过程中，通过对循环过程中水资源消耗、水循环利用、污水处理、水污染排放的分析，提出减量化、再使用、再循环的工程流程或技术建议。

1.4　污水性质与水质指标

1.4.1　污水的分类

水污染是由有害化学物质造成水的使用价值降低或丧失。按污染物的来源可分为天然污染和人为污染两大类。

天然污染是指自然界自行向水体释放有害物质或造成有害影响，诸如岩石和矿物的风化和水解、火山喷发、水流腐蚀地表、大气飘尘的降水淋洗、生物（主要是绿色植物）在地球化学循环中释放物质等。例如，在含有萤石（CaF_2）、氟磷灰石 [$Ca_5(PO_4)_3F$] 等矿区，可能引起地下水或地表水中氟含量增高，造成水体的氟污染。长期饮用此种水可能出现氟中毒。

人为污染是指由于人类活动形成的污染，按人类活动方式可分为工业、农业、交通、生活等污染。我们通常所说的污水就是生活污水、工业废水、径流污水的总称。

生活污水是人类在日常生活中使用过的，并被生活废料所污染的水。生活污水又可以分为厕所排出的粪便污水、厨房排出的洗涤废水和浴室排出的洗浴废水等。生活污水中的污染物，多为无毒的无机盐类如氯化物、硫酸盐和钠、钾、钙、镁等重碳酸盐；有机物质有纤维素、淀粉、糖类、脂肪、蛋白质和尿素等；此外，还含有各种微量金属如 Zn、Cu、Cr、Mn、Ni、Pb 等和各种洗涤剂、多种微生物。按其形态可分为：（1）不溶物质，这部分约占污染物总量的 40%，它们或沉积到水底，或悬浮在水中；（2）胶态物质，约占污染物总量的 10%；（3）溶解质，约占污染物总量的 50%。

工业废水是在工矿企业生产活动中用过并排出的废水和废液，是目前造成水体污染的主要来源和环境保护的主要防治对象。工业废水可分为生产污水与生产废水两类。按污染物的化学类别又可分无机废水与有机废水；也有按工业部门或产生废水的生产工艺分类的，如焦化废水、冶金废水、电镀废水、化工废水、塑料废水、制革废水、造纸废水、制药废水、印染废水、食品废水等。

工业废水由于受产品、原料、药剂、工艺流程、设备构造、操作条件等多种因素的综合影响，污染物质成分极为复杂，而且在不同时间里水质也会有很大差异。

径流污水主要是指城市和农业面源形成的被污染的径流雨水，如降水所形成的径流和渗流把土壤中的氮、磷、农药带出。一般情况下，径流雨水的污染随着时间的推移污染越来越小，由于初期雨水冲刷了地表的各种污染物，其污染程度很高。

城市中生活污水与生产污水（或经工矿企业局部处理后的生产污水）的混合污水，称为城市污水。跟城市污水相对的是农村污水，主要特点是分散，包括农村生活污水、农业生产而产生污水，以及与农村生活生产有关的牧场、养殖场、食品加工厂等分散工业废水。

1.4.2 污水的物理性质及指标

表示污水物理性质的主要指标是水温、色度、嗅和味、固体含量及泡沫等。

（1）温度。污水的水温，对污水的物理性质、化学性质及生物性质有直接的影响。地表水的温度随季节、气候条件而有不同程度的变化，通常为 0.1~30℃；地下水的温度比较稳定，8~12℃；生活污水平均约在 10~20℃ 之间；生产污水的水温与生产工艺有关；城市污水的水温，与排入排水系统的生产污水性质、所占比例有关。污水的水温过低（如低于 5℃）或过高（如高于 40℃）都会影响污水的生物处理的效果。

（2）颜色和色度。颜色有真色和表色之分。真色是由于水中所含溶解物质或胶体物质所致，即除去水中悬浮物质后所呈现的颜色。表色包括由溶解物质、胶体物质和悬浮物质共同引起的颜色。一般纯净的天然水是清澈透明的，即无色的，但带有金属化合物或有机化合物等有色污染物的污水呈各种颜色。生活污水的颜色常呈灰色，但是当污水中的溶解氧降低至零，污水所含有机物腐烂，则水色转呈黑褐色。生产污水的色度视工矿企业的性质而异，差别极大，如印染、造纸、农药、焦化、冶金及化工等的生产污水，都有各自的特殊颜色。一般只对天然水和用水作真色的测定。

（3）嗅和味。嗅和味同色度一样也是感官性指标，可定性反映某种污染物的多寡。天然水是无嗅无味的。水的异臭来源于还原性硫和氮的化合物、挥发性有机物和氯气等污染物质。生活污水的臭味主要由有机物腐败产生的气体造成。工业废水的臭味主要由挥发性化合物造成。不同盐分会给水带来不同的异味，如氯化钠带咸味，硫酸镁带苦味，硫酸钙略带甜味等。

（4）浑浊度和透明度。水中由于含有悬浮及胶体状态的杂质而产生浑浊现象。水的浑浊程度可以用浑浊度来表示。

（5）固体物质含量。固体含量用总固体量（TS）作为指标。把一定量的水样在105~110℃烘箱中烘干至恒重，所得的重量即为总固体量。固体物质按存在形态的不同可分为悬浮物、胶体和溶解物三种。

悬浮固体（SS）或叫悬浮物，胶体和溶解固体（DS）或称为溶解物。把水样用滤纸过滤后，被滤纸截留的滤渣，在105~110℃烘箱中烘干至恒重，所得重量称为悬浮固体；滤液中存在的固体物即为胶体和溶解固体。悬浮固体又可分为挥发性悬浮固体（VSS）与非挥发性悬浮固体（NVSS）。把悬浮固体在马弗炉中灼烧（温度为600℃），所失去的重量称为挥发性悬浮固体，残留的重量称为非挥发性悬浮固体。

1.4.3　污水的化学性质及指标

污水中的污染物质，按化学性质可分为无机物与有机物。

1.4.3.1　无机物及指标

无机物包括酸碱度、氮、磷、无机盐类及重金属离子等。

（1）酸碱度（pH）。酸碱度用pH值表示。pH值等于氢离子浓度的负对数。

pH=7时，污水呈中性；pH<7时，污水呈酸性，数值越小，酸性越强；pH>7时，污水呈碱性，数值越大，碱性越强。

当pH值超出6~9的范围时，会对人、畜造成危害，并对污水的物理、化学及生物处理产生不利影响。尤其是pH值低于6的酸性污水，对管渠、污水处理构筑物及设备产生腐蚀作用。因此，pH值是污水化学性质的重要指标。

（2）氮、磷。氮、磷是植物的重要营养物质，也是污水进行生物处理时微生物所必需的营养物质，主要来源于人类排泄物及某些工业废水。氮、磷是导致湖泊、水库、海湾等缓流水体富营养化的主要原因。

1）氮及其化合物。污水中含氮化合物有四种：有机氮、氨氮、亚硝酸盐氮与硝酸盐氮，四种含氮化合物的总量称为总氮（英文缩写为TN，以N计）。凯氏氮（英文缩写为KN）是有机氮与氨氮之和。凯氏氮指标可以用来作为判断污水在进行生物法处理时，氮营养是否充足的依据。生活污水中凯氏氮含量约40mg/L（其中有机氮约15mg/L，氨氮约25mg/L）。

2）磷及其化合物。污水中含磷化合物可分为有机磷与无机磷两类。生活污水中有机磷含量约为3mg/L，无机磷含量约为7mg/L。

（3）硫酸盐与硫化物。污水中的硫酸盐用硫酸根 SO_4^{2-} 表示。生活污水的硫酸盐主要来源于人类排泄物；工业废水如洗矿、化工、制药、造纸和发酵等工业废水，含有较多硫酸盐，浓度可达1500~7500mg/L。

硫化物在污水中的存在形式有硫化氢（H_2S）、硫氢化物（HS^-）和硫化物（S^{2-}）。污水中的硫化物主要来源于工业废水（如硫化染料废水、人造纤维废水等）和生活污水。

（4）氯化物。生活污水中的氯化物主要来自人类排泄物，每人每日排出的氯化物约 5～9g。工业废水（如漂染工业、制革工业等）以及沿海城市采用海水作为冷却水时，都含有很多的氯化物。氯化物含量高时，对管道及设备有腐蚀作用，如灌溉农田，会引起土壤板结。氯化钠浓度超过 4000mg/L 时对生物有抑制作用。

（5）重金属离子。重金属指原子序数在 21～83 之间的金属或相对密度大于 4 的金属。污水中重金属主要有汞（Hg）、镉（Cd）、铅（Pb）、铬（Cr）、砷（As）、锌（Zn）、铜（Cu）、镍（Ni）、锡（Sn）、铁（Fe）、锰（Mn）等。生活污水中的重金属离子主要来源于人类排泄物；冶金、电镀、陶瓷、玻璃、氯碱、电池、制革、照相器材、造纸、塑料及颜料等工业废水，都含有不同的重金属离子。上述重金属离子，在微量浓度时，有益于微生物、动植物及人类；但当浓度超过一定值后，即会产生毒害作用，特别是汞、镉、铅、铬、砷以及它们的化合物，称为“五毒”。

（6）非重金属无机有毒物质。非重金属无机有毒物质主要是氰化物（CN）与砷（As）。

污水中的氰化物主要来自电镀、焦化、高炉煤气、制革、塑料、农药以及化纤等工业废水，含氰浓度约在 20～80mg/L。污水中的砷化物主要来自化工、有色冶金、焦化、火力发电、造纸及皮革等工业废水。砷化物在污水中的存在形式是无机砷化物（如亚砷酸盐 AsO^{2-}、砷酸盐 AsO_4^{3-}）以及有机砷（如三甲基砷）。

1.4.3.2　有机物及指标

生活污水所含有机物主要来源于人类排泄物及生活活动产生的废弃物、动植物残片等，主要成分是碳水化合物、蛋白质与尿素及脂肪，组成元素是碳、氢、氧、氮和少量的硫、磷、铁等。由于尿素分解很快，故在城市污水中很少发现尿素。食品加工、饮料等工业废水中有机物成分与生活污水基本相同，其他工业废水所含有机物种类繁多。

炼油、石油化工、焦化、合成树脂、合成纤维等工业废水都含有酚；有机酸工业废水含有短链脂肪酸、甲酸、乙酸和乳酸；人造橡胶、合成树脂等工业废水含有机碱包括吡啶及其同系物质；生活污水与表面活性剂制造工业废水，含有大量表面活性剂；染料工业废水含芳香族胺基化合物，如偶氮染料、蒽醌染料、硫化染料等；炸药工业废水含芳香族硝基化合物，如三硝基甲苯、苦味酸等；电器、塑料、制药、合成橡胶等工业废水含聚氯联苯 PCB、联苯氨、稠环芳烃 PAH、萘胺、三苯磷酸盐、丁苯等。

由于有机物种类繁多，现有的分析技术难以区分并定量。但可根据上述的都可被氧化这一共同特性，用氧化过程所消耗的氧量作为有机物总量的综合指标，进行定量。

（1）生物化学需氧量或生化需氧量（Bio-Chemical Oxygen Demand，英文缩写为 BOD）。在水温为 20℃的条件下，由于微生物（主要是细菌）的活动，将有机物氧化成无机物所消耗的溶解氧量，称为生物化学需氧量或生化需氧量。生物化学需氧量代表了第一类有机物，即可生物降解有机物的数量。

由于有机物的生化过程延续时间很长，在 20℃水温下，需 100 天以上。由于 20 天以后的生化反应过程速度趋于平缓，因此常用 20 天的生化需氧量 BOD_{20} 作为总生化需氧量 BOD_u。在工程实用上，20 天时间太长，故用 5 天生化需氧量 BOD_5 作为可生物降解有机物的综合浓度指标。

（2）化学需氧量（Chemical Oxygen Demand，英文缩写为 COD）。COD 的测定原理是用强氧化剂（我国法定用重铬酸钾），在酸性条件下，将有机物氧化成 CO_2 与 H_2O 消耗的氧量，即称为化学需氧量，用 COD_{Cr} 表示，一般简写为 COD。由于重铬酸钾的氧化能力极强，可较完全地氧化水中各种性质的有机物，如对低直链化合物的氧化率可达80%~90%。此外，也可用高锰酸钾作为氧化剂，但其氧化能力较重铬酸钾弱，测出的耗氧量也较低，故称为耗氧量，用 COD_{Mn} 或 OC 表示。

化学需氧量 COD 的优点是能较精确地表示污水中有机物的含量，测定时间仅需数小时，且不受水质的限制。缺点是不能像 BOD 那样反映出微生物氧化有机物、直接地从卫生学角度阐明被污染的程度；此外，污水中存在的还原性无机物（如硫化物）被氧化也需消耗氧，所以 COD 值也存在一定误差。

由上述分析可知，COD 的数值大于 BOD_{20}，两者的差值大致等于难生物降解有机物量。

差值越大，难生物降解的有机物含量越多，越不宜采用生物处理法。因此 BOD_5/COD 的比值可作为该污水是否适宜于采用生物处理的判别标准，故把 BOD_5/COD 的比值称为可生化性指标，比值越大，越容易被生物处理。一般认为此比值大于 0.3 的污水，才适于采用生物处理。

（3）总需氧量（Total Oxygen Demand，英文缩写为 TOD）。由于有机物的主要组成元素是 C、H、O、N、S 等，被氧化后，分别产生 CO_2、H_2O、NO_2、SO_2 所消耗的氧量称为总需氧量 TOD。

TOD 的测定原理是将一定数量的水样，注入含氧量已知的氧气流中，再通过以铂钢为触媒的燃烧管，在900℃高温下燃烧，使水样中含有的有机物被燃烧氧化，氧气流剩余的氧量用电极测定并自动记录。氧气流原有含氧量减去剩余含氧量即等于总需 TOD，测定时间仅需几分钟。由于在高温下燃烧，有机物可被彻底氧化，故 TOD 值大于 COD 值。

（4）总有机碳（Total Organic Carbon，英文缩写为 TOC）。TOC 的测定原理是先将一定数量的水样经过酸化，用压缩空气吹脱其中的无机碳酸盐，然后注入含氧量已知的氧气流中，再通过以铂钢为触媒的燃烧管，在900℃高温下燃烧有机物所含的碳氧化成 CO_2，用红外气体分析仪记录 CO_2 的数量并折算成含碳量即等于有机碳 TOC 值。测定时间仅几分钟。

TOD 与 TOC 的测定原理相同，但有机物数量的表示方法不同，前者用消耗的氧量表示，后者用含碳量表示。

1.4.4　污水的生物性质及指标

污水中的有机物是微生物的食料，污水中的微生物以细菌与病菌为主。生活污水、食品工业污水、制革污水、医院污水等含有肠道病原菌（痢疾、伤寒、霍乱菌等）、寄生虫卵（蛔虫、蛲虫、钩虫卵等）、炭疽杆菌与病毒（新冠病毒、SARS、肝炎、狂犬、腮腺炎、麻疹等），如每克粪便中约含有 10^4~10^5 个传染性肝炎病毒。

污水生物性质的检测指标有大肠菌群数（或称大肠菌群值）、大肠菌群指数、病毒及细菌总数。

（1）大肠菌群数（大肠菌群值）与大肠菌群指数。大肠菌群数（大肠菌群值）是每升水样中所含有的大肠菌群的数，以个/L 计；大肠菌群指数是指查出 1 个大肠菌群所需的最少水量，以毫升（mL）计。

水是传播肠道疾病的一种重要媒介，而大肠菌群被视为最基本的粪便传染指示菌群。大肠菌群的值可表明水样被粪便污染的程度，间接表明有肠道病原菌存在的可能性。

（2）病毒。污水中已被检出的病毒有 100 多种。检出大肠菌群，可以表明肠道病原菌的存在，但不能表明是否存在病毒及其他病原菌（如炭疽杆菌），因此还需要检验病毒指标。病毒的检验方法目前主要有数量测定法与蚀斑测定法两种。

（3）细菌总数。细菌总数是大肠菌群数、病原菌、病毒及其他细菌数的总和，以每毫升水样中的细菌菌落总数表示。细菌总数越多，表示病原菌与病毒存在的可能性越大。因此用大肠菌群数、病毒及细菌总数等 3 个卫生指标来评价污水受生物污染的严重程度就比较全面。

——— 本 章 小 结 ———

本章主要讲述了水、水资源、水循环的概念，介绍了水循环过程及影响因素、污水的分类及水质指标，其中水质指标包括物理性指标、化学性指标、生物性指标，是污水处理的基础内容。

思 考 题

1-1 水循环的主要作用及影响因素有哪些？

1-2 水资源的定义是什么？阐述保护水资源的重要性。

1-3 什么是水循环经济，水循环经济有什么特征，水循环经济的发展模式有哪几种？

1-4 污水按来源分为哪几种类型，它们的特征及影响因素是什么？

1-5 污水的水质污染指标一般分为哪几类，分别简述。

1-6 试说明总固体、溶解性固体、悬浮性固体及挥发性固体之间的相互关系。

1-7 BOD、COD、TOC 和 TOD 分别指的是什么？分析这些指标之间的联系与区别。

2 污水处理方法及原理

本章提要：

本章主要介绍了污水处理方法和原理，以及污水处理所需要的构筑物，要求学生了解并掌握污水物理处理方法、化学处理方法、物理化学处理方法、生物处理方法。重点掌握污水处理的构筑物特点。

按照污水处理的原理的不同，污水处理方法可以分为物理法、化学法、物理化学法和生物化学法四种。

（1）物理处理法：主要通过物理作用，以分离、回收废水中不溶解的呈悬浮状态的污染物质（包括油膜和油滴）的处理方法。

（2）化学处理法：通过化学反应（药剂法）来分离、去除废水中溶解、胶体状态的污染物质或将其转化为无害物质的处理方法。

（3）物理化学处理法：通过物理化学作用（传质作用）去除废水中的污染物质。

（4）生物化学处理法：通过微生物的代谢作用，使废水中有机污染物以及氮磷等转化为稳定、无害物质的废水处理方法。

2.1　污水的物理处理法

污水物理处理法的去除对象是漂浮物、悬浮物质。采用的处理方法与设备主要有：

筛滤截留法——筛网、格栅、滤池与微滤机等；

重力分离法——沉砂池、沉淀池、隔油池与气浮池等；

离心分离法——离心机与旋流分离器等。

2.1.1　格栅

格栅是物理处理的重要构筑物。格栅由一组平行的金属栅条或筛网制成，安装在污水渠道、泵房集水井的进口处或污水处理厂的前端，用以截留较大的悬浮物或漂浮物，如纤维、碎皮、毛发、木屑、果皮、蔬菜、塑料制品等，以便减轻后续处理构筑物的处理负荷，并使之正常运行。被截留的物质称为栅渣。栅渣的含水率约为70%～80%，容重约为750kg/m³。

按栅条净间隙，可分为粗格栅（50～100mm）、中格栅（10～40mm）、细格栅（3～10mm）和超细格栅四种。新设计的污水处理厂一般采用粗、细两道格栅，甚至采用粗、中、细三道格栅。按形状，格栅可分为平面格栅与曲面格栅两种。

平面格栅由栅条与框架组成，基本形式见图 2-1。平面格栅的框架用型钢焊接，栅条

用 A_3 钢制。图中 A 型是栅条布置在框架的外侧；B 型是栅条布置在框架的内侧。在格栅的顶部设有起吊架，可将格栅吊起。

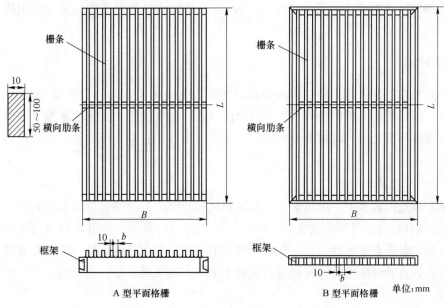

图 2-1　平面格栅

平面格栅的基本参数与尺寸包括宽度 B、长度 L、间隙 b，可根据污水渠道、泵房集水井进口管大小选用不同数值。格栅的基本参数与尺寸见表 2-1。

表 2-1　平面格栅的基本参数及尺寸　　　　　　　　　　（mm）

名　　称	数　　值
格栅宽度 B	600、800、1000、1200、1400、1600、1800、2000、2200、2400、2600、2800、3000、3200、3400、3600、3800、4000，用移动除渣机时，B>4000
格栅长度 L	600、800、1000、1200、…，以 200 为一级增长，上限值决定于水深
间隙宽度 b	10、15、20、25、30、40、50、60、80、100

曲面格栅又可分为固定曲面格栅与旋转鼓筒式格栅两种，见图 2-2。固定曲面格栅可采用水力浆板、电动旋转齿耙清渣，旋转鼓筒式格栅可采用冲洗水管冲渣。

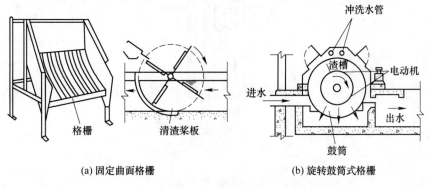

(a) 固定曲面格栅　　　　　　　(b) 旋转鼓筒式格栅

图 2-2　曲面格栅

按清渣方式，可分为人工清渣和机械清渣两种。人工清渣格栅适用于小型污水处理厂。为了使工人易于清渣作业，避免清渣过程中的栅渣掉回水中，格栅安装角度以30°~45°为宜。当栅渣量大于0.2m³/d时，为改善劳动与卫生条件，都应采用机械清渣格栅。

2.1.2　沉砂池

沉砂池的功能是去除泥砂、煤渣等相对密度较大的无机颗粒。沉砂池一般设于泵站、倒虹管前，以便减轻无机颗粒对水泵、管道的磨损；也可设于初次沉淀池前，以减轻沉淀池负荷及改善污泥处理构筑物的处理条件。常用的沉砂池有平流沉砂池、曝气沉砂池、钟式沉砂池等。

2.1.2.1　平流沉砂池

平流沉砂池由入流渠、出流渠、沉沙区和沉砂斗组成，两端设置闸板以控制水流，见图2-3。它具有截留无机颗粒效果较好、工作稳定、构造简单、排沉砂较方便等优点。平流沉砂池的主要缺点是沉砂中约夹杂有15%的有机物，使沉砂的后续处理增加难度。故常需配洗砂机，排砂经清洗后，有机物含量低于10%，称为清洁砂，再外运。

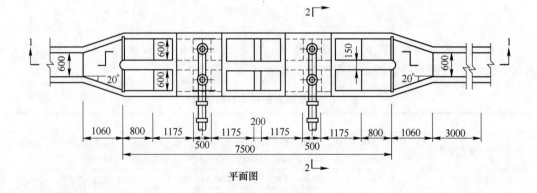

平面图

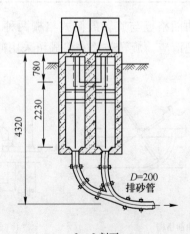

2—2剖面

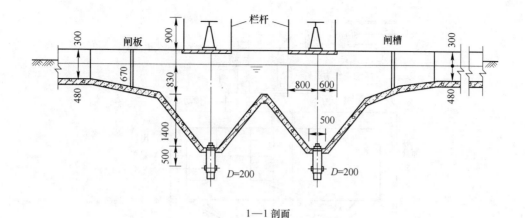

1—1 剖面

图 2-3　平流沉砂池平面图

2.1.2.2　曝气沉砂池

曝气沉砂池呈矩形，池底一侧有 $i = 0.1 \sim 0.5$ 的坡度，坡向另一侧的集砂槽。曝气装置设在集砂槽侧，空气扩散板距池底 $0.6 \sim 0.9 \mathrm{m}$，使池内水流做旋流运动，无机颗粒之间的互相碰撞与摩擦机会增加，把表面附着的有机物磨去。此外，由于旋流产生的离心力，把相对密度较大的无机物颗粒甩向外层并下沉，相对密度较轻的有机物旋至水流的中心部位随水带走。可使沉砂中的有机物含量低于 5%。集砂槽中的砂可采用机械刮砂、空气提升器或泵吸式排砂机排除。曝气沉砂池断面见图 2-4。

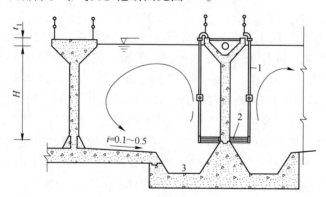

图 2-4　曝气沉砂池剖面图
1—压缩空气管；2—空气扩散板；3—集砂槽

2.1.2.3　钟式沉砂池

钟式沉砂池是利用机械力控制水流流态与流速，加速砂粒的沉淀并使有机物随水流带走的沉砂装置。沉砂池由流入口、流出口、沉砂区、砂斗及带变速箱的电动机、传动齿轮、压缩空气输送管和砂提升管以及排砂管组成。污水由流入口切线方向流入沉砂区，利用电动机及传动装置带动转盘和斜坡式叶片，由于所受离心力的不同，把砂粒甩向池壁，沉入砂斗，有机物被送回污水中。调整转速，可达到最佳沉砂效果。沉砂用压缩空气经砂提升管，排砂管清洗后排除，清洗水回流至沉砂区，排砂达到清洁砂标准。钟式沉砂池工艺见图 2-5。

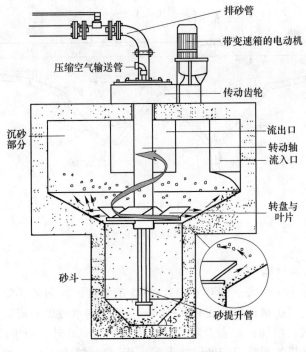

图 2-5　钟式沉砂池工艺图

排砂管

带变速箱的电动机

压缩空气输送管

传动齿轮

沉砂部分

流出口

转动轴
流入口

转盘与叶片

砂斗

砂提升管

45°

2.1.3　沉淀池

沉淀池按工艺布置的不同，可分为初次沉淀池和二次沉淀池。初次沉淀池是一级污水处理厂的主体处理构筑物，或作为二级污水处理厂的预处理构筑物设在生物处理构筑物的前面。处理的对象是 SS（约可去除 40%～55%以上），同时可去除部分 BOD_5（约占总 BOD_5 的 20%～30%，主要是悬浮性 BOD_5），可改善生物处理构筑物的运行条件并降低其 BOD_5 负荷。二次沉淀池设在生物处理构筑物（活性污泥法或生物膜法）的后面，用于沉淀去除活性污泥或腐殖污泥（指生物膜法脱落的生物膜），它是生物处理系统的重要组成部分。初沉池、生物膜法及其后的二沉池 SS 总去除率为 60%～90%，BOD_5 总去除率为 65%～90%；初沉池、活性污泥法及其后的二沉池的总去除率分别为 70%～90%和 65%～95%。

沉淀池按池内水流方向的不同，可分为平流式沉淀池、辐流式沉淀池和竖流式沉淀池。

城市污水沉淀池的设计数据，根据表 2-2 选用。

表 2-2　城市污水沉淀池设计数据及产生的污泥量表

沉淀池类型		沉淀时间 /h	表面水力负荷 /$m^3 \cdot (m^3 \cdot h)^{-1}$	污泥量		污泥含水率/%
				g/(p·d)	L/(p·d)	
初次沉淀池		1.0～2.0	1.5～3.0	14～27	0.36～0.83	95～97
沉淀池	生物膜法后	1.5～2.5	1.0～2.0	7～19	—	96～98
	活性污泥法后	1.5～2.5	1.0～1.5	10～21	—	99.2～99.6

2.1.3.1 平流式沉淀池

平流式沉淀池工艺见图 2-6，由流入装置、流出装置、沉淀区、缓冲层、污泥区及排泥装置等组成。

流入装置由设有侧向或槽底潜孔的配水槽、挡流板组成，起均匀布水与消能作用。挡流板入水深不小于 0.25m，水面以上 0.15~0.2m，距流入槽 0.5m。

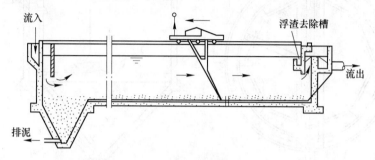

图 2-6 平流式沉淀池

流出装置由流出槽与挡板组成。流出槽设自由溢流堰，溢流堰严格水平，既可保证水流均匀，又可控制沉淀池水位。为此溢流堰常采用锯齿形堰，当溢流堰最大负荷时初次沉淀池不宜大于 2.9L/(m·s)，二次沉淀池不宜大于 1.7L/(m·s)。为了减少负荷、改善出水水质，溢流堰可采用多槽沿程布置，如需阻挡浮渣随水流走，流出堰可用潜孔出流。出流挡板入水深 0.3~0.4m，距溢流堰 0.25~0.5m。

缓冲层的作用是避免已沉污泥被水流搅起以及缓解冲击负荷。

污泥区起贮存、浓缩和排泥的作用。

2.1.3.2 普通辐流式沉淀池

辐流式沉淀池可用作初次沉淀池或二次沉淀池。普通辐流式沉淀池呈圆形或正方形，直径（或边长）6~60m，最大可达 100m，池周水深 1.5~3.0m，池底坡度不宜小于 0.05。图 2-7 为圆形辐流式二沉池，其中心进水，周边出水，中心传动排泥。为了使布水均匀，进水区设穿孔挡板，穿孔率为 10%~20%。出水堰也采用锯齿堰，堰前设挡板，拦截浮渣。

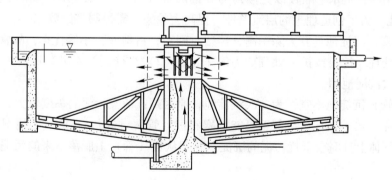

图 2-7 普通辐流式沉淀池工艺图

2.1.3.3 竖流式沉淀池

竖流式沉淀池呈圆形或正方形。为了池内水流分布均匀，池径不宜太大，一般采用

4~7m，不大于 10m。沉淀区呈柱形，污泥斗呈截头倒锥体。图 2-8 为圆形竖流式沉淀池。

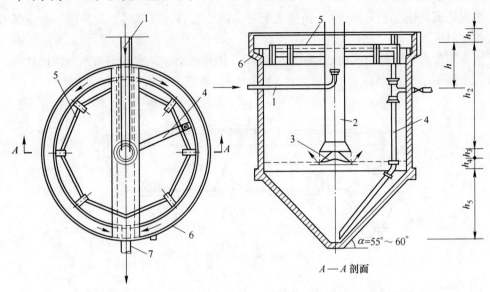

图 2-8　圆形竖流式沉淀池

图 2-8 中 1 为进水管，污水从中心管 2 自上而下，经反射板 3 折向上流，在池周设锯齿溢流堰，6 为流出槽，7 为出水管。如果池径大于 7m，为了使池内水流分布均匀，可增设辐射方向的流出槽。流出槽前设有挡板 5，隔除浮渣。污泥斗的倾角为 55°~60°。依靠静水压力 h，将污泥从排泥管 4 排出，排泥管径不小于 200mm。作为初次沉淀池用时静水压力不应小于 1.5m；作为二次沉淀池用时，生物滤池后的静水压力不应小于 1.2m，曝气池后的静水压力不应小于 0.9m。

竖流式沉淀池的池深较深，故适用于中小型污水处理厂。

2.1.3.4　斜板（管）沉淀池

20 世纪初，哈真（Hazen）提出浅池沉淀理论。为了解决沉淀池的排泥问题，浅池理论在实际应用时，把水平隔板改为倾角为 α 的斜板（管），α 采用 50°~60°，这就是斜板（管）沉淀池。为了创造理想的层流条件，提高去除率，需控制雷诺数。

斜板（管）沉淀池具有去除率高，停留时间短，占地面积小等优点，故常用于：（1）已有的污水处理厂挖潜或扩大处理能力时采用；（2）当受到污水处理厂占地面积的限制时，作为初次沉淀池用。

斜板（管）沉淀池不宜作为二次沉淀池，原因是：活性污泥的黏度较大，容易黏附在斜板（管）上，影响沉淀效果甚至可能堵塞斜板（管）。同时，在厌氧的情况下，经厌氧消化产生的气体上升时会干扰污泥的沉淀，并把从板（管）上脱落下来的污泥带至水面结成污泥层。

2.1.4　过滤

过滤是利用过滤材料分离废水中杂质的一种技术。根据过滤材料不同，过滤可分为颗粒材料过滤和多孔材料过滤两大类。

在废水处理中，颗粒材料过滤主要用于经混凝或生物处理后低浓度悬浮物的去除。

由于废水的水质复杂，悬浮物浓度高、黏度大、易堵塞，选择滤料时应注意以下几点：

（1）滤料粒径应大些。采用石英砂为滤料时，砂粒直径可取为 0.5~2.0mm，相应的滤池冲洗强度也大，可达 18~20L/($m^2 \cdot s$)。

（2）滤料耐腐蚀性应强些。滤料耐腐蚀的尺度，可用浓度为 1% 的 Na_2SO_4 水溶液，将恒重后滤料浸泡 28 天，重量减少值以不大于 1% 为宜。

（3）滤料的机械强度好，成本低。滤料可采用石英砂、无烟煤、陶粒、大理石、白云石、石榴石、磁铁矿石等颗粒材料及近年来开发的纤维球、聚氯乙烯或聚丙烯球等。

由于废水悬浮物浓度高，为了延长过滤周期，提高滤池的截污量，可采用上向流、粗滤料、双层和三层多层滤料滤池；为了延长过滤周期，适应滤池频繁冲洗的要求，可采用连续流过滤池和脉冲过滤滤池；对含悬浮物浓度低的废水可采用给水处理中常用的压力滤池、移动冲洗罩滤池、无（单）阀滤池等。

2.1.5 离心分离

利用离心力分离废水中杂质的处理方法称为离心分离法。

废水作高速旋转时，由于悬浮固体和水的质量不同，所受的离心力也不相同，质量大的悬浮固体被抛向外侧，质量小的水被推向内层，这样悬浮固体和水各自从出口排除，从而使废水得到处理。

废水高速旋转时，悬浮固体颗粒同时受到两种径向力的作用，即离心力和水对颗粒的向心推力。设颗粒和同体积水的质量分别为 m、m_0(kg)，旋转半径为 r(m)，角速度为 ω(rad/s)，颗粒受到净离心力 F_c(N) 为两者之差，即：

$$F_c = (m - m_0)\omega^2 r \qquad (2-1)$$

该颗粒在水中的净重力为 $F_g = (m-m_0)g$。若以 n 表示转速（r/min），并将 $\omega = \dfrac{2\pi n}{60}$ 代入式（2-1），用 α 表示颗粒所受离心力与重力之比，则：

$$\alpha = \frac{F_c}{F_g} = \frac{\omega^2 r}{g} \approx \frac{rn^2}{900} \qquad (2-2)$$

α 称为离心设备的分离因素，式（2-2）是衡量离心设备分离性能的基本参数。当旋转半径一定时，α 值随转速 n 的平方急剧增大。可见在分离过程中，离心力对悬浮颗粒的作用远远超过了重力，因此极大地强化了分离过程。

另外，根据颗粒随水旋转时所受的向心力与水的反向阻力平衡原理，可导出粒径为 d（m）的颗粒的分离速度 u_c(m/s) 为：

$$u_c = \frac{\omega^2 r(\rho - \rho_0) d^2}{18\mu} \qquad (2-3)$$

式中　ρ，ρ_0——分别为颗粒和水的密度，kg/m^3；

　　　　μ——水的动力黏度，0.1Pa·s。

当 $\rho > \rho_0$ 时，u_c 为正值，颗粒被抛向周边；当 $\rho < \rho_0$ 时，颗粒被推向中心。这说明，废水高速旋转时，密度大于水的悬浮颗粒被沉降在离心分离设备的最外侧，而密度小于水的悬

浮颗粒（如乳化油）被"浮上"在离心设备最里面，所以离心分离设备能进行离心沉降和离心浮上两种操作。从上式可知，悬浮颗粒的粒径 d 越小，密度 ρ 同水的密度 ρ_0 越接近，水的动力黏度 μ 越大，则颗粒的分离速度 u_c 越小，越难分离；反之，则较易于分离。

按产生离心力的方式不同，离心分离设备可分为离心机和水力旋流器两类。

（1）离心机。离心机是依靠一个可随传动轴旋转的转鼓，在外界传动设备的驱动下高速旋转，转鼓带动需进行分离的废水一起旋转，利用废水中不同密度的悬浮颗粒所受离心力不同进行分离的一种分离设备。

离心机的种类和形式有多种。按分离因素大小可分为高速离心机（$\alpha > 3000$）、中速离心机（$\alpha = 1000 \sim 3000$）和低速离心机（$\alpha < 1000$）。中、低速离心机通称为常速离心机。按转鼓的几何形状不同，可分为转筒式离心机、管式离心机、盘式离心机和板式离心机；按操作过程可分为间歇式离心机和连续式离心机；按转鼓的安装角度可分为立式离心机和卧式离心机。

（2）水力旋流器。水力旋流器有压力式和重力式两种。

1）压力式水力旋流器。水力旋流器用钢板或其他耐磨材料制造，其上部是直径为 D 的圆筒，下部是锥角为 θ 的截头圆锥体。进水管以逐渐收缩的形式与圆筒以切向连接。废水通过加压后以切线方式进入器内，进口处的流速可达 $6 \sim 10 \text{m/s}$。废水在器内沿器壁向下做螺旋运动的一次涡流，废水中粒径及密度较大的悬浮颗粒被抛向器壁，并在下旋水推动和重力作用下沿器壁下滑，在锥底形成浓缩液连续排出。锥底部水流在越来越窄的锥壁反向压力作用下改变方向，由锥底向上做螺旋运动，形成二次涡流，经溢流管进入溢流筒后，从出水管排出。在水力旋流中心，形成束绕轴线分布的自下而上的空气涡流柱。

因离心力与旋转半径成反比，所以旋流器直径不宜过大，一般在 500mm 以内。如果处理水量较大，可选多台，并联使用。

旋流分离器具有体积小，单位容积处理能力高的优点。旋流分离器的缺点是器壁易受磨损和电能消耗较大等。

器壁宜用铸铁或铬锰合金钢等耐磨材料制造，或内衬橡胶，并应力求光滑。

2）重力式旋流分离器。重力式旋流分离器又称水力旋流沉淀池。废水也以切线方向进入器内，借进出水的水头差在器内呈旋转流动。与压力式旋流器相比较，这种设备的容积大，电能消耗低。

重力式旋流分离器的表面负荷大大地低于压力式，一般为 $25 \sim 30 \text{m}^3 / (\text{m}^2 \cdot \text{h})$。废水在器内停留 $15 \sim 20 \text{min}$，从进水口到出水溢流堰的有效深度 $H_0 = 1.2D$，进水口到渣斗上缘应有 $0.8 \sim 1.0 \text{m}$ 的保护高度，以免将沉渣冲起；废水在进水口的流速 $v = 0.9 \sim 1.1 \text{m/s}$。

2.2　污水的化学处理法

2.2.1　中和

将酸和碱随意排放不仅会造成污染，腐蚀管道，毁坏农作物，危害渔业生产，破坏生态系统的正常运行，而且也是极大的浪费。因此，对酸或碱废水首先应当考虑回收和综合利用。当必须排放时，需要进行无害化处理。

当酸或碱废水的浓度很高时，一般在 3%～5% 以上，应考虑回用和综合利用的可能性，例如用其制造硫酸亚铁、硫酸铁、石膏、化肥等，也可以考虑供其他工厂使用。当浓度不高时，一般小于 3%，回收或综合利用经济意义不大，才考虑中和处理。

2.2.1.1　酸碱废水互相中和法

利用酸性废水和碱性废水互相中和时，应进行中和能力的计算。中和时两种废水酸和碱的当量数应相等，即按当量定律来计算，公式如下：

$$Q_1 C_1 = Q_2 C_2 \tag{2-4}$$

式中　Q_1——酸性废水流量，L/h；

C_1——酸性废水酸的浓度，mol/L；

Q_2——碱性废水流量，L/h；

C_2——碱性废水碱的浓度，mol/L。

在中和过程中，酸碱双方的当量恰好相等时称为中和反应的等当点。强酸强碱互相中和时，由于生成的强酸强碱盐不发生水解，因此等当点即中性点，溶液的 pH 值等于 7.0。但中和的一方若为弱酸或弱碱时，由于中和过程中所生成的盐的水解，尽管达到等当点，但溶液并非中性，pH 值大小取决于所生成盐的水解度。

中和设备可根据酸碱废水排放规律及水质变化来确定。

(1) 当水质水量变化较小且后续处理对 pH 值要求较宽时，可在集水井（或管道、混合槽）内进行连续混合反应。

(2) 当水质水量变化不大或后续处理对 pH 值要求高时，可设连续流中和池。

(3) 当水质水量变化较大，或虽然变化较小，连续流无法保证出水 pH 值要求，或出水中还含有其他杂质或重金属离子时，多采用间歇式中和池。池有效容积可按污水排放周期（如一班或一昼夜）中的废水量计算。中和池至少两座（格）交替使用。在间歇式中和池内完成混合、反应、沉淀、排泥等工序。

2.2.1.2　药剂中和法

A　酸性废水的药剂中和处理

(1) 中和剂。酸性废水中和剂有石灰、石灰石、大理石、白云石、碳酸钠、苛性钠、氧化镁等，常用者为石灰。当投加石灰乳时，氢氧化钙对废水中杂质有凝聚作用，因此适用于处理杂质多浓度高的酸性废水。在选择中和剂时，还应尽可能使用一些工业废渣，如化学软水站排出的废渣（白垩），其主要成分为碳酸钙；有机化工厂或乙炔发生站排放的电石废渣，其主要成分为氢氧化钙；钢厂或电石厂筛下的废石灰；热电厂的炉灰渣或硼酸厂的硼泥。

(2) 中和反应。石灰可以中和不同浓度的酸性废水，在采用石灰乳时，中和反应方程式如下：

$$H_2SO_4 + Ca(OH)_2 \longrightarrow CaSO_4 + 2H_2O$$

$$2HNO_3 + Ca(OH)_2 \longrightarrow Ca(NO_3)_2 + 2H_2O$$

$$2HCl + Ca(OH)_2 \longrightarrow CaCl_2 + 2H_2O$$

$$2H_3PO_4 + 3Ca(OH)_2 \longrightarrow Ca_3(PO_4)_2 + 6H_2O$$

$$2CH_2COOH + Ca(OH)_2 \longrightarrow Ca(CH_2OO)_2 + 2H_2O$$

废水中含有其他金属盐类，如铁、铅、锌、铜、镍等也消耗石灰乳的用量，反应如下：

$$FeCl_2 + Ca(OH)_2 \longrightarrow Fe(OH)_2 + CaCl_2$$

$$PbCl_2 + Ca(OH)_2 \longrightarrow Pb(OH)_2 + CaCl_2$$

最常遇到的是硫酸废水的中和，根据使用的药剂不同，中和反应方程式如下：

$$H_2SO_4 + Ca(OH)_2 \longrightarrow CaSO_4 + 2H_2O$$

$$H_2SO_4 + CaCO_3 \longrightarrow CaSO_4 + 2H_2O + CO_2$$

$$H_2SO_4 + Ca(HCO_3)_2 \longrightarrow CaSO_4 + 2H_2O + 2CO_2$$

中和后生成的硫酸钙 $CaSO_4 \cdot 2H_2O$ 在水中的溶解度见表 2-3。从表可知，硫酸钙在水中的溶解度很小，此盐不仅形成沉淀，而且当硫酸浓度很高时，在药剂表面会产生硫酸钙的覆盖层，影响和阻止中和反应的继续进行。所以当采用石灰石、白垩或白云石作为中和剂时，药剂颗粒应在 0.5mm 以下。

表 2-3　各种盐类溶解度表

盐类名称	不同温度（℃）下水中的溶解度/$g \cdot L^{-1}$			
	0	10	20	30
Na_2SO_4 水化物	50	90	194	408
$NaNO_3$	730	800	880	960
Na_2CO_3 水化物	70	125	215	388
$NaCl$	357	358	360	360
$CaSO_4 \cdot 2H_2O$	1.76	1.93	2.03	2.10
$Ca(NO_3)_2$ 水化物	1021	1153	1293	1526
$CaCl_2$	595	650	745	1020
$CaCO_3$	当 $t = 25℃$ 时，溶解度为 0.0145g/L			
$MgCO_3$	难溶于水			
$MgCO_3$ 水化物	—	309	355	408
$MgCl_2$	528	535	542.5	533
$Mg(NO_3)_2$	639	—	705	—
NaH_2PO_4	577	699	852	1064
Na_2HPO_4	16.3	39	76.6	242
$NaHCO_3$	68.9	82.0	97	110.9

碳酸盐中和强酸时，生成的二氧化碳与水中过剩的碳酸钙作用生成重碳酸盐：

$$H_2O + CO_2 + CaCO_3 \longrightarrow Ca(HCO_3)_2$$

但此反应进行地较慢，因此在强酸被完全中和的时间内，只有极少量的二氧化碳进行反应。同样，其他一些弱酸与碳酸盐的中和反应也是很慢的，因此都不用它做中和剂。

B　碱性废水的药剂中和处理

（1）中和剂。碱性废水中和剂有硫酸、盐酸、硝酸等。常用的药剂为工业硫酸，工业废酸更经济。有条件时也可以采取向碱性废水中通入烟道气（含 CO_2、SO_2 等）的办法加以中和。

（2）中和反应。以含氢氧化钠和氢氧化铵的碱性废水为例，中和剂用工业硫酸，其化学反应如下：

$$2NaOH + H_2SO_4 \longrightarrow Na_2SO_4 + 2H_2O$$

$$2NH_4OH + H_2SO_4 \longrightarrow (NH_4)_2SO_4 + 2H_2O$$

如果硫酸铵的浓度足够，可考虑回收利用。

以含氢氧化钠碱性废水为例，用烟道气中和，其化学反应如下：

$$2NaOH + CO_2 + H_2O \longrightarrow Na_2CO_3 + 2H_2O$$

$$2NaOH + SO_2 + H_2O \longrightarrow Na_2SO_3 + 2H_2O$$

烟道气一般含 CO_2 量可达 24%，有的还含有少量的 SO_2 和 H_2S。烟道气如果用湿法除水膜除尘器，可用碱性废水作为除尘水进行喷淋。废水从接触塔顶淋下，或沿塔内壁流下，烟道气和废水逆流接触，进行中和反应。据某厂的校验，出水的 pH 值可由 10~12 降至中性。此法的优点是以废治废，投资省，运行费用低，节水且可回收烟灰及煤，把废水处理与消烟除尘结合起来，但出水的硫化物、色度、耗氧量、水温等指标都升高，还需进一步处理。

中和各种碱性废水所需各种不同浓度（%）酸的比耗量见表 2-4。

表 2-4 中和各种碱所需酸的理论比耗量

碱的名称	中和 1g 碱所需酸的克数/$g \cdot g^{-1}$							
	H_2SO_4		HCl		HNO_3		CO_2	SO_2
	100%	98%	100%	36%	100%	65%		
NaOH	1.22	1.24	0.91	2.53	1.57	2.42	0.55	0.80
KOH	0.88	0.90	0.65	1.80	1.13	1.74	0.39	0.57
$Ca(OH)_2$	1.32	1.34	0.99	2.74	1.70	2.62	0.59	0.86
NH_3	2.88	2.93	2.12	90	3.71	70	1.29	1.88

实际上，由于工业废水中含有的成分复杂，因此，药剂投加量不能只按化学计算得到，应留有一定余量，最好做中和曲线后再进行估算。

2.2.2 化学沉淀

向工业废水中投加某种化学物质，使其和其中某些溶解物质产生反应，生成难溶盐沉淀下来，这种方法称为化学沉淀法，它一般用以处理含金属离子的工业废水。

根据使用的沉淀剂的不同，化学沉淀法可分为石灰法、氢氧化物法、硫化物法、钡盐法等。

2.2.2.1 氢氧化物沉淀法

工业废水中的许多金属离子可以生成氢氧化物沉淀而得以去除。氢氧化物的沉淀与pH 值有很大关系。如以 $M(OH)_n$ 表示金属氢氧化物，则有：

$$M(OH)_n \rightleftharpoons M^{n+} + nOH^-$$

$$L_{M(OH)_n} = [M^{n+}][OH^-]^n \tag{2-5}$$

同时发生水的解离：

$$H_2O \rightleftharpoons H^+ + OH^-$$

水的离子积为：

$$K_{H_2O} = [H^+][OH^-] = 1 \times 10^{-14} \quad (25\text{℃}) \qquad (2\text{-}6)$$

代入式（2-5），则有：

$$[M^{n+}] = \frac{L_{M(OH)_n}}{\left(\dfrac{K_{H_2O}}{[H^+]}\right)^n}$$

将上式两边取对数，则得到：

$$
\begin{aligned}
\lg[M^{n+}] &= \lg L_{M(OH)_n} - (n\lg K_{H_2O} - n\lg[H^+]) \\
&= -pL_{M(OH)_n} + npK_{H_2O} - npH \\
&= x - npH
\end{aligned}
\qquad (2\text{-}7)
$$

式中，$-\lg L_{M(OH)_n} = pL_{M(OH)_n}$；$-\lg K_{H_2O} = pK_{H_2O}$；$x = -pL_{M(OH)_n} + npK_{H_2O}$，对一定的氢氧化物为一常数，见表2-5。

表 2-5　金属氢氧化物的溶解度与 pH 值的关系

金属氢氧化物	$pL_{M(OH)_n}$	$\lg[M^{2+}] = x - npH$	金属氢氧化物	$pL_{M(OH)_n}$	$\lg[M^{2+}] = x - npH$
$Cu(OH)_2$	20	$\lg[Cu^{2+}] = 8.0 - 2pH$	$Cu(OH)_2$	14.2	$\lg[Cd^{2+}] = 13.8 - 2pH$
$Zn(OH)_2$	17	$\lg[Zn^{2+}] = 11.0 - 2pH$	$Mn(OH)_2$	12.8	$\lg[Mn^{2+}] = 15.2 - 2pH$
$Ni(OH)_2$	18.1	$\lg[Ni^{2+}] = 9.9 - 2pH$	$Fe(OH)_3$	38	$\lg[Fe^{3+}] = 4.0 - 3pH$
$Pb(OH)_2$	13	$\lg[Pb^{2+}] = 12.7 - 2pH$	$Al(OH)_3$	33	$\lg[Al^{3+}] = 9.0 - 3pH$
$Fe(OH)_2$	12	$\lg[Fe^{2+}] = 12.8 - 2pH$	$Cr(OH)_3$	10	$\lg[Cr^{3+}] = 12.0 - 3pH$

　　式（2-7）为一直线方程，直线的斜率为$-n$。由此可知，对于同一价数的金属氢氧化物，它们的斜率相等为平行线。对于不同价数的金属氢氧化物，价数越高，直线越陡，它表明离子浓度随 pH 值的变化差异比价数低的要大。

　　由于废水的水质比较复杂，实际上氢氧化物在废水中的溶解度与 pH 值的关系和上述理论计算值有出入，因此控制条件必须通过试验来确定。尽管如此，上述理论计算值仍然有一定的参考价值。

　　综上所述，用氢氧化物法分离废水中的重金属时，废水的 pH 值是操作的一个重要条件。例如处理含锌废水时，投加石灰控制 pH 值在 9~11 范围内，使其生成氢氧化锌沉淀。据资料介绍，当原水不含其他金属时，经此法处理后，出水中锌的浓度为 2~2.5mg/L；当原水中含有铁、铜等金属时，出水中锌的浓度在 1mg/L 以下。

2.2.2.2　硫化物沉淀法

　　许多金属能形成硫化物沉淀。由于大多数金属硫化物的溶解度一般比其氢氧化物的要小很多，采用硫化物可使金属得到完全的去除。

　　在金属硫化物沉淀的饱和溶液中，有：

$$MS \rightleftharpoons M^{2+} + S^{2-}$$

$$[M^{2+}] = \frac{L_{MS}}{[S^{2-}]}$$

各种金属硫化物的溶度积 L_{MS} 见表 2-6。

表 2-6　金属硫化物的容度积

离子	电离反应	pL_{MS}	离子	电离反应	pL_{MS}
Mn^{2+}	$MnS = Mn^{2+}+S^{2-}$	16	Cd^{2+}	$CdS = Cd^{2+}+S^{2-}$	28
Fe^{2+}	$FeS = Fe^{2+}+S^{2-}$	18.8	Cu^{2+}	$CuS = Cu^{2+}+S^{2-}$	36.3
Ni^{2+}	$NiS = Ni^{2+}+S^{2-}$	21	Hg^{+}	$Hg_2S = 2Hg^{+}+S^{2-}$	45
Zn^{2+}	$ZnS = Zn^{2+}+S^{2-}$	24	Hg^{2+}	$HgS = Hg^{2+}+S^{2-}$	52.6
Pb^{2+}	$PbS = Pb^{2+}+S^{2-}$	27.8	Ag^{+}	$Ag_2S = 2Ag^{+}+S^{2-}$	49

硫化物沉淀法常用的沉淀剂有硫化氢、硫化钠、硫化钾等。

虽然硫化物法比氢氧化物法能更完全地去除金属离子，但是由于它的处理费用较高，硫化物沉淀困难，常需要投加凝聚剂以加强去除效果。因此，采用得并不广泛，有时作为氢氧化物沉淀法的补充法。

2.2.3　药剂氧化还原

利用溶解于废水中的有毒有害物质，在氧化还原反应中能被氧化或还原的性质，把它转化为无毒无害的新物质，这种方法称为氧化还原法。

根据有毒有害物质在氧化还原反应中能被氧化或还原的不同，废水的氧化还原法又可分为氧化法和还原法两大类。在废水处理中常用的氧化剂有空气中的氧、纯氧、臭氧、氯气、漂白粉、次氯酸钠、三氯化铁等；常用的还原剂有硫酸亚铁、亚硫酸盐、氯化亚铁、铁屑、二氧化硫、硼氯化钠等。

电解时阳极也是一种氧化剂，阴极是一种还原剂。

2.2.4　臭氧氧化

臭氧是氧的同素异形体，它的分子由 3 个氧原子组成。臭氧在室温下为无色气体，具有一种特殊的臭味。在标准状态下，容重为 2.144g/L，其主要物理化学性质如下。

（1）氧化能力。臭氧是一种强氧化剂，其氧化能力仅次于氟，比氧、氯及高锰酸盐等常用的氧化剂都高。

（2）在水中的溶解度。臭氧在空气中，臭氧只占 0.6%～1.2%（体积比），根据气态方程和道尔顿定律，臭氧的分压也只有臭氧在空气中压力的 0.6%～1.2%，因此，当水温为 25℃时，将臭氧和空气注入水中，臭氧的溶解度只有 3～7mg/L。

（3）臭氧的分解。臭氧在空气中会自行分解为氧气，其反应为：

$$O_3 \longrightarrow \frac{3}{2}O_2 + 144.45kJ$$

臭氧在空气中的分解速度随温度升高而加快。浓度为 1% 以下的臭氧，在常温常压下，其半衰期为 16h 左右，所以臭氧不易贮存，需边生产边用。臭氧在纯水中的分解速度比在空气中快得多。水中臭氧浓度为 3mg/L，在常温常压下，其半衰期仅 5～30min。臭氧在水中的分解速度随 pH 值的提高而加快，一般在碱性条件下分解速度快，在酸性条件下比较慢。

（4）臭氧的毒性和腐蚀性。臭氧是有毒气体，一般从事臭氧处理工作人员所在的环境中，臭氧浓度的允许值定为 0.1mg/L。

臭氧具有强的氧化能力，除金和铂外，臭氧在空气中几乎对所有金属都有腐蚀作用。不含碳的铬铁合金，基本上不受臭氧腐蚀，所以生产上常采用含 25% Cr 的铬铁合金（不锈钢）来制造臭氧发生设备、加注设备及臭氧直接接触的部件。

臭氧对非金属材料也有强烈的腐蚀作用，例如聚氯乙烯塑料板等。不能用普通橡胶作为密封材料，应采用耐腐蚀能力强的硅橡胶或耐酸橡胶。

臭氧氧化法的优点为：

（1）氧化能力强，对除臭、脱色、杀菌、去除有机物和无机物都有显著的效应；

（2）处理后废水中的臭氧易分解，不产生二次污染；

（3）制备臭氧用的空气和电不必贮存和运输，操作管理也较方便；

（4）处理过程中一般不产生污泥。

臭氧氧化法的缺点为：

（1）造价高；

（2）处理成本高。

2.2.5　电解

电解质溶液在电流的作用下，发生电化学反应的过程称为电解。与电源负极相连的电极从电源接受电子，称为电解槽的阴极；与电源正极相连的电极把电子转给电源，称为电解槽的阳极。在电解过程中，阴极放出电子，使废水中某些阳离子因得到电子而被还原，阴极起还原剂的作用；阳极得到电子，使废水中某些阴离子因失去电子而被氧化，阳极起氧化剂的作用。废水进行电解反应时，废水中的有毒物质在阳极和阴极分别进行氧化还原反应，结果产生新物质。这些新物质在电解过程中或沉积于电极表面或沉淀下来或生成气体从水中逸出，从而降低了废水中有毒物质的浓度。像这样利用电解的原理来处理废水中有毒物质的方法称为电解法。

2.3　污水的物理化学处理法

2.3.1　混凝

2.3.1.1　概述

混凝是水处理的一个重要方法，用以去除水中细小的悬浮物和胶体污染物质。

混凝法可用于各种工业废水（如造纸、钢铁、纺织、煤炭、选矿、化工、食品等工业废水）的预处理、中间处理或最终处理及城市污水的三级处理和污泥处理。它除用于去除废水中的悬浮物和胶体物质外，还用于除油和脱色。

各种废水都是以液体为分散介质的分散系。按分散相粒度的大小，可将废水分为：粗分散系（浊液），分散相粒度大于 100mm；胶体分散系（胶体溶液），分散相粒度 1～

100mm；分子-离子分散系（真溶液），分散相粒度为 0.1~1mm。粒度在 100μm 以上的浊液可采用自然重力沉淀或过滤处理，粒度 0.1~1mm 的真溶液可采用吸附法处理，1~100mm 的部分浊液和胶体可采用混凝处理法。

2.3.1.2 混凝的影响因素

A 废水水质的影响

废水的胶体杂质浓度、pH 值、水温及共存杂质等都会不同程度地影响混凝效果。

（1）胶体杂质浓度过高或过低都不利于混凝。用无机金属盐作为混凝剂时，胶体浓度不同，所需脱稳的三价铝盐和铁盐的用量也不同。

（2）pH 值也是影响混凝的重要因素。采用某种混凝剂对任一废水的混凝，都有一个相对最佳 pH 值存在，使混凝反应速度最快，絮体溶解度最小，混凝作用最大。一般通过试验得到最佳的 pH 值。往往需要加酸或碱来调整 pH 值，通常加碱的较多。

（3）水温的高低对混凝也有一定的影响。水温高时，黏度降低，布朗运动加快，碰撞的机会增多，从而提高混凝效果，缩短混凝沉淀时间。但温度过高，超过 90℃ 时，易使高分子絮凝剂老化生成不溶性物质，反而降低絮凝效果。

（4）共存杂质的种类和浓度。

1）有利于絮凝的物质。除硫、磷化合物以外的其他各种无机金属盐，它们均能压缩胶体粒子的扩散层厚度，促进胶体粒子凝聚。离子浓度越高，促进能力越强，并可使混凝范围扩大。二价金属离子钙、镁等对阴离子型高分子絮凝剂凝聚带负电的胶体粒子有很大促进作用，表现在能压缩胶体粒子的扩散层，降低微粒间的排斥力，并能降低絮凝剂和微粒间的斥力，使它们表面彼此接触。

2）不利于混凝的物质。磷酸离子、亚硫酸离子、高级有机酸离子等阻碍高分子絮凝作用。另外，氯、螯合物、水溶性高分子物质和表面活性物质都不利于混凝。

B 混凝剂的影响

（1）无机金属盐混凝剂。无机金属盐水解产物的分子形态、荷电性质和荷电量等对混凝效果均有影响。

（2）高分子絮凝剂。其分子结构形式和分子量均直接影响混凝效果。一般线状结构较支链结构的絮凝剂要好，分子量较大的单个链状分子的吸附架桥作用比小分子的好，但水溶性较差，不易稀释搅拌。分子量较小时，链状分子短，吸附架桥作用差，但水溶性好，易于稀释搅拌。因此，分子量应适当，不能过高或过低，一般以 $300×10^4~500×10^4$ 左右为宜。此外，还要求沿链状分子分布有发挥吸附架桥作用的足够的官能团和电荷。高分子絮凝剂链状分子上所带电荷量越大，电荷密度越高，链状分子越能充分伸展，吸附架桥的空间作用范围也就越大，絮凝作用就越好。

2.3.1.3 废水处理中常用的混凝剂和助凝剂

A 混凝剂

废水处理中应用最广的是硫酸铝 [$Al_2(SO_4)_3 \cdot 18H_2O$]。它可以是固体，也可以是液体。当废水的碱度足够时，铝盐投入水中后发生如下反应：

$$Al_2(SO_4)_3 \cdot 18H_2O + 3Ca(OH)_2 \longrightarrow 3CaSO_4 + 2Al(OH)_3 + 18H_2O$$

氢氧化铝实际上以 $Al_2O_3 \cdot xH_2O$ 的形式存在，它是两性化合物，它既具有酸性，又具有碱性，既能和酸作用，又能和碱作用。在酸性条件下：

$$[Al^3][OH^-]^3 = 1.9 \times 10^{-33}$$

在 pH = 4.0 时，溶液中 Al^{3+} 的浓度为 51.3mg/L。在碱性条件下，水合氧化铝分解：

$$Al_2O_3 + 2OH^- \longrightarrow 2AlO_3^- + H_2O$$

$$[AlO_3^-][H^+] = 4 \times 10^{-5}$$

当 pH = 9 时，溶液中含铝 10.8mg/L。

当 pH 值接近 7.0 时，铝絮凝体溶解的可能性最小。pH < 7.6 时，铝絮凝体带正电，pH > 8.2 时，带负电。pH = 7.6~8.2 时，铝絮凝体电荷混杂。

铁盐也常作为混凝剂。当 pH = 3.0~5.0 时，会生成水合氧化铁：

$$Fe^{3+} + OH^- \longrightarrow Fe(OH)_3$$

$$[Fe^{3+}][OH^-] = 10^{-36}$$

铁絮凝体在酸性环境中带正电，在碱性环境中带负电，pH = 5.0~8.0 时，带有混杂电荷。

废水中的阴离子会改变有效絮凝的 pH 值范围。例如，硫酸根离子会增大酸性范围，减小碱性范围，氯离子对酸性和碱性范围都略有增加。

石灰不是一种真正的混凝剂，但能与重碳酸盐碱度起反应生成碳酸钙沉淀。

B　助凝剂

为了提高混凝效果，向废水投加助凝剂促进絮凝体增大，加快沉淀。

活化硅酸是一种常用的助凝剂，它是一种短链的聚合物，它能将微小的水合铝颗粒联结在一起。由于硅的负电性，加量过大反而会抑制絮凝体的形成，通常的剂量为 5~10mg/L。

聚合电解质也是一种常用的助凝剂。它含有吸附基团，并能在颗粒或带电絮凝体之间起架桥作用。当以铝盐或氯化铁作为混凝剂时，投加少量（1~5mg/L）的聚合电解质，就会形成较大（0.3~1mm）的絮凝体。聚合电解质基本上不受 pH 值影响，也可单独用作混凝剂。

由于混凝反应过程复杂，因此，为了得到废水混凝法的最佳 pH 值和最佳混凝剂投加量，需进行实验室试验。

2.3.2　气浮

2.3.2.1　气浮的基本原理

气浮法是固液分离或液液分离的一种技术。它是通过某种方法产生大量的微气泡，使其与废水中密度接近于水的固体或液体污染物微粒黏附，形成密度小于水的气浮体，在浮力的作用下，上浮至水面形成浮渣，进行固液或液液分离。气浮法用于从废水中去除相对密度小于 1 的悬浮物、油类和脂肪，并用于污泥的浓缩。

2.3.2.2　电解气浮法

电解气浮法是在直流电的作用下，用不溶性阳极和阴极直接电解废水，正负两极产生的氢和氧的微气泡，将废水中呈颗粒状的污染物带至水面以进行固液分离的一种技术。

电解法产生的气泡尺寸远小于溶气法和散气法。电解气浮法除用于固液分离外，还有降低 BOD、氧化、脱色和杀菌作用，对废水负荷变化适应性强，生成污泥量少，占地少，不产生噪声。

2.3.2.3 散气气浮法

目前应用的有扩散板曝气气浮法和叶轮气浮法两种。

A 扩散板曝气气浮法

压缩空气通过具有微细孔隙的扩散装置或微孔管,使空气以微小气泡的形式进入水中,进行气浮。其装置见图2-9。

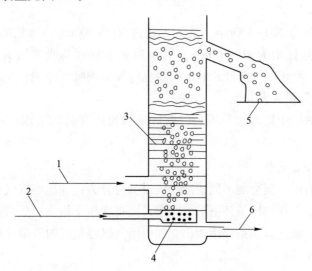

图2-9 扩散板曝气气浮法

1—入流液;2—空气进入;3—分离柱;4—微孔陶瓷扩散板;5—浮渣;6—出流液

这种方法的优点是简单易行,但缺点较多,其中主要的是空气扩散装置的微孔易于堵塞,气泡较大,气浮效果不高等。

B 叶轮气浮法

叶轮气浮设备见图2-10。在气浮池的底部置有叶轮叶片,由转轴与池上部的电机相连

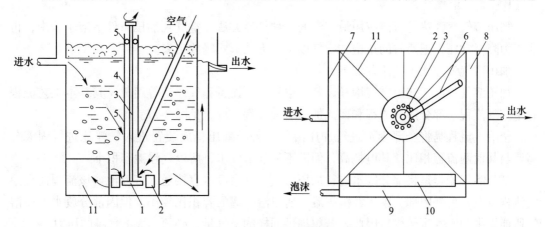

图2-10 叶轮气浮设备构造示意

1—叶轮;2—盖板;3—转轴;4—轴套;5—轴承;6—进气管;7—进水槽;
9—泡沫槽;10—刮沫板;11—整流板

接，并由后者驱动叶轮转动，在叶轮的上部装设着带有导向叶片的固定盖板，叶片与直径成 60°角，盖板与叶轮间有 10mm 的间距，而导向叶片与叶轮之间有 5~8mm 的间距，在盖板上开有孔径为 20~30mm 的孔洞 12~18 个，在盖板外侧的底部空间装设有整流板。

叶轮在电机的驱动下高速旋转，在盖板下形成负压，从空气管吸入空气，废水由盖板上的小孔进入。在叶轮的搅动下，空气被粉碎成细小的气泡，并与水充分混合成水气混合体甩出导向叶片之外，导向叶片使水流阻力减小。又经整流板稳流后，在池体内平稳地垂直上升，进行气浮。

叶轮直径一般多为 200~400mm，最大不超过 600~700mm，叶轮的转速多采用 900~1500r/min，圆周线速度则为 10~15m/s。气浮池充水深度与吸气量有关，一般为 1.5~2.0m 而不超过 3m。叶轮与导向叶片间的间距也能够影响吸气量的大小，实践证明，此间距超过 8mm 将使进气量大大降低。

这种气浮设备适用于处理水量不大，而污染物质浓度高的废水。除油效果一般可达 80%左右。

2.3.2.4 溶气气浮法

根据气泡析出时所处压力的不同，溶气气浮又可分为：加压溶气气浮和溶气真空气浮两种类型。前者，空气在加压条件下溶入水中，而在常压下析出；后者是空气在常压或加压条件下溶入水中，而在负压条件下析出。加压溶气气浮是国内外最常用的气浮法。

A 溶气真空气浮

溶气真空气浮的主要特点是，气浮池是在负压（真空）状态下运行的。

溶气真空气浮的主要优点是：空气溶解所需压力比压力溶气低，动力设备和电能消耗较少。但是，这种气浮方法的最大缺点是：气浮在负压条件下运行，一切设备部件，如除泡沫的设备，都要密封在气浮池内，这就使气浮池的构造复杂，给维护运行和维修都带来很大困难。此外，这种方法只适用于处理污染物浓度不高的废水，因此在生产中使用的不多。

B 加压溶气气浮

加压溶气气浮法是目前应用最广泛的一种气浮方法。空气在加压条件下溶于水中，再使压力降至常压，把溶解的过饱和空气以微气泡的形式释放出来。

加压溶气气浮法工艺流程如下。

加压溶气气浮工艺由空气饱和设备、空气释放设备和气浮池等组成。其基本工艺流程有全溶气流程、部分溶气流程和回流加压溶气流程 3 种，见图 2-11。

全溶气流程是将全部废水进行加压溶气，再经减压释放装置进入气浮池进行固液分离。与其他两流程相比，其电耗高，但因不另加溶气水，所以气浮池容积小。

部分溶气流程是将部分废水进行加压溶气，其余废水直接送入气浮池。该流程比全溶气流程省电，另外因部分废水经溶气罐，所以溶气罐的容积比较小。但因部分废水加压溶气所能提供的空气量较少，因此，若想提供同样的空气量，必须加大溶气罐的压力。

回流加压溶气流程将部分出水进行回流加压，废水直接送入气浮池。该法适用于含悬浮物浓度高的废水的固液分离，但气浮池的容积较前两者大。

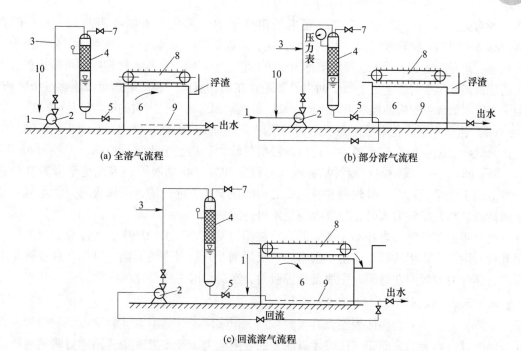

图 2-11 加压溶气气浮法流程

1—原水进入；2—加压泵；3—空气进入；4—压力溶气罐（含填料层）；5—减压阀；

6—气浮池；7—放气阀；8—刮渣机；9—集水系统；10—化学药液

加压溶气气浮法与电解气浮法和散气气浮法相比具有以下特点：

（1）水中的空气溶解度大，能提供足够的微气泡，可满足不同要求的固液分离，确保去除效果。

（2）经减压释放后产生的气泡粒径小（$20 \sim 100 \mu m$），粒径均匀，微气泡在气浮池中上升速度很慢，对池水扰动较小，特别适用于絮凝体松散、细小的固体分离。

（3）设备和流程都比较简单，维护管理方便。

2.3.3 吸附

许多工业废水含有难降解的有机物，这些有机物很难或根本不能用常规的生物法去除，例如 ABS 和某些杂环化合物，这些物质可用吸附法加以去除。

2.3.3.1 吸附的类型

在相界面上，物质的浓度自动发生累积或浓集的现象称为吸附。吸附作用虽然可发生在各种不同的相界面上，但在废水处理中，主要利用固体物质表面对废水中物质的吸附作用。本节只讨论固体表面的吸附作用。

吸附法就是利用多孔性的固体物质，使废水中的一种或多种物质被吸附在固体表面而去除的方法。具有吸附能力的多孔性固体物质称为吸附剂，而废水中被吸附的物质则称为吸附质。

根据固体表面吸附力的不同，吸附可分为物理吸附和化学吸附两种类型。

（1）物理吸附。吸附剂和吸附质之间通过分子间力产生的吸附称为物理吸附。物理吸附是一种常见的吸附现象。由于物理吸附是由分子力引起的，所以吸附热较小，一般在 41.9kJ/mol 以内。物理吸附因不发生化学作用，所以低温时就能进行。被吸附的分子由于热运动还会离开吸附剂表面，这种现象称为解吸，它是吸附的逆过程。物理吸附可形成单分子吸附层或多分子吸附层。由于分子间力是普遍存在的，所以一种吸附剂可吸附多种吸附质，但由于吸附剂和吸附质的极性强弱不同，某一种吸附剂对各种吸附质的吸附量是不同的。

（2）化学吸附。化学吸附是吸附剂和吸附质之间发生的化学作用，是由于化学键力引起的。化学吸附一般在较高温度下进行，吸附热较大，相当于化学反应热，一般为 83.7～418.7kJ/mol。一种吸附剂只能对某种或几种吸附质发生化学吸附，因此化学吸附具有选择性。由于化学吸附是靠吸附剂和吸附质之间的化学键力进行的，所以吸附只能形成单分子吸附层。当化学键力大时，化学吸附是不可逆的。

物理吸附和化学吸附并不是孤立的，往往相伴发生。在水处理中，大部分的吸附往往是几种吸附综合作用的结果。由于吸附质、吸附剂及其他因素的影响，可能某种吸附是主要的，例如有的吸附在低温时主要是物理吸附，在高温时主要是化学吸附。

2.3.3.2 吸附剂

从广义而言，一切固体表面都有吸附作用，但实际上，只有多孔物质或磨的很细的物质，由于具有很大的表面积，所以才有明显的吸附能力。废水处理中常用的吸附剂有活性炭、磺化煤、活化煤、沸石、活性白土、硅藻土、腐殖质酸、焦炭、木炭、木屑等。本节着重介绍在水处理中应用较广的活性炭。

A 活性炭的制造

活性炭是用含碳为主的物质（如木材、煤）作原料，经高温炭化和活化而制成的疏水性吸附剂，外观呈黑色。炭化是把原料热解成炭渣，生成类似石墨的多环芳香系物质，活化是把热解的炭渣变为多孔结构。活化方法有药剂法和气体法两种。药剂活化法常用的活化剂有氯化锌、硫酸、磷酸等。粉状活性炭多用氯化锌为活化剂，活化炉用转炉。气体活化法一般用水蒸气、二氧化碳、空气作活化剂。粒状炭多采用水蒸气活化法，以立式炉或管式炉为活化炉。

B 活性炭的细孔构造和分布

活性炭在制造过程中，晶格间生成的空隙形成各种形状和大小的细孔。吸附作用主要发生在细孔的表面上。每克吸附剂所具有的表面积称为比表面积。活性炭的比表面积可达 $500～1700m^2/g$。其吸附量并不一定相同，因为吸附量不仅与比表面积有关，而且还与细孔的构造和细孔的分布情况有关。

活性炭的细孔构造主要和活化方法及活化条件有关。活性炭的细孔有效半径一般为 $1～10000mm$。小孔半径在 2mm 以下，过渡孔半径为 2～100mm，大孔半径为 100～10000mm。活性炭的小孔容积一般为 0.15～0.90mL/g，表面积占比表面积的95%以上。过渡孔容积一般为 0.02～0.10mL/g，其表面积占比表面积的5%以下。用特殊的方法，例如延长活化时间，减慢加温速度或用药剂活化时，可得到过渡孔特别发达的活性炭。大孔容积一般为 0.2～0.5mL/g，表面积只有 $0.5～2m^2/g$。

细孔大小不同，它在吸附过程中所引起的主要作用也就不同。对液相吸附来说，吸附质虽可被吸附在大孔表面，但由于活性炭大孔表面积所占的比例较小，故对吸附量影响不大。它主要为吸附质的扩散提供通道，使吸附质通过此通道扩散到过渡孔和小孔中去，因此吸附质的扩散速度受大孔影响。活性炭的过渡孔除为吸附质的扩散提供通道使吸附质通过它扩散到小孔中去而影响吸附质的扩散速度外，当吸附质的分子直径较大时，这时小孔几乎不起作用，活性炭对吸附质的吸附主要靠过渡孔来完成。活性炭小孔的表面积占比表面积的95%以上，所以吸附量主要受小孔支配。由于活性炭的原料和制造方法不同，细孔的分布情况相差很大，所以应根据吸附质的直径和活性炭的细孔分布情况选择合适的活性炭。

C 活性炭的表面化学性质

活性炭的吸附特性不仅与细孔构造和分布情况有关，而且还与活性炭的表面化学性质有关。活性炭是由形状扁平的石墨型微晶体构成的。处于微晶体边缘的碳原子，由于共价键不饱和而易与其他元素如氧、氢等结合形成各种含氧官能团，使活性炭具有一些极性。目前对活性炭含氧官能团（又称表面氧化物）的研究还不够充分，但已证实的有—OH基、—COOH基等。

2.4 污水的生物处理法

2.4.1 活性污泥法

2.4.1.1 活性污泥处理法的基本流程

在当前污水处理技术领域中，活性污泥法是应用最为广泛的技术之一。

活性污泥法最早于1914年在英国曼彻斯特建成试验厂，随着在实际生产上的广泛应用和技术上的不断革新改进，在对其生物反应和净化机理进行深入研究探讨的基础上，活性污泥法在生物学、反应动力学的理论以及工艺方面都得到了长足的发展，出现了多种能够适应各种条件的工艺流程。当前，活性污泥法已成为生活污水、城市污水以及有机工业废水的主体处理技术。

图2-12所示为活性污泥法处理系统的基本流程。系统是以活性污泥反应器——曝气池作为核心处理设备，此外还有二次沉淀池、污泥回流系统和曝气与空气扩散系统所组成。

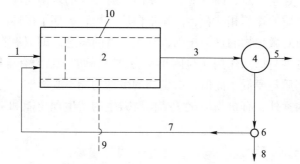

图2-12　活性污泥法处理系统的基本流程（传统活性污泥法系统）

1—经预处理后的污水；2—活性污泥反应器——曝气池；3—从曝气池流出的混合液；4—二次沉淀池；

5—处理水；6—污泥井；7—回流污泥系统；8—剩余污泥；9—来自空压机站的空气；10—曝气系统与空气扩散

2.4.1.2　活性污泥净化反应影响因素

和所有的生物相同，活性污泥微生物只有在对它适宜的环境条件下生活，它的生理活动才能得到正常的进行，活性污泥处理技术就是人为地为微生物创造良好的生活环境条件，使微生物以对有机物质降解为主体的生理功能得到强化。

能够影响微生物生理活动的因素较多，其中主要的有：营养物质、温度、溶解氧以及有毒物质等。

（1）营养物质平衡。参与活性污泥处理的微生物，在其生命活动过程中，需要不断地从其周围环境的污水中吸取其所必需的营养物质，这里包括碳源、氮源、无机盐类及某些生长素等。待处理的污水中必须充分地含有这些物质。

（2）溶解氧含量。参与污水活性污泥处理的是以好氧菌为主体的微生物种群。这样，在曝气池内必须有足够的溶解氧。溶解氧不足，必将对微生物的生理活动产生不利的影响，从而污水处理进程也必将受到影响，甚至遭到破坏。

（3）pH 值。微生物的生理活动与环境的酸碱度（氢离子浓度）密切相关，只有在适宜的酸碱度条件下，微生物才能进行正常的生理活动。以 pH 值表示的氢离子浓度能够影响微生物细胞质膜上的电荷性质。电荷性质改变，微生物细胞吸收营养物质的功能也会发生变化，从而对微生物的生理活动产生不良影响。pH 值过大地偏离适宜数值，微生物的酶系统的催化功能就会减弱，甚至消失。

（4）水温。在影响微生物生理活动的各项因素中，温度的作用非常重要。温度适宜，能够促进、强化微生物的生理活动，温度不适宜，能够减弱甚至破坏微生物的生理活动。温度不适宜还能够导致微生物形态和生理特性的改变，甚至可能使微生物死亡。

（5）有毒物质。在本文中所谓的"有毒物质"是指对微生物生理活动具有抑制作用的某些无机物质及有机物质，如重金属离子、酚、氰等。

重金属离子（铅、镉、铬、铁、铜、锌等）对微生物都产生毒害作用，它们能够和细胞的蛋白质相结合，而使其变性或沉淀。汞、银、砷的离子对微生物的亲和力较大，能与微生物酶蛋白内的—SH 基结合，而抑制其正常的代谢功能。

酚类化合物对菌体细胞膜有损害作用，并能够促使菌体蛋白凝固。此外，酚又能对某些酶系统，如脱氢酶和氧化酶，产生抑制作用，破坏了细胞的正常代谢作用。酚的许多衍生物如对位、偏位、邻位甲酚、丙基酚、丁基酚都有很强的杀菌功能。

甲醛能够与蛋白质的氨基相结合，而使蛋白质变性，破坏了菌体的细胞质。

但是，有毒物质对微生物的毒害作用，有一个量的概念，即只有在有毒物质在环境中达到某一浓度时，毒害与抑制作用才显露出来。这一浓度称之为有毒物质极限允许浓度，污水中的各种有毒物质只要低于此值，微生物的生理功能不受影响。

除了以上各项因素外，有机物的化学结构对微生物的生理功能和生物降解过程也有着较大的影响。

2.4.1.3　曝气池的形式

曝气池是活性污泥反应器，是活性污泥系统的核心设备。活性污泥系统的净化效果，在很大程度上取决于曝气池的功能是否能够正常发挥。

曝气池从以下几方面分类：

（1）从混合液流动形态方面，曝气池分为推流式、完全混合式和循环混合式3种；

（2）从平面形状方面，曝气池可分为长方廊道形、圆形、方形以及环状跑道形等4种；

（3）从采用的曝气方法方面，可分为鼓风曝气池、机械曝气池以及两者联合使用的机械—鼓风曝气池；

（4）从曝气池与二次沉淀池之间的关系，可分为曝气—沉淀池合建式、分建式两种。

2.4.2 生物膜法

污水的生物膜处理法是与活性污泥法并列的一种污水好氧生物处理技术。这种处理法的实质是使细菌和菌类一类的微生物和原生动物、后生动物一类的微型动物附着在滤料或某些载体上生长繁殖，并在其上形成膜状生物污泥——生物膜。污水与生物膜接触，污水中的有机污染物，作为营养物质，为生物膜上的微生物所摄取，污水得到净化，微生物自身也得到繁衍增殖。

生物膜处理法的主要特征：

（1）对水质、水量变动有较强的适应性。生物膜处理法的各种工艺，对流入污水水质、水量的变化都具有较强的适应性，这种现象已为多数运行的实际设备所证实，即便有一段时间中断进水，对生物膜的净化功能也不会造成致命的影响，通水后能够较快地得到恢复。

（2）污泥沉降性能良好，宜于固液分离。由生物膜上脱落下来的生物污泥，所含动物成分较多，相对密度较大，而且污泥颗粒个体较大，沉降性能良好，宜于固液分离。但是，如果生物膜内部形成的厌氧层过厚，在其脱落后，将有大量的非活性的细小悬浮物分散于水中，使处理水的澄清度降低。

（3）能够处理低浓度的污水。活性污泥法处理系统，不适宜处理低浓度的污水，如原污水的 BOD 值长期低于 $50 \sim 60 mg/L$，将影响活性污泥絮凝体的形成和增长，净化功能降低，处理水水质低下。但是，生物膜处理法对低浓度污水，也能够取得较好的处理效果，运行正常可使 BOD_5 为 $20 \sim 30 mg/L$ 的污水的 BOD_5 值降至 $5 \sim 10 mg/L$。

（4）易于维护运行、节能。与活性污泥处理系统相比较，生物膜处理法中的各种工艺都是比较易于维护管理的，而且像生物滤池、生物转盘等工艺，还都是节省能源的，动力费用较低。去除单位重量 BOD 的耗电量较少。

2.4.3 污水厌氧生物处理

厌氧生物处理技术在水处理行业中一直都受到环保工作者们的青睐，由于其具有良好的去除效果，更高的反应速率和对毒性物质更好的适应能力，更重要的是由于其相对好氧生物处理废水来说不需要为氧的传递提供大量的能耗，使得厌氧生物处理在水处理行业中应用十分广泛。

2.4.3.1 厌氧消化的机理

一般来说，废水中复杂有机物物料比较多，通过厌氧分解分四个阶段加以降解：

（1）水解阶段：高分子有机物由于是大分子，其体积较大，不能直接通过厌氧菌的细胞壁，需要在微生物体外通过胞外酶加以分解成小分子。废水中典型的有机物质比如纤维素被纤维素酶分解成纤维二糖和葡萄糖，淀粉被分解成麦芽糖和葡萄糖，蛋白质被分解成短肽和氨基酸。分解后的这些小分子能够通过细胞壁进入到细胞的体内进行下一步的分解。

（2）酸化阶段：上述的小分子有机物进入到细胞体内转化成更为简单的化合物并被分配到细胞外，这一阶段的主要产物为挥发性脂肪酸（VFA），同时还有部分的醇类、乳酸、二氧化碳、氢气、氨、硫化氢等产物产生。

（3）产乙酸阶段：在此阶段，上一步的产物进一步被转化成乙酸、碳酸、氢气以及新的细胞物质。

（4）产甲烷阶段：在这一阶段，乙酸、氢气、碳酸、甲酸和甲醇都被转化成甲烷、二氧化碳和新的细胞物质。这一阶段也是整个厌氧过程最为重要的阶段和整个厌氧反应过程的限速阶段。

在上述四个阶段中，有人认为第二个阶段和第三个阶段可以分为一个阶段，在这两个阶段的反应是在同一类细菌体内完成的。前三个阶段的反应速度很快，如果用莫诺方程来模拟前三个阶段的反应速率的话，K_s（半速率常数）可以在 50mg/L 以下，μ 可以达到 5kgCOD/（kgMLSS·d）。而第四个反应阶段通常很慢，同时也是最为重要的反应过程，在前面几个阶段中，废水中的污染物质只是形态上发生变化，COD 几乎没有怎么去除，只是在第四个阶段中，污染物质变成甲烷等气体，使废水中 COD 大幅度下降。同时在第四个阶段产生大量的碱度，这与前三个阶段产生的有机酸相平衡，维持废水中的 pH 值稳定，保证反应的连续进行。

2.4.3.2　厌氧消化的影响因素

厌氧法对环境条件的要求比好氧法更严格。一般认为，控制厌氧处理效率的基本因素有两类：一类是基础因素，包括微生物量（污泥浓度）、营养比、混合接触状况、有机负荷等；另一类是环境因素，如温度、pH 值、氧化还原电位、有毒物质等。

（1）温度。温度是影响微生物生存及生物化学反应最重要的因素之一。各类微生物适宜的温度范围是不同的，一般认为，产甲烷菌的温度范围是 5~60℃，在 35℃ 和 53℃ 上下可以分别获得较高的消化效率，温度为 40~45℃ 时，厌氧消化效率较低。可以看出，各种产甲烷菌的适宜范围不一致，而且最适的温度范围较小。

（2）pH 值。每种微生物可在一定的 pH 值范围内活动，产酸细菌对酸碱度不及甲烷细菌敏感，其适宜的 pH 值范围较广，在 pH=4.5~8.0 之间。产甲烷菌要求环境介质 pH 值在中性附近，最适的 pH=7.0~7.2，pH=6.6~7.4 较为适宜。

（3）有机负荷。有机负荷在厌氧法中，通常指容积有机负荷，它是影响厌氧消化效率的一个重要因素，直接影响产气量处理效率。在一定范围内，随着有机负荷的提高，产气率趋向下降，而消化器的容积产气量则增多。但是，有机负荷过高会使消化系统中污泥的流失速率大于增长速率而降低消化效率；相反，若有机负荷过低，物料产气率虽然可以提高，但容积产率降低，反应器容积将增大，使消化设备的利用效率降低，而增加投资和运行费用。

（4）厌氧活性污泥。厌氧活性污泥的浓度和性状与消化的效能有密切的关系。性状良好的污泥是厌氧消化效率的基础保证。在一定的范围内，活性污泥浓度越高，厌氧消化的效率也越高，但到了一定程度后，效率的提高不再明显。

（5）有毒物质。厌氧系统中的有毒物质会不同程度地对过程产生抑制作用，通常包括有毒有机物、重金属离子和一些阴离子等。有机物主要抑制产乙酸和产甲烷细菌的活动。重金属被认为是使反应器失效的最普通及最主要的因素。金属离子对产甲烷菌的影响按铬、铜、锌、镍等顺序减小。氨是厌氧过程中的营养物和缓冲剂，但高浓度时也产生抑制作用，主要是影响产甲烷阶段。

（6）氧化还原电位。产甲烷菌初始繁殖的环境条件是氧化还原电位不能高于-300mV。在厌氧消化全过程中，不产甲烷阶段可在兼氧条件下完成，氧化还原电位为+0.1~-0.1V，而在产甲烷阶段，氧化还原电位须控制为-0.3~-0.35V（中温消化）与-0.56~0.6V（高温消化）。

（7）搅拌和混合。混合搅拌也是提高消化效率的工艺条件之一。通过搅拌可消除池内的梯度，增加食料与微生物之间的接触，避免产生分层，促进沼气分离，显著地提高消化的效率。

（8）水力停留时间。水力停留时间对于厌氧工艺的影响主要是通过上升流速来表现出来的。一方面，较高的水流速度可以提高污水系统内进水区的扰动性，从而增加生物污泥与进水有机物之间的接触，提高有机物的去除率。另一方面，为了维持系统中能拥有足够多的污泥，上升流速又不能超过一定限值。

———— 本 章 小 结 ————

污水物理处理方法包括格栅、沉砂池、沉淀池等；污水化学处理方法包括中和、化学沉淀、药剂氧化还原、臭氧氧化、电解等；污水物理化学处理方法包括混凝、气浮、吸附等；污水生物处理法包括活性污泥法、生物膜法、污水厌氧生物处理等方法。

思 考 题

2-1 设置沉砂池的目的是什么，曝气沉砂池的工作原理与平流式沉砂池有何区别？

2-2 物理化学处理与化学处理相比，在原理上有何不同，处理的对象有什么不同？

2-3 中和法包括哪些，各有何优点？

2-4 影响混凝的因素有哪些？什么叫混凝剂，常用的助凝剂有哪几种，在什么情况下投加助凝剂？

2-5 什么叫吸附法，吸附的类型包含哪几种，适用条件是什么？

2-6 在废水处理中，气浮法与沉淀法相比较，各有何缺点？

2-7 活性污泥法的基本概念和基本流程是什么，影响活性污泥的净化反应因素有哪些？

2-8 什么是生物膜法，生物膜法有哪些特点？

2-9 比较生物膜法和活性污泥法的优缺点。

2-10 厌氧生物处理的基本原理是什么？

2-11 厌氧消化反应分为哪个阶段，污水的厌氧生物处理有什么优势，又有哪些不足之处？

2-12 影响厌氧消化的主要因素有哪些，提高厌氧处理的效能主要从哪些方面考虑？

3 城市污水再生利用系统

本章提要：

本章主要介绍城市污水再生利用系统的概念、特点、途径以及风险分析。要求学生熟悉并掌握城市污水处理的各种工艺流程过程。

3.1 城市污水处理厂污水再生利用系统

3.1.1 城市污水再生利用系统分类及特点

在污水再生利用系统中，污水再生处理是最为关键的构成部分，污水处理规模、处理厂（站）位置不同往往导致整个城市污水再生利用系统的不同。根据目前国内外广泛接受的划分标准，城市污水再生利用系统可以分为集中式系统和分散式系统。集中式污水再生利用系统是以传统城市供排水系统为基础，通过城市传统的排水管网系统收集污水并输送至远离城市中心的大型污水处理厂进行处理，污水经达标（排放标准）处理后再进行深度处理，然后利用已经建成的再生水供水管网将再生水输送到城市中，回用于城市生活的各个方面。在典型的集中式污水再生利用系统中，再生水厂往往和污水处理厂合建，且位于城市排水管网的末端最低点，靠近城市的最终排污点。分散式污水再生利用系统是针对集中式系统提出来的，从规模上来说，分散式系统趋向于小型化和区域化；从处理技术上来说，分散式系统更有针对性和灵活性；从经济上来说，分散式系统致力于减少污水和再生水的收集和输送成本；从水资源的利用来说，分散式系统提倡污水的就地收集和就近回用。在分散式污水再生利用系统中，再生水厂（站）往往建设在具有潜在回用需求的区域附近，水厂根据区域回用需求进行污水的收集和处理，多余的污水仍然进入城市排水管网。再生水厂的处理技术和工艺可能与集中式系统中的城市污水净化厂相同，但随着小型化、集成化、一体化技术的发展，分散式污水处理技术和工艺将变得更加灵活。

由于模式、目标和服务对象的不同，集中式系统和分散式系统具有各自的优点和适应性，同时也体现出各自的缺点和局限性。表3-1总结了两种系统的优缺点。

3.1.2 城市污水再生利用途径及风险分析

根据污水的主要去向，污水再生利用可划分为生态回用、农业回用、工业回用、市政回用、室内回用、其他回用等6种主要途径，主要包括：

（1）生态回用：主要包括河流、湖泊、水库、湿地的再生水利用；

（2）农业回用：主要包括粮食作物和经济作物的再生水利用；

表 3-1　集中式和分散式系统优缺点分析

优　　点	缺　　点
集中式污水再生利用系统	
（1）悠久的发展历史，成熟的运行和维护经验； （2）规模化效应保证了低廉的污水处理成本； （3）城市大尺度范围内的统筹规划和管理	（1）再生水生产地远离城区用水点，再生水运输成本高； （2）唯一的处理工艺导致了单一的供水水质； （3）庞大的系统构成，一次投入大，运行和维护成本高； （4）系统升级或转型的可行性和可实施性差
分散式污水再生利用系统	
（1）与集中式相比，处理设施投入大幅降低； （2）以就近回用为基准，大幅降低了再生水的输送成本和能量消耗； （3）污水的分散处理，减轻了城市排水管网和污水厂的压力； （4）强调系统的分散性，降低了城市公用设施（如道路）的翻修频率	（1）污水的储存和处理设施的占地受到区域用地的影响； （2）就地处理对周边区域存在一定的环境和健康风险； （3）规模小可能导致系统运行成本比集中式系统高； （4）系统的运行受到周边区域基础条件的影响（如供水、供电等）

（3）工业回用：主要包括冷却、锅炉和其他生产工艺的再生水利用；

（4）市政回用：主要包括绿化、消防、道路浇洒、水景补水、洗车等的再生水利用；

（5）室内回用：主要包括空调、冲厕、饮用等的再生水利用；

（6）其他回用：主要包括再生水的地下回灌和污水的热能利用。

这6种主要途径及主要终端用户见表3-2。

表 3-2　城市污水再生利用主要途径及终端用户

主要途径	主要方向	主要终端用户
（1）生态回用	城市河流补水	环境河流
		娱乐与景观河流
		饮用水水源河流
	城市湖泊和水库补水	景观娱乐湖泊
		饮用水源湖泊和水库
	湿地补水	人工湿地
（2）农业回用	粮食作物灌溉	各类粮食作物
	经济作物灌溉	可直接食用的蔬菜和水果
		经过加工之后的蔬菜
		其他经济作物
	园林灌溉	果园、苗圃、林地
（3）工业回用	生产工艺用水	造纸、纺织、印染及其他生产工艺
	非生产工艺用水	冷却用水
		锅炉补水
		洗涤用水

主要途径	主要方向	主要终端用户
（4）市政回用	城市绿化	城市绿化
	道路养护	道路养护
	消防	室外消防
	水景补水	非接触性水景
	洗车	洗车
（5）室外回用	非直接饮用	空调
		冲厕
		室内消防
	直接饮用	饮用、空调和洗漱
（6）其他回用	地下回灌	地下水补水
		防止咸潮入侵
		水量储备
	污水热能利用	污水源热泵
	其他	其他用户

从表 3-2 可以看出，城市污水再生利用途径非常广泛，基本涵盖了目前城市的各个用水方向，成为城市传统自来水以外的又一重要水源。但是再生水的使用也具有很多潜在的风险和约束条件，这也是进一步推进城市污水再生利用需要逐渐克服和解决的主要问题，其中再生水水质所引起的风险问题是关注程度最高的问题。再生水中容易产生风险问题的物质可以划分为微生物成分和化学成分，不同的终端用户和回用途径对这两类风险物质控制要求差异很大，表 3-3 对不同终端用户对再生水的需求情况按照水质级别进行了分类。

表 3-3　再生水不同用水途径的微生物和化学水质指标分级情况

微生物指标分级	化学指标分级	终端用户（回用途径）
I	1	住宅使用：个人花园灌溉，冲厕，家庭空调系统，洗车；直接注入土地进行灌溉
II	1	洗涤水
III	1	市政用水：公众景观灌溉，道路浇洗，消防用水，景观水体蓄水，景观喷泉；温室作物灌溉；无特殊限制的灌溉
IV	1	牧场灌溉；非直接食用的经济作物灌溉，果树灌溉（喷灌除外）
	2	接触性城市水体的蓄水
V	1	森林、草场等人群限制进入的区域灌溉
	2	水产养殖
	3	通过渗透对地下含水层补水
VI	2	非接触性城市水体的蓄水
VII	4	工业冷却（食品生产工业除外）

根据不同终端用户对用水的要求，可以对再生水按照水质情况进行分级，分级按照水中特定微生物和化学物质的种类和含量进行区分，微生物指标分成 Ⅰ～Ⅶ 级，化学物质分成 1～4 级。从表 3-3 可以看出，灌溉、市政用水和建筑物内使用对再生水中化学物质成分和含量没有明显的不同要求。从总体对水质的要求情况来看，建筑物内使用和市政用水对再生水的水质要求较高，农业灌溉和工业用水对再生水的水质要求相对较低，城市景观和生态用水的水质要求介于其间。

根据不同回用途径的用水要求进行城市污水再生利用系统的规划和建设，将系统构建的驱动力从"政府需求"转变为"用户需求"，是对城市水系统建设理念的重大革新。城市污水再生利用系统构建对可持续城市水环境系统建设有着重大的意义，尤其在供水能力已经明显不足的城市，现有的传统水资源已经无法满足社会进一步发展的用水需求，城市污水再生利用对城市建设和水环境建设的作用和意义更为明显。主要体现在以下几个方面：

（1）利用再生水替代按照居民生活饮用水标准供应的自来水，应用于并不需要高品质水的用水途径；

（2）将再生水作为城市第二水源，扩展城市传统水资源的范畴，增大城市可利用水资源的总量，满足城市现在和未来的用水需求；

（3）通过污水再生利用，减少传统新鲜水的转移和分散，减少大量有毒污染物和营养物进入城市水循环，保持城市水生态系统的良好状态；

（4）通过污水的最大化利用，减少拦水大坝、调水管网和设施、贮水池等城市水利设施的建设；

（5）通过实施污水再生利用，丰富城市水系统管理的内容，提升水资源利用和污水排放的管理水平。

3.2 城市污水再生处理的除氮系统

3.2.1 氮的存在状态

在自然界，氮化合物是以有机体（动物蛋白、植物蛋白）、氨态氮（NH_4^+、NH_3）、亚硝酸盐氮（NO_2^-）、硝酸盐氮（NO_3^-）以及气态氮（N_2）形式存在的。

城市污水中各种形态氮的总量，用总氮（TN）表示。总氮由总硝态氮（TNO_x）和总凯氏氮（TKN）组成，总硝态氮分为硝酸盐氮（NO_3^-）和亚硝酸盐氮（NO_2^-）；总凯氏氮分为总氨氮（TAN）和总有机氮（TBN）。可用如下的关系式表示：

总氮（TN）＝总硝态氮＋总凯氏氮

　　　　＝（硝酸盐氮＋亚硝酸盐氮）＋（总氨氮＋总有机氮）

　　　　＝（硝酸盐氮＋亚硝酸盐氮）＋（离子态氨氮＋分子态氨氮＋总有机氮）

城镇污水处理厂进水中的氮，主要以有机氮和氨氮为主，除非确认系统中有大量的硝酸盐氮直接排入，且污水处于好氧状态。因此人们通常以凯氏氮近似表征污水中的总氮。氮的形态和定义详情见表 3-4。

表3-4　污水中氮的形态和定义

序号	氮的形态、名称	简写或代号	定　义
1	氨气、游离氮、分子态氨	NH_3	游离于水中的氨气分子，NH_3
2	铵盐离子、离子态氨氮	NH_4^+	水解的铵盐离子，NH_4^+
3	总氨氮	TAN	$TAN = NH_3 + NH_4^+$
4	亚硝酸盐氮	NO_2^-	亚硝酸根
5	硝酸盐氮	NO_3^-	硝酸根
6	总硝态氮	TNO_x	$TNO_x = NO_2^- + NO_3^-$
7	总无机氮	TIN	$TIN = NO_2^- + NO_3^- + NH_3 + NH_4^+$
8	总凯氏氮	TKN	$TKN = TBN + NH_3 + NH_4^+$
9	总有机氮	TBN	$TBN = TKN - NH_3 - NH_4^+$
10	总氮	TN	$TN = NO_2^- + NO_3^- + NH_3 + NH_4^+ + TBN$

在污水二级处理工艺中，在水解菌的作用下，动物蛋白和植物蛋白等转化为氨态氮。所以，污水中氮则是以氨态氮、亚硝态氮和硝态氮的形式存在。

在普通的污水二级处理工艺中，氮作为微生物生长繁殖的必要元素，经过细胞的繁殖逐渐降低污水中氮的含量。

微生物的细胞合成一般可用下式表示：

$$nC_xH_yO_z + nNH_3 + n(x + y/4 - z/2 - 5)O_2 \longrightarrow (C_5H_7NO_2)_n + $$
$$n(x - 5)CO_2 + n(y/2 - 2)H_2O \tag{3-1}$$

按此式可以计算出细胞合成所需要的氮量。

在一般的活性污泥工艺中，理想的营养平衡式为 $BOD : N : P = 100 : 5 : 1$。如原水中 BOD 值为 300mg/L，通过一级处理 BOD 的去除率为 80%，则通过营养平衡式计算，氮的需要量仅为 12mg/L。因此，在城市污水中，氮是过剩的，这也是一般二级污水处理厂对氮去除率较低的原因。

3.2.2　生物脱氮原理

城镇污水处理厂的进水中的氮，主要以有机氮和氨氮为主。在自然界中存在氮循环的自然现象，只要运行条件适当，就能够将这一自然作用运用在活性污泥反应系统中的。

含氮化合物在微生物的作用下，有机氮先经过异养微生物的氨化作用转化为氨氮，一部分氨氮经同化作用用于微生物自身合成，另一部分在好氧（oxic）条件下由自养硝化细菌经过硝化作用转变为硝酸盐和亚硝酸盐为其生长提供所需能量。最后，由异养型反硝化细菌在缺氧（anoxic）条件下经过反硝化作用将硝酸盐和亚硝酸盐还原为氮气，释放到大气中。其过程见图3-1。

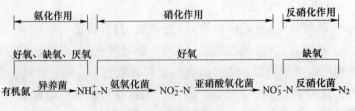

图3-1　反硝化脱氮

由此可见，生物脱氮中氮主要有两种转移途径：一是被微生物吸收利用合成自身细胞物质或吸附生成污泥；二则是通过微生物的呼吸作用，将其转化为氮气排放。活性污泥中氮的含量在 9%~12% 之间（以 N/VSS 计），也就是说经同化作用去除的氮素污染物在总氮去除量中仅占相当小的一部分。而我们通常所提到的生物脱氮方法一般指第二种途径，即反硝化脱氮。

含氮化合物在微生物的作用下，相继产生下列各项反应：

（1）氨化反应。有机氮化合物，在氨化细菌的作用下，分解、转化为氨态氮，这一过程称之为"氨化反应"，以氨基酸为例，其反应式为：

$$RCHNH_2COOH + O_2 \longrightarrow RCOOH + CO_2 + NH_3 \tag{3-2}$$

有机氮化合物在氨化细菌的作用下被分解转化为氨氮的过程称为氨化作用（ammonification）。氨化作用对环境条件并没有严格的要求，且一般来说异养型微生物都能进行氨化作用。在传统活性污泥法中，约 90% 的有机氮都能被转化为氨氮，而且转化速率很高。因此，氨化作用不会成为生物脱氮过程中的限速步骤，一般不做重点研究。

（2）硝化反应。在硝化菌的作用下，氨态氮进一步分解氧化，就此分两个阶段进行，首先在亚硝化菌的作用下，使氨（NH_4^+）转化为亚硝酸氮，反应式为：

$$NH_4^+ + 3/2O_2 \longrightarrow N_2O^- + H_2O + 2H^+ - \Delta F \quad (\Delta F = 278.42kJ) \tag{3-3}$$

然后，亚硝酸氮在硝酸菌的作用下，进一步转化为硝酸氮，其反应式为：

$$N_2O^- + 1/2O_2 \longrightarrow NO_3^- - \Delta F \tag{3-4}$$

硝化反应的总反应式：

$$NH_4^+ + 2O_2 \longrightarrow NO_3^- + H_2O + 2H^+ - \Delta F \tag{3-5}$$

亚硝酸菌和硝酸菌统称为硝化菌，硝化菌是化能自养菌，革兰氏染色阴性，不生芽孢短杆状细菌，广泛存活在土壤中，在自然界的氮循环中起着重要作用。这类细菌的生理活动不需要有机性营养物质，从二氧化碳获取碳源，以氨氮和亚硝酸盐为能源，通过氧化 NH_4^+、NO_2^- 获得能量进行生长代谢。

（3）反硝化反应。反硝化反应是指硝酸氮和亚硝酸氮在反硝化菌的作用下，被还原为气态氮的过程。

反硝化菌是属于兼性厌氧菌的细菌。在厌氧条件下，进行厌氧呼吸，以硝酸氮为电子受体，以有机物（有机碳）为电子供体。在这种条件下，不能释放出更多的 ATP，相应合成的细胞物质也较少。

在反硝化反应过程中，硝酸氮通过反硝化菌的代谢活动，可能有两种转化途径，即：同化反硝化（合成），最终形成有机氮化合物，成为菌体的组成部分；另一为异化反硝化（分解），最终产物是气态氮。

反硝化脱氮过程中，碳源结构不仅决定着反应系统中反硝化菌的种群分布和生长速度，也决定着反硝化速率。对反硝化碳源的控制主要包括其种类选取和数量的多少。反硝化中碳源一般分为三类：第一类为溶解性易生物降解有机物（Ss），如甲醇、乙醇及葡萄糖等；第二类为可慢速生物降解的有机物（Xs），如淀粉、蛋白质等；第三类是细菌进行反硝化利用的内源性物质。有研究发现，利用 Ss 进行反硝化速率最高，Xs 次之，利用内源物质的反硝化速率最低。另外，为了保证反硝化进行完全，还必须维持足够高的 COD/N。在硝化/反硝化系统中一般要求 COD/N 维持在 5~10 左右，最低须达到 3.4。

温度与微生物的生长、繁殖有着密切关系，并支配着酶反应动力学。反硝化的最适温度为 20~40℃，在这个温度区间内，反硝化速率与温度呈正相关。当温度低于10℃时，反硝化速率明显下降，温度在3℃以下，反硝化作用停止。温度为 10~30℃时，短程反硝化与全程反硝化的比反硝化速率均会随着温度的下降而降低，且 20~10℃ 的温度转变与 30~20℃ 转变相比起来，影响更为显著。且亚硝酸盐的还原过程受低温影响较大。温度对反硝化反应速度的影响大小，与反应设备的类型有关，以流化床为反应器的反硝化反应，温度对其的影响明显小于以生物转盘或悬浮污泥层为反应器的反硝化反应。

反硝化菌的最适 pH 值为 6.5~7.5，此时，反硝化速率最大。而 pH<6 或>8，反硝化速度会大幅下降，且导致反硝化的最终产物不一。同时，初始 pH 值不同，反硝化效果也会出现差异，初始 pH 值过高或过低均不利于反硝化脱氮，尤其较低的 pH 值会出现亚硝酸盐积累，因此相对于碱性状态，酸性条件下更难进行反硝化过程。

溶解氧的存在对反硝化过程有很大影响。如果反应器的溶解氧过多，将会对反硝化菌的异化作用发生抑制作用。其机制为阻碍硝酸盐还原酶的形成或者仅仅充当电子受体从而竞争性地阻碍了硝酸盐的还原。一般来说，在反硝化系统中，反应器内的溶解氧应控制在 0.5mg/L 以下，否则会影响反硝化的正常进行。

3.2.3　生物脱氮工艺

3.2.3.1　活性污泥法脱氮传统工艺

活性污泥法脱氮的传统工艺是三级活性污泥法流程，它是以氨化、硝化和反硝化三项反应过程为基础建立的。其工艺流程见图 3-2。

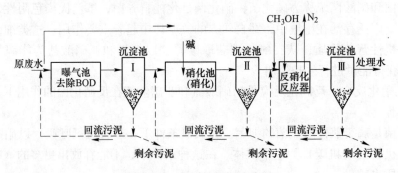

图 3-2　三级活性污泥法流程

第一级曝气池为一般的二级处理曝气池，其主要功能是去除 BOD、COD，使有机氮转化，形成 NH_3、NH_4^+，即完成氨化反应。经过沉淀后，污水进入硝化曝气池，进入硝化曝气池的污水，BOD_5 值已降至 15~20mg/L 的较低程度。

第二级为硝化曝气池，在这里进行硝化反应，使 NH_3、NH_4^+ 氧化为 NO_3^-。如前理论解释所述，硝化反应要消耗碱度，因此，需要投碱，以防 pH 值下降影响工艺正常运行。

第三级为反硝化反应器，这里在缺氧条件下，NO_3^- 还原为气态 N_2，并逸出至大气，在这一级应采取厌氧-缺氧交替的运行方式。由前面阐述的理论可知，反硝化反应需要碳源，即可投加 CH_3OH（甲醇）作为外投碳源，也可引入原污水作为碳源。

当以甲醇作为外投碳源时，其投入量按下列公式计算：

$$C = 2.47N_0 + 1.53N + 0.87D \qquad (3-6)$$

式中　C——必须投加的甲醇量，mg/L；

　　　N_0——初始的 NO_3^--N 浓度，mg/L；

　　　N——初始的 NO_2^--N 浓度，mg/L；

　　　D——初始的溶解氧浓度，mg/L。

在这一系统后面，为了去除由于投加甲醇而带来的 BOD 值，设后曝气池，经处理后，排放处理水。

这种系统的优点是有机物降解菌、硝化菌、反硝化菌，分别在各自反应器内生长增殖，环境条件适宜，而且各自回流在沉淀池分离的污泥，反应速度快而且比较彻底。但是，三级活性污泥法的流程长，构筑物多，附属设备多，因此基建费用高，管理难度大。此外，为了保持硝化所需的稳定 pH 值，要向硝化池加碱，为了保证反硝化阶段有足够的电子受体，需要外加甲醇等碳源，为了除去尾水中剩余的有毒物质甲醇，又必须增设后曝气池，所以运行费用也很高。可以看出，这种工艺的确具有很大的局限性。

如果将有机物去除和硝化放在同一个反应器中进行，而将反硝化作用放在另一个反应器中进行，则可以将三级生物脱氮系统简化为两级生物脱氮系统，见图 3-3。

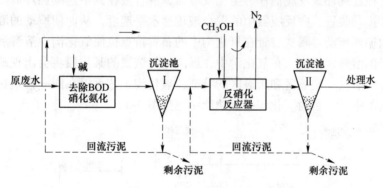

图 3-3　两级生物脱氮系统

与三级生物脱氮流程相比，两级生物脱氮流程的基建费用和占地面积均有所降低，但是仍然需要外加甲醇和碱源。

3.2.3.2　前置反硝化生物脱氮系统

前置反硝化生物脱氮系统见图 3-4。

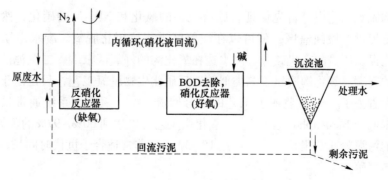

图 3-4　前置反硝化生物脱氮系统

分建式缺氧-好氧活性污泥脱氮系统，即反硝化、硝化与 BOD 去除分别在两座不同的反应器内进行。硝化反应器内的已进行充分反应的硝化液，一部分回流至反硝化反应器，而反硝化反应器内的脱氮菌以原污水中的有机物作为碳源，以回流液中硝酸盐的氧作为受电体，进行呼吸和生命活动，将硝态氮还原为氮气，不需要外加碳源（如甲醇）。

设内循环系统，向前置的反硝化池回流硝化液是本工艺系统的一项特征。

此外，如前所述，在反硝化过程中，还原 1mg 硝态氮能产生 3.75mg 的碱度，而在硝化反应过程中，将 1mg 的 NH_4^+-N 氧化为 NO_3^--N，要消耗 7.17mg 的碱度，因此，在缺氧-好氧系统中，反硝化反应所产生的碱度可补偿硝化反应消耗的碱度，对含氮浓度不高的废水（如生活污水、城市污水）可以不必另行投碱以调节 pH 值。

本系统硝化曝气池在后，使得反硝化残留的有机污染物得以进一步去除，提高了处理水质，而且无需增建后曝气池。

3.2.3.3 氧化沟工艺

从工艺、流态和构造方面看，氧化沟也非常适合于生物脱氮。

氧化沟工艺也称为氧化渠，因其构筑物呈封闭的沟渠而得名，氧化沟是活性污泥法的一种变形，它把连续环式反应池作为生化反应器，混合液在其中连续循环流动。氧化沟通过曝气设备和搅动装置，向反应器中的混合液传递水平速度，从而使搅动的混合液在氧化沟闭合渠道内循环流动。曝气装置在氧化沟中的布置特点也使氧化沟中溶解氧呈现分区变化，存在明显的溶解氧梯度。在氧化沟中，远离曝气装置的某一段将会出现缺氧区。利用氧化沟中存在好氧区、缺氧区和厌氧区的特征，氧化沟工艺可以在同一构筑物内实现含碳有机物和氮磷的去除。普通氧化沟脱氮功能示意见图 3-5。

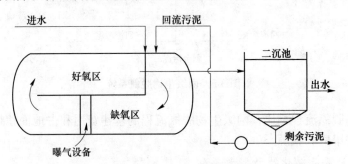

图 3-5 氧化沟工艺图

在氧化沟脱氧工艺中，首先保证含碳有机物的氧化和 NH_4^+-N 的硝化，然后只要延长氧化沟的长度提供一段缺氧区，就可以在缺氧区进行反硝化脱氮。废水由缺氧区起端进入，为反硝化提供所需的有机碳源。出水选在氧化沟的好氧区末端。二沉池的回流污泥也进入缺氧池的起端。氧化沟脱氮工艺类似前置反硝化生物脱氮工艺，只是由于混合液在沟内循环流动而省了 A/O 生物脱氮工艺的混合回流。由于氧化沟系统通常只有一个缺氧区，脱氮效率低于 Bardenpho 脱氮工艺。氧化沟工艺可以达到 60%~97% 的脱氮效率。

氧化沟的污泥龄通常很长，一般可达 15~30 天，非常适合于世代时间长、增殖缓慢的硝化菌存活与繁殖。

氧化沟往往做成总长达几十米甚至上百米的环行构筑物。由于循环次数多达 72 次甚至360次，混合液沿沟道方向近似于完全混合式。然而由于工艺状况不同，混合液中溶解氧的浓度在不同位置也存在很大差异：在曝气器的附近非常容易出现DO比较高的富氧区，而在远离曝气装置的地方，容易出现DO比较低的缺氧区，使硝化和反硝化能够在同一装置中顺利进行，从而达到生物脱氮的目的。

据报道，Carrousel氧化沟、交替工作氧化沟、二次沉淀池交替运行氧化沟、Orbal型氧化沟、曝气-沉淀一体化氧化沟等均可以用于脱氮，其脱氮效率可以达到60%~90%，例如，Carrousel氧化沟的脱氮率为90%，Orbal型氧化沟的总氮去除率也已达到85%~90%。

3.2.3.4 SBR脱氮工艺

序批式反应器（Sequencing Batch Reactor），SBR是1914年Ardern和Lockett首次提出的操作方式为间歇式的活性污泥法。在序批式反应器中，曝气池和沉淀池合二为一，即生化反应与泥水分离在同一反应池中进行，废水分批次进入反应池，然后按顺序进行反应、沉淀、排出上清液和闲置过程，完成一个操作周期，工艺流程见图3-6。

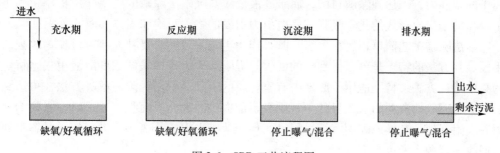

图3-6 SBR工艺流程图

对于SBR脱氮系统的研究发现，SBR系统的脱氮大致可以分为三个阶段。第一阶段为进水初期以废水中含碳有机物为碳源的反硝化反应；第二阶段为反应池中的NO_3^--N的表观增加量减少，但TKN浓度却大幅度降低，此阶段为贮存性碳源的反硝化阶段，约为3.0~4.5h；第三阶段为沉淀和排水期的反硝化，此时，微生物处于内源代谢状态，反硝化菌以内源代谢产物为电子供体进行反硝化。据报道，采用SBR工艺的总氮和总磷去除率可以分别达到90%和95%。

A/O活性污泥法是传统污泥法的改进，是在常规的好氧生化处理工艺中发展起来的，仅在处理工艺中增设缺氧段，能同时达到降解水中有机物及脱氮的目的。A段进行反硝化，O段进行硝化反应。污水中的含氮物质在O段（好氧段）通过氨化作用和硝化作用被转化为氧化态氮；在A段（缺氧段）内，活性污泥中的反硝化细菌利用氧化态氮和污水中的含碳有机物进行反硝化，使氧化态氮转化为对人体无害的分子态氮。

3.3 城市污水再生处理的除磷系统

3.3.1 磷的存在形态

在自然界中，磷的主要存在形式有无机态磷、有机态磷和颗粒态磷。无机态磷主要包括溶液态磷酸盐、固态磷酸盐（如不溶性的磷酸铁、磷酸铝和磷酸钙），还原性的无机磷化合物（如亚磷酸盐和次亚磷酸盐）以及气态磷化合物（如磷化氢）。有机态磷主要包括磷酸肌酐、核酸、磷脂和气态有机磷。颗粒态磷主要指吸附态磷，包括土壤吸附磷和底泥吸附磷。各种形式的磷不断迁移和转化构成磷素生物地球化学循环。磷既是生命系统中不可替代的基本元素，又是造成水体富营养化的主要诱因。磷同生命和生态健康息息相关。

氮、磷营养物质增加是引起水体富营养化的主要原因。但从藻类对氮、磷需要的关系看，磷的需要更为重要，水体中较低浓度的磷（0.018mg/L）就能刺激藻类大量繁殖，因此磷是导致水体富营养化的主要因素。

3.3.2　吸附法除磷

吸附是指固相-液相、固相-固相等体系中，某个相的物质密度或溶质含量在界面上发生改变的现象。吸附法除磷通常是利用某些具有多孔或大比表面积的固体物质对水中磷酸根离子的亲和力，来达到除磷目的，属于固液反应。吸附法除磷的主要作用机制包括了配位络合与离子交换形式的化学吸附、静电引力引发的物理吸附和固体表面的沉积过程。

吸附法除磷工艺简单，运行可靠，既可作为生物除磷的必要补充，也可作为单独的除磷手段。其方法的特点是可以做到磷的回收。吸附法作为一种从低浓度溶液中去除特定溶质的高效低耗方法，特别适用于废水中有害物质的去除。利用吸附—解吸方法，可达到消除磷污染和回收磷资源的双重目的。利用吸附剂提供的大比表面积，通过磷在吸附剂表面的附着吸附、离子交换或表面沉淀过程，实现磷从废水中的分离，并进一步通过解吸处理可以回收磷资源，变废为宝。

废水中的磷以正磷酸盐、聚磷酸盐和有机磷的形式存在，由于废水来源不同，总磷及各种形式的磷含量差别较大。典型的生活污水中总磷含量在 $3\sim15mg/L$（以磷计）。

聚磷酸盐在酸性条件下可以水解为正磷酸盐，大多数生活污水的 pH 值范围在 $6.5\sim8$，温度在 $10\sim20℃$，在此条件下水解过程非常缓慢。然而，在污水中细菌生物酶的作用下，可以大大加快水解转化过程，生活污水中的不少缩聚磷酸盐在污水到达处理厂之前已经转变为正磷酸盐。此外，在污水生化处理过程中，所有的聚磷酸盐都被转化为正磷酸盐，没有缩聚磷酸盐能残存下来。同时，在细菌的作用下，污水中的有机磷也部分转化为正磷酸盐。

由于上述原因，在废水吸附除磷过程中，主要关注于正磷酸盐。受磷酸的电离平衡制约，正磷酸盐在水体中电离，同时生成 H_3PO_4、$H_2PO_4^-$、HPO_4^{2-} 和 PO_4^{3-}，各个含磷基团的浓度分布随 pH 值而异，在 pH=$6\sim9$ 的典型生活污水中，主要存在形式为磷酸氢根和磷酸二氢根。污水中这些磷可通过物理吸附、离子交换或表面沉积作用转移到固体吸附剂上，从而从废水中去除。

在吸附除磷的固液反应过程中所提到的吸附概念，可以涵盖固体表面的物理吸附、离子交换形式的化学吸附以及固体表面沉积过程。物理吸附仅发生在固液界面，依据分子间的相似相溶原理，其作用力为分子间力。物理吸附的特点为多层吸附，无严格的饱和吸附量，吸附等温线较符合 Friendrich 方程。化学吸附或离子交换可能是固液界面的单层反应，也可能是固体内部一定深度的表层反应，一般能近似符合单层吸附假设，吸附等温线较符合 Langmuir 方程。吸附除磷的实际过程既包括物理吸附，又包括化学吸附。对于天然吸附剂，一般由于固体表面老化而不能显示出高表面积及强吸附性，吸附作用主要依靠其巨大的比表面积，该类吸附以物理吸附为主。对于大多数人工合成的高效吸附剂，由于人为制造了固体表面的特性吸附和离子交换层，化学吸附占主导地位。

3.3.3 化学法除磷

化学法的基本原理是通过投加金属盐化学药剂形成不溶性磷酸盐沉淀物，然后通过固液分离将其从污水中去除。可用于化学除磷的金属盐主要有三种：钙盐、铁盐和铝盐，最常用的是石灰、硫酸铝、硫酸钠、三氯化铁、硫酸铁、硫酸亚铁和氯化亚铁。

（1）铁盐和铝盐除磷。以 $FeCl_3$ 和 $Al_2(SO_4)_3$ 为例，除磷过程发生的主要化学反应如下：

$$FeCl_3 + PO_4^{3-} \longrightarrow FePO_4 \downarrow + 3Cl^- \tag{3-7}$$

$$2FeCl_3 + 6HCO_3^- + 6H_2O \longrightarrow 2Fe(OH)_3 \downarrow + 6Cl^- + 6CO_2 + 6H_2O \tag{3-8}$$

$$Al_2(SO_4)_3 + 6HCO_3^- + 6H_2O \longrightarrow Al(OH)_3 \downarrow + 3SO_4^{2-} + 6CO_2 + 6H_2O \tag{3-9}$$

从化学反应式来看，三价金属离子和磷酸根离子是以等摩尔进行反应，药剂的投加量取决于磷的存在量。由于污水中的氢氧根离子可与药剂发生反应，生成氢氧化物沉淀，从而消耗一定数量的药剂，因此化学药剂的实际投加量总是大于根据化学计量关系预测的药剂投加量。除三价金属离子和磷酸根离子生成不溶性磷酸盐沉淀物外，生成的 $Al(OH)_3$ 和 $Fe(OH)_3$ 也可吸附磷酸盐或聚磷酸盐，实现除磷。

pH 值影响铁盐和铝盐的除磷效果。当 pH 值分别为 5.0 ~ 5.5 和 6.0 ~ 7.0 时，$FePO_4$ 和 $AlPO_4$ 溶解度最小，铁盐和铝盐除磷效果最好。对于铁盐和铝盐除磷，前置沉淀、协同沉淀和后置沉淀都可采用。

（2）钙盐除磷。污水添加石灰除磷时，主要有以下反应发生：

$$Ca^{2+} + OH^- + HCO_3^- \longrightarrow CaCO_3 \downarrow + H_2O \tag{3-10}$$

$$5Ca^{2+} + 4OH^- + 3HPO_4^{2-} \longrightarrow Ca_5OH(PO_4)_3 \downarrow + 3H_2O \tag{3-11}$$

生成的 $Ca_5OH(PO_4)_3$（羟基磷灰石）在污水中的溶解度随着 pH 值的升高而降低。为使磷的去除率达到 90% 以上，石灰法除磷的 pH 值通常控制在 10 以上。在此 pH 值条件下，污水中的碳酸氢根碱度与石灰发生反应生成碳酸钙沉淀，因此石灰法除磷所需石灰投加量取决于污水的碱度。由于过高的 pH 值会抑制微生物的增殖和活性，因此石灰法不能用于协同沉淀，只能用于前置沉淀和后置沉淀除磷。

（3）镁盐除磷。向废水中投加镁盐，形成磷酸氨镁沉淀以去除废水中磷，形成磷酸氨镁（MAP）的化学反应式为：

$$Mg^{2+} + PO_4^{3-} + NH_4^+ + 6H_2O \longrightarrow MgNH_4PO_4 \cdot 6H_2O \tag{3-12}$$

MAP 为碱式盐，在酸性条件下易溶解，沉淀反应宜在较高的 pH 值下进行。当 pH = 5.5 时，氮和磷的去除率分别为 83% 和 97%。

化学法除磷的优点是除磷效率较高，一般可达 75% ~ 85%，且稳定可靠，可达到 0.5mg/L 的出水标准，污泥在处理和处置过程中不会重新释放磷而造成二次污染。化学法除磷是目前常用的一种除磷方法，可单独使用，也可作为辅助手段与生物除磷结合使用。

化学法除磷的主要问题是药剂价格昂贵，运行费用较高，产生大量化学污泥，污泥处置的难度大，另外使大量阴离子（如氯离子）残留在水中，导致水的盐度增加，造成二次污染。

3.3.4　生物除磷

污水生物除磷的原理就是人为创造生物超量除磷过程，实现可控的除磷效果。在一定的环境条件下，某些微生物会吸收远远超过其生长和代谢所需的磷，过量吸收的磷以聚磷的形式贮存在细胞内，这种微生物称为聚磷菌，最后排放富磷污泥实现废水除磷，这一除磷过程称为强化生物除磷。

强化生物除磷生化机理包括厌氧释磷和好氧摄磷两个过程。

（1）厌氧释磷。在厌氧条件下，聚磷菌能快速吸收和贮存发酵产物——乙酸盐并伴随有聚磷的降解及无机磷的释放。胞外乙酸以电中性的形式（乙酸分子）通过简单扩散或促进扩散进入聚磷菌细胞内。在胞内，乙酸分子中的氢质子整合到聚 β-轻丁酸，不消耗质子移动力，因此，乙酸的吸收不消耗能量。乙酸进入胞内后需经活化形成乙酰辅酶 A。

（2）好氧摄磷。开始进入好氧区时，聚磷菌细胞内已积聚大量聚羟基烷酸（PHA），在有氧存在的条件下，聚磷菌以分子氧为最终电子受体，消耗内部贮存的 PHA 和外源基质，通过电子传递磷酸化产生 ATP。ATP 用于细胞合成及胞内聚磷和糖原的合成。

目前以传统脱氮除磷理论为基础，已经开发出多种生物脱氮除磷及有机物去除工艺，它们各具特色，分别适用于不同的具体情况，以 A/O 工艺、A²/O 工艺、Bardenpho 工艺、SBR 工艺和氧化沟工艺等最有代表性，现分述如下。

（1）A/O 工艺。这是一种单纯的生物除磷技术，是目前单元组成最简单的生物除磷技术，池型构造与常规活性污泥法非常相似，其工艺流程如图 3-7 所示，该工艺特点是流程简单，建设费用和运行费用较低。

该工艺可高负荷运行，泥龄短，水力停留时间短，相应的污泥产率和除磷能力高于改良型 Bardenpho 工艺。处理城市污水除磷率在 75% 左右，出水磷约 1mg/L 或略低，很难进一步提高。二沉池内易产生磷的释放，除磷效率不稳定。由于泥龄短，系统得不到硝化故不具备脱氮的功能。

A/O 工艺见图 3-7。

（2）A²/O 工艺。A²/O 即厌氧-缺氧-好氧工艺，这是一种传统的同步脱氮除磷工艺，大多数的生物除磷脱氮技术都是在这个基础上发展起来的，工艺流程

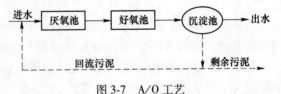

图 3-7　A/O 工艺

见图 3-8，该工艺具有以下优点：将污水生物除磷脱氮融为一体，流程相对比较简单，较易于运行管理；脱氮时不需要投加外加碳源，运行费用较低。但是该系统脱氮能力取决于混合液回流比，由于受回流比的限制，处理效果难以进一步提高，除磷效果受回流污泥中携带的 DO 和硝态氮的影响，常常出现脱氮效果好时除磷效果较差，除磷效果好时脱氮效果较差，很难同时取得好的除磷和脱氮效果。

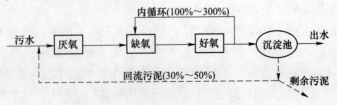

图 3-8　A²/O 同步脱氮除磷工艺流程

（3）改良 A^2/O 工艺。针对 A^2/O 工艺回流污泥携带 DO 和硝态氮对厌氧释磷的影响，在 A^2/O 工艺厌氧反应器之前增设厌氧缺氧调节池，工艺流程见图 3-9。改良 A^2/O 工艺保证了厌氧池的稳定性。

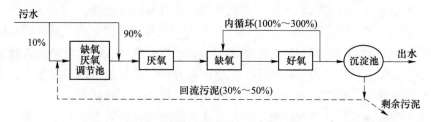

图 3-9　改良的 A^2/O 同步脱氮除磷工艺流程

（4）改良 Bardenpho 脱氮除磷工艺。改良 Bardenpho 工艺是在脱氮四段 Bardenpho 工艺前增加了一个厌氧池，形成了厌氧/缺氧/好氧/缺氧/好氧五段脱氮除磷工艺。由于四段 Bardenpho 工艺通过外碳源反硝化和内源反硝化使系统获得了良好的脱氮效果，因此厌氧池的设置让系统获得了同时除磷的能力。

但该系统回流污泥直接进入厌氧池，携带的 DO 和 NO_3^- 将影响厌氧释磷。另外，该系统非曝气污泥量与曝气污泥量配比对系统除磷效果有较大影响，也是该系统磷酸盐出水不能稳定达标的关键原因。改良 Bardenpho（见图 3-10）工艺处理单元多，运行繁琐，先期投资与运行管理费用均较高。由此又开发出了更多 Bardenpho 工艺的改良工艺，如 UCT 工艺、改良 UCT 工艺、VIP 工艺等。

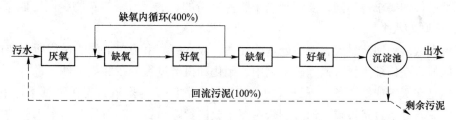

图 3-10　改良 Bardenpho 工艺

（5）序批式反应器（SBR）工艺系列。在序批式反应器（Sequencing Batch Reactor，SBR）中，生化反应和泥水分离在同一个反应器中进行，污水分批次进入反应器，按照"进水—反应—沉淀—排水排泥—闲置"的模式序批式地进行污水处理。典型的 SBR 工艺循环运行模式见图 3-11。

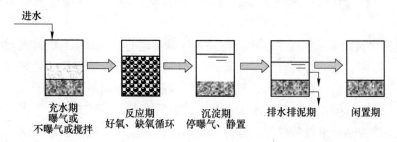

图 3-11　传统 SBR 循环操作过程

SBR 工艺具有工艺流程简单，操作灵活，占地少，投资省，运行稳定；均化水质，无需污泥回流，耐冲击负荷能力强，污泥活性高，沉降性能好等显著特点，通过改变系统的运行方式，可以实现污水处理的生物除磷脱氮。序批式的运行方式使该系统的运行管理强烈依赖自动控制系统，这种间歇操作方式只适用于小规模污水处理。

（6）氧化沟工艺。严格地说，氧化沟不属于专门的生物除磷脱氮工艺，但是随着氧化沟技术的不断发展，其具有了多种多样的工艺参数和功能选择。通过合理的设计，选择适当的污泥龄、池型、流态、电子供体等工艺要素以及特定曝气设备的不同组合，使沟内产生交替循环的好氧区、缺氧区和厌氧区，从而达到脱氮和除磷的目的。

以上为传统除磷系统，近些年来反硝化除磷系统的研究也取得了一定的进展。反硝化同时除磷系统与传统生物脱氮除磷系统的主要区别是该系统能利用反硝化除磷菌（DPB）在缺氧段以 NO_3^--N 为电子受体进行反硝化吸磷。

常见的反硝化除磷脱氮工艺有单泥系统和双泥系统之分。单泥系统典型工艺有 BCFS 工艺和 UCT 工艺，双泥系统典型工艺有 Dephanox 工艺、A2NSBR 及 A2N 工艺。

纵观目前各种传统脱氮除磷工艺和反硝化除磷工艺，虽其形式多样，但从运行的实际效果来看，要么脱氮除磷效果不稳定，要么由于工艺结构复杂，能耗高，从根本上限制了工艺的发展应用前景。根据目前主要的脱氮除磷工艺，归纳出其主要存在以下两大问题。

（1）工艺结构复杂，能耗高。工艺构筑物较多。由于传统的脱氮除磷比较复杂，一般涉及硝化、反硝化、微生物释磷和吸磷等过程，而反硝化除磷工艺要创造厌氧释磷环境、好氧硝化环境和缺氧反硝化吸磷环境。每一个过程的目的不同，对微生物组成、基质类型以及环境条件的要求也不同，要达到同步脱氮除磷的目的，所需构筑物少则三四个（SBR 除外），多则七八个。

回流次数多，回流量大，造成处理能耗大，成本高。由于在不同的过程所需要的环境不同，例如，在传统生物脱氮除磷工艺中，硝化和摄磷过程要在好氧条件下进行，而释磷和反硝化是在厌氧或缺氧条件下进行的，特别是生物除磷的聚磷菌需在厌氧条件下释磷，之后在好氧条件下过量摄磷，通过剩余污泥排放达到除磷目的。而且对出水水质的要求越高，混合液和污泥的回流比就越大。

总之，工艺结构复杂，能耗高，是限制工艺在实际中应用的主要原因。各种改良型工艺 BCFS、DEPHANOX、AZN 等反硝化除磷技术的出现，虽然在脱氮除磷效果上较以往有了进步，但其为了消除生物除磷脱氮微生物之间的相互矛盾和竞争，创造适宜反硝化聚磷菌生存的环境使之成为优势菌群，往往要在原来的基础上增加缺、厌氧池，要么改变原来的回流方式，从而增加了构筑物的个数及回流的次数，使工艺结构变得更为复杂，能耗更高。

（2）脱氮除磷效果不稳定。废水生物脱氮除磷工艺的设计及运行管理要比传统的活性污泥过程复杂得多，在同时具有脱氮除磷的工艺中，影响运行稳定性及处理效果的因素也更多更为复杂。而目前，我国污水处理厂在运行控制技术方面是一个薄弱环节，一方面是由于我国众多污水厂操作人员的技术水平和管理素质较差，另一方面，许多污水厂又缺乏先进精确的在线控制监测设备仪器，以对重要的工艺参数加以连续监测，保证工艺的最优运行条件。许多污水处理厂往往因操作管理不善或监测手段的落后而严重影响处理效果。

3.4 城市污水再生处理的除碳系统

在废水的生物处理技术中，好氧生物处理技术是研究起步最早，应用范围最广，技术最成熟的废水除碳处理技术。好氧生物处理的反应速率较快，所需的反应时间较短，故处理构筑物容积较小，且处理过程中散发的臭气较少。所以，目前对中、低浓度的有机污水，或者 BOD_5 小于 500mg/L 的有机污水，基本上采用好氧生物处理。

污水处理过程中，好氧生物处理法有活性污泥法和生物膜法。活性污泥处理系统自从20世纪初于英国开创以来，历经几十年的发展与不断革新，现已拥有以传统活性污泥处理系统为基础的多种运行方式。常规的好氧生物处理活性污泥工艺主要包括传统好氧活性污泥处理工艺、深井曝气处理工艺、序批式间歇活性污泥法处理工艺以及氧化沟处理工艺等。生物膜法主要包括生物滤池、生物转盘以及生物接触氧化等。

3.4.1 活性污泥处理工艺

3.4.1.1 概述

活性污泥处理系统，在当前污水处理领域，是应用最为广泛的处理技术之一。它有效地用于生活污水、城市污水和有机性工业废水的处理。近几十年来，有关生物处理专家和技术工作者就活性污泥的反应机理、降解功能、运行方式、工艺系统等方面进行了大量的研讨工作，使活性污泥处理系统在净化功能和工艺系统方面取得了显著的进展。

在净化功能方面，专家们的工作致力于使活性污泥处理系统向多功能方向发展，改变以去除有机污染物为主要功能的传统模式，在脱氮、除磷方面取得了成果。在工艺系统方面，几十年来，开创了多种旨在提高充氧能力，增加混合液污泥浓度，强化活性污泥微生物的代谢功能的高效活性污泥处理系统。

应当说，活性污泥处理系统在工艺方面仍在发展，它在当前仍属于发展中的污水处理技术。在本节内，将对近年来在构造和工艺方面有较大发展，并在实际运行中已证实效果显著的氧化沟、间歇式活性污泥法以及 AB 法污水处理工艺等活性污泥处理新工艺，做简要阐述。

3.4.1.2 氧化沟

氧化沟又称循环曝气池，是于20世纪50年代由荷兰的巴斯维尔（Pasveer）所开发的一种污水生物处理技术，属活性污泥法的一种变法。图 3-12 所示为氧化沟的平面示意图，而图 3-13 所示则为以氧化沟为生物处理单元的污水处理流程。

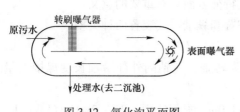

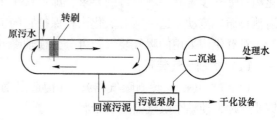

图 3-12　氧化沟平面图　　　　　图 3-13　以氧化沟为生物处理单元的污水处理流程

A　氧化沟的工作原理与特征

与传统活性污泥法曝气池相较，氧化沟具有下列各项特征：

（1）在构造方面的特征：

1）氧化沟一般呈环形沟渠状，平面多为椭圆形或圆形，总长可达几十米，甚至百米以上。沟深取决于曝气装置，自 2m 至 6m。

2）单池的进水装置比较简单，只要伸入一根进水管即可，如双池以上平行工作时，则应设配水井，采用交替工作系统时，配水井内还要设自动控制装置，以变换水流方向。

出水一般采用溢流堰式，宜于采用可升降式的，以调节池内水深。采用交替工作系统时，溢流堰应能自动启闭，并与进水装置相呼应以控制沟内水流方向。

（2）在水流混合方面的特征：

在流态上，氧化沟介于完全混合式与推流式之间。

污水在沟内的流速 v 平均为 0.4m/s，氧化沟总长为 L，当 L 为 100~500m 时，污水完成一个循环所需时间约为 4~20min，如水力停留时间定为 24h，则在整个停留时间内要进行 72~360 次循环。可以认为在氧化沟内混合液的水质是接近一致的，从这个意义来说，氧化沟内的流态是完全混合式的。但是又具有某些推流式的特征，如在曝气装置的下游，溶解氧浓度从高向低变动，甚至可能出现缺氧段。

氧化沟的这种独特的水流状态，有利于活性污泥的生物凝聚作用，而且可以将其区分为富氧区、缺氧区，用以进行硝化和反硝化，取得脱氮的效果。

（3）在工艺方面的特征：

1）可考虑不设初沉池，有机性悬浮物在氧化沟内能够达到好氧稳定的程度。

2）可考虑不单设二次沉淀池，使氧化沟与二次沉淀池合建，可省去污泥回流装置。

3）BOD 负荷低，同活性污泥法的延时曝气系统，对此，具有下列各项效益：

①对水温、水质、水量的变动有较强的适应性；

②污泥龄（生物固体平均停留时间）一般可达 15~30d，为传统活性污泥系统的 3~6 倍。可以存活、繁殖世代时间长，增殖速度慢的微生物，如硝化菌，在氧化沟内可能产生硝化反应。如运行得当，氧化沟能够具有反硝化脱氮的效果。

③污泥产率低，且多已达到稳定的程度，无需再进行消化处理。

B　氧化沟的曝气装置

氧化沟的曝气装置的功能是：（1）向混合液供氧。（2）使混合液中有机污染物、活性污泥、溶解氧三者充分混合、接触。这两项是与常规活性污泥法系统相同的。此外，氧化沟对曝气装置有一项独特的要求，即：（3）推动水流以一定的流速（不低于 0.25m/s）沿池长循环流动。这一项对氧化沟在保持它的工艺特征方面具有重要的意义。

对氧化沟采用的曝气装置，可分为横轴曝气装置和纵轴曝气装置两种类型。

（1）横轴曝气装置：

1）曝气转刷（转刷曝气器）。其构造以钢管为转轴，在轴的外部沿轴长度焊接大量钢质叶片，使整个曝气器呈刷子状。

轴长一般介于 4~9m 之间，转刷直径多为 0.8~1.0m，充氧能力一般在 $2kgO_2/(kW \cdot h)$ 左右。采用转刷曝气器的氧化沟，深度多介于 2~2.5m 之间，也有采用 3.0m 的。

2）曝气转盘。用于氧化沟的曝气转盘构造见图 3-14。由转轴带动在水面上转动，成组安装在转轴上，轴长可达 6.0m，安装 1~25 个转盘。

转盘直径可达 1.372m，转盘上有凸出的三角块并留有小孔，以提高充氧能力，转速一般为 45~60r/min，充氧能力可达 $2kgO_2/(kW \cdot h)$，采用曝气转盘的氧化沟，深度可达 3.5m。

（2）纵轴曝气装置，即常规活性污泥法完全混合曝气池采用的表面机械曝气器。各种类型的表面机械曝气器都可用于氧化沟，一般安装在沟渠的转弯处。这种曝气装置有较大的提升能力，因此，氧化沟的水深可增大到 4~4.5m。

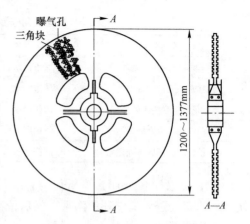

图 3-14 用于氧化沟的曝气转盘

除以上两种曝气装置外，在国外采用的还有射流曝气器和提升管式曝气装置。

C 常用的氧化沟系统

当前国内、外常用的有下列几种氧化沟系统。

（1）卡罗塞（Carrousel）氧化沟。20 世纪 60 年代由荷兰某公司所开发。卡罗塞氧化沟系统是由多沟串联氧化沟及二次沉淀池、污泥回流系统所组成（见图 3-15）。

图 3-16 所示为六廊道并采用表面曝气器的卡罗塞氧化沟。在每组沟渠的转弯处安装一台表面曝气器。靠近曝气器的下游为富氧区，而其上游则为低氧区，外环还可能成为缺氧区，这样的氧化沟能够形成生物脱氮的环境条件。

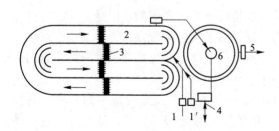

图 3-15 卡罗塞氧化沟系统（一）

1—污水泵站；1′—回流污泥泵站；2—氧化沟；
3—转刷曝气器；4—剩余污泥排放；
5—处理水排放；6—二次沉淀池

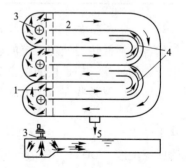

图 3-16 卡罗塞氧化沟系统（二）

1—来自经过预处理的污水（或不经预处理）；
2—氧化沟；3—表面机械曝气器；
4—导向隔墙；5—处理水去往二次沉淀池

卡罗塞氧化沟系统在世界各地应用广泛，规模大小不等，从 $200m^3/d$ 到 $650000m^3/d$，BOD 去除率达 95%~99%，脱氮效果可达 90% 以上，除磷率在 50% 左右。

卡罗塞氧化沟系统在我国也得到了应用，处理对象有城市污水也有有机性工业废水，部分应用厂家列举于表 3-5 中。

表 3-5　我国采用卡罗塞氧化沟厂家及其各项特征

厂（站）名	处理对象	规模/m³·d⁻¹	形式与功能特征
昆明市兰花沟污水处理厂	城市污水	55000	6 廊道，用于脱氮除磷
桂林市东区污水处理厂	城市污水	40000	4 廊道，用于脱氮除磷
上海龙山肉联废水处理厂	肉联废水	1200	4 廊道，用于除碳
山西针织厂废水处理站	纺织废水	5000	4 廊道，以有机物为主
西安杨森制药厂废水处理站	制药废水	1000	4 廊道，以有机物为主

（2）奥巴勒（Orbal）型氧化沟系统。这是由多个呈椭圆形同心沟渠组成的氧化沟系统。污水首先进入最外环的沟渠，然后依次进入下一层沟渠，最后由位于中心的沟渠流出进入二次沉淀池。

这种氧化沟系统多采用 3 层沟渠，最外层沟渠的容积最大，约为总容积的 60%~70%，第二层沟渠为 20%~30%，第三层沟渠则仅占 10% 左右。在运行时，应使外、中、内 3 层沟渠内混合液的溶解氧保持较大的梯度，如分别为 0mg/L、1mg/L 及 2mg/L，这样既有利于提高充氧效果，也有可能使沟渠具有脱氮除磷的功能。

奥巴勒型氧化沟系统在我国也得到应用，处理对象有城镇污水和石油化工废水，表 3-6 列举的是采用该氧化沟系统的一部分城镇和工厂。

表 3-6　我国采用奥巴勒型氧化沟系统的部分城镇及厂家

厂（站）名	处理对象	规模/m³·d⁻¹
四川成都市天彭镇污水处理厂	城镇污水	4000
辽宁抚顺石油二厂废水处理站	石化废水	28800
广州石化厂废水处理站	石化废水	20000

3.4.1.3　间歇式活性污泥处理系统

现行的各种活性污泥处理系统的运行方式，都是按连续式考虑的。但是，在活性污泥处理技术开创的早期，却是按间歇方式运行的，只是由于这种运行方式操作烦琐，空气扩散装置易于堵塞以及某些在认识上的问题等，对活性污泥处理系统长期都采取了连续的运行方式。

近几十年来，电子工业发展迅速。污泥回流、曝气充氧以及混合液中的各项主要指标，如溶解氧浓度（DO）、pH 值、电导率、氧化还原电位（ORP）等，都能够通过自动检测仪表做到自控操作，污水处理厂整个系统都能够做到自控运行。这样，就为活性污泥处理系统的间歇运行在技术上创造了条件，于是重新开始启用这项工艺。因此，可以说 SBR 工艺是一种既古老又年轻的污水处理技术。

由于这项工艺在技术上具有某些独特的优越性，从 1979 年以来，本工艺在美、德、日、澳、加等工业发达国家的污水处理领域，得到较为广泛的应用。80 年代以来，在我国也受到重视，并得到应用。

A　间歇式活性污泥处理系统的工艺流程

图 3-17 所示是间歇式活性污泥处理系统的工艺流程。

从图可见，本工艺系统最主要特征是采用集有机污染物降解与混合液沉淀于一体的反

图 3-17　间歇式活性污泥处理系统工艺流程

应器——间歇曝气曝气池。

从图还可见，与连续式活性污泥法系统相较，本工艺系统组成简单，无需设污泥回流设备，不设二次沉淀池，曝气池容积也小于连续式，建设费用与运行费用都较低。

B　间歇式活性污泥法系统工作原理与操作

原则上，可以把间歇式活性污泥法系统作为活性污泥法的一种变法，一种新的运行方式。如果说，连续式推流式曝气池，是空间上的推流，则间歇式活性污泥曝气池，在流态上虽然属完全混合式，但在有机物降解方面，则是时间上的推流。在连续式推流曝气池内，有机污染物是沿着空间降解的，而间歇式活性污泥处理系统，有机污染物则是沿着时间的推移而降解的，见图 3-18。

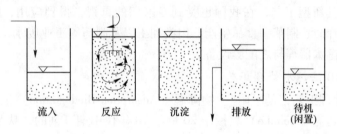

图 3-18　间歇式活性污泥法曝气池运行操作 5 个工序示意图

间歇式活性污泥处理系统的间歇式运行，是通过其主要反应器——曝气池的运行操作而实现的。曝气池的运行操作，是由（1）流入；（2）反应；（3）沉淀；（4）排放；（5）待机（闲置）等 5 个工序所组成。这 5 个工序都在曝气池这一个反应器内进行、实施。

（1）流入工序。在污水注入之前，反应器处于 5 道工序中最后的闲置段（或待机段），处理后的废水已经排放，器内残存着高浓度的活性污泥混合液。

污水注入，注满后再进行反应，从这个意义来说，反应器起到调节池的作用，因此，反应器对水质、水量的变动有一定的适应性。

污水注入，水位上升，可以根据其他工艺上的要求，配合进行其他的操作过程，如曝气既可取得预曝气的效果，又可取得使污泥再生，恢复其活性的作用；也可以根据要求，如脱氮、释放磷等，则进行缓速搅拌；又如根据限制曝气的要求，不进行其他技术措施，而单纯注水等。

本工序所用时间，则根据实际排水情况和设备条件确定，从工艺效果上要求，注入时间以短促为宜，瞬间最好，但这在实际上有时是难以做到的。

（2）反应工序。这是本工艺最主要的一道工序，污水注入达到预定高度后，即开始反应操作，根据污水处理的目的，如 BOD 去除、硝化、磷的吸收以及反硝化等，采取相应的技术措施，如前三项，则为曝气，后一项则为缓速搅拌，并根据需要达到的程度以决定反应的延续时间。

如根据需要，使反应器连续地进行 BOD 去除—硝化—反硝化反应，BOD 去除—硝化反应时，曝气的时间较长，而在进行反硝化时，应停止曝气，使反应器进入缺氧或厌氧状态，进行缓速搅拌，此时为了向反应器内补充电子受体，应投加甲醇或注入少量有机污水。

在本工序的后期，进入下一步沉淀过程之前，还要进行短暂的微量曝气，以吹脱污泥附近的气泡或氮，以保证沉淀过程的正常进行，如需要排泥，也在本工序后期进行。

（3）沉淀工序。本工序相当于活性污泥法连续系统的二次沉淀池。停止曝气和搅拌，使混合液处于静止状态，活性污泥与水分离，由于本工序是静止沉淀，沉淀效果一般良好。沉淀工序采取的时间基本同二次沉淀池，一般为 1.5~2.0h。

（4）排放工序。经过沉淀后产生的上清液，作为处理水排放。一直到最低水位，在反应器内残留一部分活性污泥，作为种泥。

（5）待机工序。也称闲置工序，即在处理水排放后，反应器处于停滞状态，等待下一个操作周期开始的阶段。此工序时间，应根据现场具体情况而定。

除以上各工艺外，开发出的新型并已工程化的工艺还有 IDAL、IDEA、CASS、CASP 等，请参阅有关资料文献。

SBR 工艺及其新型工艺，在我国也受到专家们的重视，得到应用，除城市污水处理外，还用于处理啤酒、制革、食品生产、肉类加工以及制药等工业废水，效果良好，并开发出几种形式的滗水器等与之配套设备。

3.4.1.4　AB 法污水处理工艺

AB 法污水处理工艺，是吸附-生物降解（Adsorption-Biodegration）工艺的简称，是德国亚琛工业大学宾克（Bohnke）教授于 20 世纪 70 年代中期开创的，从 80 年代开始用于生产实践。由于本工艺具有一系列独特的特征，受到污水处理专家的重视。

AB 法污水处理工艺流程见图 3-19。

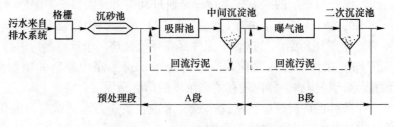

图 3-19　AB 法污水处理工艺流程

从图可见，与传统的活性污泥处理相较，AB 工艺的主要特征是：

（1）全系统共分预处理段、A 段、B 段等 3 段。在预处理段只设格栅、沉砂池等简易处理设备，不设初次沉淀池。

（2）A 段由吸附池和中间沉淀池组成，B 段则由曝气池及二次沉淀池所组成。

（3）A 段与 B 段各自拥有独立的污泥回流系统，两段完全分开，每段能够培育出各自独特的，适于本段水质特征的微生物种群。

3.4.2　生物滤池

普通生物滤池，又名滴滤池，是生物滤池早期出现的类型，即第一代的生物滤池。普通生物滤池由池体、滤料、布水装置和排水系统四部分所组成。

（1）池体。普通生物滤池在平面上多呈方形或矩形。四周筑墙称之为池壁，池壁具有围护滤料的作用，应当能够承受滤料压力，一般多用砖石筑造。池壁可筑成带孔洞的和不带孔洞的两种形式，有孔洞的池壁有利于滤料内部的通风，但在低温季节，易受低温的影响，使净化功能降低。为了防止风力对池表面均匀布水的影响，池壁一般应高出滤料表面0.5~0.9m。

池体的底部为池底，它的作用是支撑滤料和排除处理后的污水。

（2）滤料。滤料是生物滤池的主体，它对生物滤池的净化功能有直接影响，应慎重选用。

滤料应具有的条件是：

1）质坚、高强、耐腐蚀、抗冰冻。

2）较高的比表面积（单位容积滤料所具有的表面积），滤料表面是生物膜形成、固着的部位，高额的表面积是保持高额生物量的必要条件，而生物量则是控制生物处理技术净化功能的重要参数之一。

滤料表面应是宜于生物膜固着，也应宜于使污水均匀流动。

3）较大的空隙率（单位容积滤料中所持有的空间所占有的百分率）。滤料之间的空间是生物膜、污水和空气三相接触的部位，是供氧和氧的传递的重要部位。滤料的比表面积与空隙率是互相矛盾的两个方面，比表面积高，空隙率则低，提高空隙率，滤料的表面积必然减少。空隙率不宜过高或过低，而以适度为好。

当空隙率为45%左右时，滤料的比表面积约为$65~100m^2$。

4）就地取材，便于加工、运输。普通生物滤池一般多采用实心拳状滤料，如碎石、卵石、炉渣和焦炭等。一般分工作层和承托层两层填充，总厚度约为1.5~2.0m。工作层厚1.3~1.8m，粒径介于25~40mm之间；承托层厚0.2m，滤料径介于70~100mm之间。

滤料在填充前应加以仔细筛分、洗净，各层中的滤料及其直径应均匀一致，以保证具有较高的空隙率，低于5%则被视为不合格。

（3）布水装置。生物滤池布水装置的首要任务是向滤池表面均匀地散布水。此外，还应具有适应水量的变化，不易堵塞和易于清通以及不受风、雪的影响等特征。

普通生物滤池传统的布水装置是固定喷嘴式布水装置系统。

固定喷嘴式布水系统是由投配池、布水管道和喷嘴等几部分所组成。

投配池设于滤池的一端或两座滤池的中间，在投配池内设虹吸装置。布水管道敷设在滤池表面下0.5~0.8m，在其上装有一系列排列规矩、伸出池面0.15~0.20m的竖管，在竖管顶端安装喷嘴。喷嘴的作用是均匀布水，喷嘴有多种类型。

污水流入投配池内，在达到一定高度后，虹吸装置即开始作用，污水泄入布水管道，并从喷嘴喷出，被倒立圆锥体所阻，向四外分散，形成水花。当投配池内的水位降到一定位置后，虹吸被破坏，停止喷水，投配池间歇供水，但是向投配池的供水是连续的。

这种布水装置的优点是运行方便，易于管理和受气候的影响较小，缺点是需要的水头较大（20m）。喷水周期为5~8min，小型污水处理厂不应大于15min。

（4）排水系统。生物滤池的排水系统设于池的底部，它的作用有：1）排除处理后的污水；2）保证滤池的良好通风。排水系统包括渗水装置、汇水沟和总排水沟等。底部空间的高度不应小于 0.6m。

渗水装置有多种形式的，使用比较广泛的为混凝土板式渗水装置。

渗水装置的作用是支撑滤料，排出滤过的污水，进入空气。为了保证滤池通风良好，渗水装置上的排水孔隙的总面积不得低于滤池总表面积的 20%；渗水装置与池底之间的距离不得小于 0.4m。

池底以 1%~2% 的坡度坡向汇水沟，汇水沟宽 15m，间距 2.5~4.0m，并以 0.5%~10% 的坡度坡向总排水沟，总排水沟的坡度不应小于 0.5%。为了通风良好，总排水沟的过水断面积应小于其总断面的 50%，沟内流速应大于 0.7m/s，以免发生沉积和堵塞现象。

对于小型的普通生物滤池，池底可不设汇水沟，而全部做成 1% 的坡度，坡向总排水沟。在滤池底部四周设通风孔，其总面积不得小于滤池表面积的 1%。

3.4.3　生物转盘

生物转盘设备是由盘片、转轴和驱动装置以及接触反应槽所组成。

（1）盘片。盘片是生物转盘的主要部件，应具有轻质高强、耐腐蚀、耐老化、易于挂膜、不变形、比表面积大、易于取材、便于加工安装等性质。

1）盘片的形状：早期出现并沿用至今者为圆形平板。近年来为了加大盘片的表面面积，开始采用正多角形和表面呈同心圆状波纹或放射状波纹的盘片。与平板盘片相较，波纹状盘片在单位体积内的表面积可提高一倍以上。也有采用波纹状盘片与平板盘片或二重波纹状盘片相结合的转盘。在这方面仍在发展中，就此可参阅有关资料、文献。

2）盘片直径：一般多介于 2.0~3.6m 之间，如现场组装直径可以大些，甚至可达 5.0m。采用表面积较大的盘片，能够缩小接触反应槽的平面面积，减少占地面积。

3）盘片间距：在决定盘片间距时，主要考虑其不为生物膜增厚所堵塞，并保证通风的效果。生物膜的厚度与进水 BOD 值有关，BOD 浓度越高，生物膜也将越厚，而硝化过程的生物膜则较薄。盘片间距的标准值为 30mm，如采用多级转盘，则前数级的间距为 25~35mm，后数级为 10~20mm。当采用生物转盘脱氮时，宜于采取较大的盘片间距。

4）盘片材料：盘片大多由塑料制成，为了减轻盘片的重量，平板盘片多以聚氯乙烯塑料制成，而波纹板盘片则多用聚酯玻璃钢。现在国外研制一种低发泡聚苯乙烯板材，其密度仅为 0.105g/cm^3，为普通硬聚氯乙烯塑料的 1/10，盘材厚度仅为 3~7mm，由于用这种材料制成的盘片质轻并具有一定的强度，盘片直径达 4.4m，轴长达 8m。

（2）接触反应槽。不小于盘片直径的 35%，浸没于接触反应槽的污水中。接触反应槽应呈与盘材外形基本吻合的半圆形，槽的构造形式与建造方法，随设备规模大小、修建场地条件不同而异。对于小型设备转盘台数不多，场地狭小者，为了减少占地面积，接触反应槽可以架空或修建在楼层上，在这种情况时，多用钢板焊制。如修建成地下或半地下式，则可用毛石混凝土砌体，水泥砂浆抹面，再涂以防水耐磨层。

接触反应槽的各部位尺寸和松度，应根据转盘直径和轴长决定，盘片边缘与槽内面应留有不小于 100mm 的间距。槽底应考虑设有放空管，槽的两侧面设有进出水设备，多采用锯齿形溢流堰。对多级生物转盘，接触反应槽分为若干格，格与格之间设导流槽。

（3）转轴。转轴是支承盘片并带动其旋转的重要部件。转轴两端安装固定在接触反应槽两端的支座上。转轴一般采用实心钢轴或无缝钢管。转轴的长度一般应控制在 0.5~

7.0m 之间，不能太长，否则往往由于同心度加工欠佳，易于挠曲变形，发生磨断或扭断，其强度和刚度必须经过力学的计算。其直径一般介于 50~80mm。

转轴中心与接触反应槽液面的距离一般不应小于 150mm，应保证转轴在液面之上，并根据转轴直径与水头损失情况而定。转轴中心与槽内水面的距离（b）与转盘直径（D）的比值（b/D）在 0.05~0.15 之间，一般取值 0.06~0.1。

（4）驱动装置。驱动装置包括动力设备、减速装置以及传动链条等。动力设备有电力机械传动、空气传动及水力传动等。我国一般多采用电力传动。对大型转盘，一般一台转盘设一套驱动装置，对于中、小型转盘，可由一套驱动装置带动 3~4 级转盘转动。

转盘的转动速度是重要的运行参数，必须选定适宜，转速过高既有损于设备的机械强度，消耗电能，又由于在盘面产生较大的剪切力，易使生物膜过早剥离。综合考虑各项因素，转盘的转速以 0.8~3.0r/min，外缘的线速度以 15~18m/min 为宜。

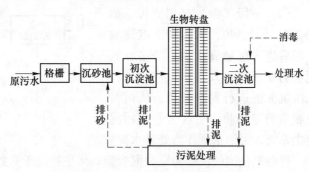

图 3-20　生物转盘系统基本工艺流程

图 3-20 所示为处理城市污水的生物转盘系统的基本工艺流程。

生物转盘宜于采用多级处理方式。实践证明，如盘片面积不变，将转盘分为多级串联运行，能够提高处理水水质和污水中的溶解氧含量。

生物转盘一般可分为单级单轴、单轴多级（图 3-21）和多轴多级（图 3-22）等。级

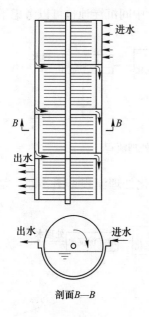

图 3-21　单轴四级生物转盘
平面与剖面示意图

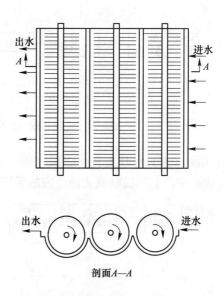

图 3-22　多轴多级（三级）生物转盘
平面与剖面示意图

数多少主要根据污水的水质、水量、处理水应达到的程度以及现场条件等因素决定。对城市污水多采用四级转盘进行处理。在设计时特别应注意的是第一级，首级承受高负荷，如供氧不足，可能使其形成厌氧状态。对此应采取适当的技术措施，如增加第一级的盘片面积，加大转数等。

3.4.4　生物接触氧化

生物接触氧化处理技术的工艺流程，一般可分为：一段（级）处理流程、二段（级）处理流程和多段（级）处理流程。

（1）一段（级）处理流程。如图 3-23 所示，原污水经初次沉淀池处理后进入接触氧化池，经接触氧化池的处理后进入二次沉淀池，在二次沉淀池进行泥水分离，从填料上脱落的生物膜，在这里形成污泥排出系统，澄清水则作为处理水排放。

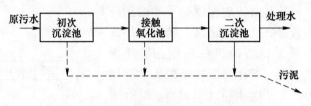

图 3-23　生物接触氧化技术一段处理流程

接触氧化池的流态为完全混合型，微生物处于对数增殖期和减衰增殖期的前段，生物膜增长较快，有机物降解速率也较高。

一段处理流程的生物接触氧化处理技术流程简单，易于维护运行，投资较低。

（2）二段（级）处理流程。二段处理流程的每座接触氧化池的流态都属完全混合型，而结合在一起考虑又属于推流式，流程见图 3-24。在一段接触氧化池内 F/M 值应高于 2.1，微生物增殖不受污水中营养物质的含量所制约，处于对数增殖期，BOD 负荷率也高，生物膜增长较快；在二段接触氧化池内 F/M 值一般为 0.5 左右，微生物增殖处于减衰增殖期或内源呼吸期。BOD 负荷率降低，处理水水质提高。中间沉淀池也可以考虑不设。

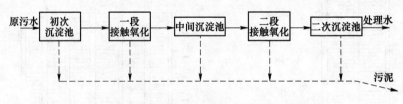

图 3-24　生物接触氧化处理技术二段处理流程

（3）多段（级）处理流程。多段（级）生物接触氧化处理流程见图 3-25，是由连续串联 3 座或 3 座以上的接触氧化池组成的系统。

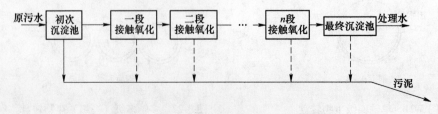

图 3-25　多段（级）生物接触氧化处理流程

本系统从总体来看，其流态应按推流考虑，但每一座接触氧化池的流态又属于完全混合。

由于设置了多段接触氧化池，在各池间明显地形成了有机污染物的浓度差，这样在每池内生长繁殖的微生物，在生理功能方面，适应于流至该池污水的水质条件，有利于提高处理效果，能够取得非常稳定的处理水。经过适当运行，这种处理流程除去除有机污染物外，还具有硝化、脱氮功能。

接触氧化池是生物接触氧化处理系统的核心处理构筑物，由池体、填料、支架及曝气装置、进出水装置以及排泥管道等部件所组成。

（1）池体。接触氧化池的池体在平面上多呈圆形、矩形或方形，用钢板焊接制成或用钢筋混凝土浇灌砌成。各部位的尺寸为：池内填料高度 3.0~3.5m；底部布气层高 0.6~0.7m；顶部稳定水层 0.5~0.6m，总高度约 4.5~5.0m。

（2）填料。填料是生物膜的载体，所以也称之为载体。填料是接触氧化处理工艺的关键部位，它直接影响处理效果，同时，它的费用在接触氧化系统的建设费用中占的比重较大，所以选定适宜的填料是具有经济和技术意义的。

对填料的要求有下列各项：

1）在水力特性方面，比表面积大、空隙率高、水流通畅、良好、阻力小、流速均一。

2）在生物膜附着性方面，应当有一定的生物膜附着性，就此有物理和物理化学方面的影响因素，在物理方面的因素主要是填料的外观形状，应当是形状规则、尺寸均一，表面粗糙度较大等。

生物膜附着性还与微生物和填料表面的静电作用有关，微生物多带负电，填料表面电位越高，附着性也越强；此外，微生物为亲水的极性物质，因此，在亲水性填料表面易于附着生物膜。

3）化学与生物稳定性较强，经久耐用，不溶出有害物质，不导致产生二次污染。

4）在经济方面要考虑货源、价格，也要考虑便于运输与安装等。

在种类方面，填料可按形状、性状及材质等方面进行区分。按形状可分为蜂窝状、束状、筒状、列管状、波纹状、板状、网状、盾状、圆环辐射状、不规则粒状以及球状等；按性状分有硬性、半软性、软性等；按材质则有塑料、玻璃钢、纤维等。

目前，接触氧化池在形式上，按曝气装置的位置，分为分流式与直流式；按水流循环方式，又分为填料内循环与外循环式。国外多采用分流式，图 3-26 所示是日本开发的标准分流式接触氧化池。

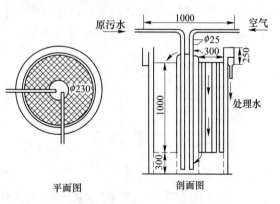

图 3-26 标准分流式接触氧化池

分流式接触氧化池，就是使污水在单独的隔间内进行充氧，在这里进行激烈的曝气和氧的转移过程，充氧后，污水又缓缓地流经填充着填料另一隔间，与填料和生物膜充分接触。这种外循环方式使污水多次反复地通过充氧与接触两个过程，溶解氧是充足的，营养条件良好，再加上安静的环境，非常有利于微生物的生长繁殖。但是，这种装置在填料间水流缓慢，冲刷力小，生物膜更新缓慢，而且逐渐增厚，易于形成厌氧层，可能产生堵塞现象，在 BOD 负荷率高的情况下不宜采用。

分流式接触氧化池根据曝气装置的位置又可分为中心曝气型与单侧曝气型两种。

中心曝气接触氧化池，池中心为曝气区，其周围外侧为充填填料的接触氧化区，处理水在其最外侧的间隙上升，从池顶部溢流排走。图 3-27 为典型的表面机械曝气装置的中心曝气接触氧化池。单侧曝气型接触氧化池，如图 3-28 所示，填料设在池的一侧，另一侧为曝气区，原污水首先进入曝气区，经曝气充氧后从填料上流下经过填料，污水反复在填料区和曝气区循环往复，处理水则沿设于曝气区外侧的间隙上升进入沉淀池。

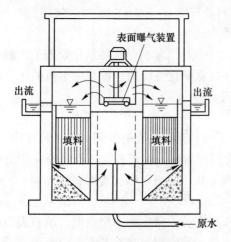 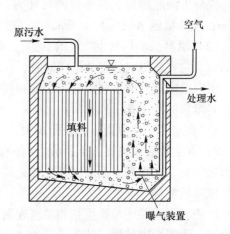

图 3-27　设表面机械曝气装置的   图 3-28　鼓风曝气单侧曝气型接触氧化池
中心曝气型接触氧化池

近年来，我国的城市建设事业发展很快，各地大量修建居民小区。为了适应居民小区生活污水处理的需要，某环境工程设计与研究单位，开发了以多段串联生物接触氧化技术为主体的生活污水处理设备系列（见图 3-29）。

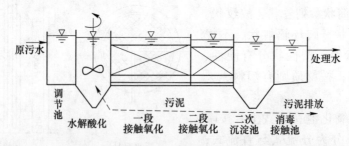

图 3-29　以多段串联生物接触氧化技术为主体的生活污水处理设备系列

本设备系统在调节池后，污水进入水解酸化池，污水在这里进行水解酸化反应，大分子有机污染物转变为微生物能够直接摄取的小分子，部分有机物转换成为以乙酸为主的低级有机酸，这一反应对后继的接触氧化处理十分有利。

水解酸化反应的主导微生物为兼性菌，在水解酸化池应保持低溶解氧（0.5mg/L 以下）状态。为了污水在池内的良好混合，在池内设缓速搅拌器。二次沉淀池的沉淀污泥主要是脱落的生物膜可考虑回流水解酸化池，这样能够提高水解酸化反应的效果，并可减轻污泥处理的工作。

本设备系统可制成地埋式，也可设于地上，已在国内一些小区应用，效果良好。

3.5 城市污水再生利用的深度处理系统

3.5.1 概述

根据二级处理技术（如活性污泥法）净化功能对城市污水所能达到的处理程度，在它的处理水中，在一般情况下，还会含有相当数量的污染物质，如 BOD_5 20~30mg/L；COD 60~100mg/L；SS 20~30mg/L；NH_3-N 15~25mg/L；P 6~10mg/L，此外，还可能含有细菌和重金属等有毒有害物质。

含有以上物质的处理水，如排放湖畔、水库等缓流水体会导致水体的富营养化；排放具有较高价值的水体，如养鱼水体，会使其遭到破坏。这种处理水更不适于回用。

如欲达到再生利用的目的，就必须对其进一步进行深度处理。深度处理的对象与目标是：

（1）去除处理水中残存的悬浮物（包括活性污泥颗粒）；脱色、除臭，使水进一步得到澄清。

（2）进一步降低 BOD_5、COD、TOC 等指标，使水进一步稳定。

（3）脱氮、除磷，消除能够导致水体富营养化的因素。

（4）消毒杀菌，去除水中的有毒有害物质。

经过处理后的水能够：

（1）排放包括具有较高经济价值水体及缓流水体在内的任何水体，补充地面水源。

（2）回用于农田灌溉、市政杂用，如浇灌城市绿地、冲洗街道、车辆、景观用水等。

（3）居民小区中水回用于冲洗厕所。

（4）作为冷却水和工艺用水的补充用水，回用于工业企业。

（5）用于防止地面下沉或海水入浸，回灌地下。

二级处理水深度处理的目的、去除对象和所采用的处理技术及工艺流程见表3-7。

表3-7　二级处理水深度处理的目的、去除对象和所采用的处理技术及工艺流程

处理目的	去除对象	有关指标		采用的主要处理技术
排放水体再用	有机物	悬浮状态	SS、VSS	快滤池、微滤机、混凝沉淀
		溶解状态	COD、TOC、TOD	混凝沉淀、活性炭吸附、臭氧氧化
防止富营养化	植物性营养盐类	氮	T-N、K-N、NO_3-N、NO_2-N、NH_3-N	吹脱、折点氯化脱氨、生物脱氮
		磷	PO_4-P、T-P	金属盐混凝沉淀、石灰混凝沉淀晶析法、生物除磷
再用	微量成分	溶解性无机物无机盐类	电导度、Na、Ca、Cl 离子	反渗透、电渗析、离子交换
		微生物	细菌、病毒	臭氧氧化、消毒、氯气、次氯酸钠、紫外线

3.5.2　悬浮物的去除

污水中含有的悬浮物，其颗粒从 10mm 到 1μm 以下的胶体颗粒是多种多样的。经二级处理后，在处理水中的悬浮物是以粒径从数毫米到 10μm 的生物絮凝体和未被絮凝的胶体颗粒。这些颗粒几乎全部都是有机性的。二级处理水 BOD 值的 50%～80% 都来源于这些颗粒，为了提高二级处理水的稳定度，去除这些颗粒是非常必要的。

去除二级处理水中的悬浮物，采用的处理技术要根据悬浮物的状态和粒径而定，粒径在 1μm 以上的颗粒，一般采用砂滤去除，粒径从几百纳米到几十微米的颗粒，采用微滤机一类的设备去除，而粒径在 1000nm 到几纳米的颗粒，则应采用应用于去除溶解性盐类的反渗透法加以去除。呈胶体状的粒子，则采用混凝沉淀法去除是有效的。

3.5.2.1　混凝沉淀

混凝沉淀是污水深度处理常用的一种技术。

混凝沉淀具体技术就是将与作用机理相适应数量的混凝剂投入污水中，经过充分混合、反应，使污水中呈微小悬浮颗粒和胶体颗粒互相产生凝聚作用，成为颗粒较大，而且易于沉淀的絮凝体（颗粒粒径大于 20μm），再经过沉淀加以去除。

城市污水二级处理水中的悬浮物质、胶体物质主要是在生物处理过程中参与反应的微生物（活性污泥碎片、生物膜残屑）及其分泌物和代谢产物等。他们是有机物，含有的蛋白质是带负电荷的亲水胶体。亲水胶体由于颗粒表面存在着某些极性基团（如—COOH 与—NH$_2$），因而吸收大量的极性水分子，使其外围包覆一层水壳。

采用混凝法去除污水中的有机物，去除效果良好，但投药量较大，如以商品浓度的工业硫酸铝计算，往往需要 50～100mg/L。这样出现的问题是会产生大量的含水率很高（可达 99.3%）的污泥，这种污泥难于脱水，给污泥处置带来很大的困难。

废水处理的混凝剂有无机金属盐类和有机高分子聚合物两大类，前者主要有铁系和铝系等高价金属盐，可分为普通铁、铝盐和碱化聚合盐；后者则分为人工合成的和天然的两类。混凝澄清法的主要设备有完成混凝剂与原水混合反应过程的混合槽和反应池，以及完成水与絮凝体分离的沉降池等。

混凝反应过程形成的絮凝体的分离，除沉淀池外，还可以用澄清池加以分离。澄清池是接触絮凝反应设备，就是絮凝、泥水分离一体化设备。在澄清池内有着高浓度的泥渣，在上升水流的作用下，泥渣处于悬浮状态并形成泥渣层。泥渣是良好的凝聚介质，在上升水流中处于动平衡状态，污水中的悬浮颗粒、胶体粒子（包括混凝剂）随水流上升，通过泥渣层，与泥渣颗粒产生相对运动并互相碰撞，产生凝聚反应。泥渣既是接触絮凝介质，又由于截流起到泥水分离作用。

3.5.2.2　过滤技术

在污水深度处理技术中，过滤是最普遍采用的一种技术。

过滤是一个包含多种作用的复杂过程。它包括输送和附着两个阶段，只有将悬浮粒子输送到滤料表面，并使之与滤料表面接触才能产生附着作用，附着以后不再移动才算是被滤料截留，输送是过滤过程的前提。

在层流条件下，悬浮粒子是在以下各项作用下输送到滤料表面的。

（1）惯性作用：由于水在滤料间隙中的运动惯性作用，使悬浮粒子随流水线到达滤料表面。

（2）沉淀作用：滤料层可以看作是层层叠起的多层微型沉淀池。水中悬浮粒子按斯托克斯定律，沿地心引力方向运动，穿越流水线而"沉淀"在滤料表面。

（3）扩散作用：微小（粒径小于 $1\mu m$）的悬浮粒子在周围水分子热能的作用下，进行无规律的运动，从而向滤料颗粒表面靠近。扩散作用与水温和粒子大小有关。

（4）直接截留作用：直径为 e 的粒子随流水进入某一滤料表面，并与滤料表面在 $e/2$ 的范围内与之接触，因而产生附着作用。

过滤经过一段时间后，表层滤料间的隙缝逐渐为污染粒子所堵塞，即出现了所谓的"表层截污"现象，严重时会形成滤膜，使过滤阻力剧增，滤速剧减，也可能使滤膜裂缝出现污染粒子穿透的现象。因表层截污，使下层滤料对污染粒子的截留得不到充分发挥，使滤层截污量降低，过滤周期大为缩短。

二级处理水过滤处理的主要去除对象是生物处理工艺残留在处理水中的生物絮体污泥，因此，二级处理水过滤处理的主要特点为：在一般情况下，不需投加药剂，水中的絮凝体具有良好的可滤性，滤后水 SS 值可达 10mg/L，COD 去除率可达 10%~30%。由于胶体污染物难以通过过滤法去除，滤后水的浊度有可能去除效果欠佳，在这种情况下应考虑投加一定的药剂。如处理水中含有溶解性有机物，则应考虑采用活性炭吸附法去除。反冲洗困难，二级处理水的悬浮物多是生物絮凝体，在滤料层表面较易形成一层滤膜，致使水头损失迅速上升，过滤周期大为缩短。絮凝体贴在滤料表面，不易脱离，因此需要辅助冲洗，即增加表面冲洗，或用气水共同反冲使絮凝体从滤料表面脱离，效果良好，还能节省反冲水量。在一般条件下，气水共同反冲，气强度为 $20L/(m^2 \cdot s)$，水强度为 $10L/(m^2 \cdot s)$。

所用滤料应适当加大粒径，加大单位体积滤料的截泥量。

3.5.3 溶解性有机物的去除

在生活污水中，溶解性有机物的主要成分是蛋白质、碳水化合物和阴离子表面活性剂。在经过二级处理的城市污水中的溶解性有机物多是丹宁、木质素、黑腐酸等难降解的有机物。

对城市污水中这些有机物，用生物处理技术是难以去除的，还没有比较成熟的处理技术。当前，从经济合理和技术可行方面考虑，采用活性炭吸附和臭氧氧化法是适宜的。本节将就这两种处理工艺加以阐述。

3.5.3.1 活性炭吸附

活性炭吸附是利用活性炭的物理吸附、化学吸附、氧化、催化氧化和还原等性能去除水中污染物的水处理方法，活性炭分子筛作用模式见图 3-30。

在所有的吸附剂中，活性炭的吸附能力是最强的。在活性炭的表面布满微细的小孔，根据微细小孔的大小，可分为小孔（小孔半径在 2nm 以下）、大孔（半径介于 100~1000nm 之间）、过渡孔（半径为 2~100nm）。使活性炭具有吸附功能的是小孔（也称微孔），大孔（也称巨孔）的作用是将溶液导入，使其进入小孔的吸附功能区。

活性炭吸附以物理吸附为主（范德华力），但也有化学吸附的作用在内。除溶解性有机物外，通过活性炭的吸附，还能够去除表面活性剂、色度、重金属和余氯等。

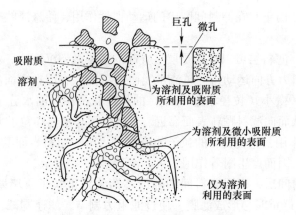

图 3-30　活性炭分子筛作用模式图

活性炭有粒状和粉状两种类型，粒状炭的粒径介于 0.15～4.7mm 之间，污水处理，包括高度处理多使用粒状炭。粉状炭的粒径为 0.074mm。

3.5.3.2　臭氧氧化处理

臭氧可用光化学反应、电解反应、放电反应制备。现广泛使用放电反应制备，通过玻璃一类的诱电体放电，氧在电极之间通过，即转换为臭氧。臭氧制备所需的电能（包括冷却和除湿所用的），如以空气为原料，每生产 1kg 臭氧，需耗电能约 20kW·h，以氧为原料则为 10kW·h 左右。作为深度处理技术，臭氧对二级处理水进行以回用为目的的处理，其主要的任务是：（1）去除污水中残存的有机物；（2）脱除污水的着色；（3）杀菌消毒。臭氧在水中自行分解为氧，自行分解的速度由水温和 pH 值所控制，高水温与高 pH 值能够促进分解。

臭氧对有机物有一定的氧化能力，用臭氧氧化处理二级处理水，在有机物去除方面有以下各项特征。

（1）能够被臭氧氧化的有机物有：蛋白质、氨基酸、木质素、腐殖酸、链式不饱和化合物和氰化物等。在臭氧的作用下，不饱和化合物形成臭氧化物，臭氧化物水解，不饱和化合物即行开裂。此外，臭氧对—CHO、—NH₂、—SH、—OH，—NO 等官能团也有氧化作用。

（2）臭氧对有机物的氧化，难于达到形成 CO_2 和 H_2O 的完全无机化阶段，只能进行部分氧化，形成中间产物。

（3）用臭氧对二级处理水进行氧化处理，形成的中间产物主要有：甲醛、丙酮酸、丙酮醛和乙酸。但是如果臭氧足够，氧化还会继续进行下去，除乙酸外，其他物质都可能被臭氧分解。

污水用臭氧进行处理，BOD/COD 比值随反应时间延长而提高，说明污水的可生化条件得到改善。臭氧对二级处理水进行处理，COD 去除率与 pH 值有关，pH 值上升去除率也显著提高，当 pH 值为 7 左右时 COD 去除率只在 40% 左右，而当 pH 值上升为 12 时，去除率即可达 80%～90%。在高 pH 值的条件下，臭氧自行分解进行非常显著，在其分解过程中生成活性很强的·OH，在·OH 的作用下，COD 的去除率很高。

臭氧对污水有很好的脱色功能，特别是能够有效地脱除由不饱和化合物着色的色度，这是因为臭氧对不饱和化合物有较大的反应作用。经砂滤处理后的二级处理水，用臭氧进行脱色处理，效果显著地优于未经砂滤处理的二级处理水（在臭氧吸收量相同的条件下），由此可以断定去除悬浮物能够提高脱色效果。但是，当臭氧的吸收量超过 10mg/L 以后，二级处理水无论是经过砂滤处理和未经砂滤处理，脱色作用都将停止。用臭氧对二级处理水进行脱色处理，为了提高脱色效果，应考虑以砂滤作为前处理技术。

臭氧被广泛地用于杀菌消毒，但实际运行结果证实，用臭氧对二级处理水进行灭菌处理，效果提高得较慢，而且在投量超过 10mg/L 后，灭菌效果提高得更为缓慢。但是用臭氧对经砂滤处理后的二级处理水进行杀菌处理，一开始效果就非常明显，大肠菌群数急剧下降，而且在臭氧投量达 7mg/L 以后，水中的大肠菌即完全消失。因此，可以断定，用臭氧对二级处理水进行杀菌消毒处理，如欲提高处理效果，应考虑以砂滤去除悬浮物为前处理的技术措施。

用臭氧对二级处理水进行处理，所用的处理设备是混合反应器。混合反应器的作用有：（1）加速臭氧与处理水的混合；（2）使臭氧与处理水充分接触，加快反应。混合器有多种形式，常用者有扩散板式、喷射式和机械搅拌式三种。

──────── 本 章 小 结 ────────

城市污水再生系统包括城市污水再生处理的除氮系统、城市污水再生处理的除磷系统、城市污水再生处理的除碳系统以及城市污水再生利用的深度处理系统。其中除氮系统包括活性污泥法脱氮传统工艺、前置反硝化生物脱氮系统工艺、氧化沟工艺、SBR 脱氮工艺等多种脱氮工艺；除磷系统包括化学法除磷、吸附法除磷、生物除磷等方法，以及 A/O 工艺、A^2/O 工艺、改良 A^2/O 工艺等多种除磷工艺；除碳系统包括活性污泥处理系统的工艺、生物滤池、生物转盘、生物接触氧化等多种工艺。

思 考 题

3-1 城市污水再生利用途径都有哪些?

3-2 请论述生物脱氮原理以及脱氮流程。

3-3 影响生物脱氮的主要因素有哪些?

3-4 请论述除磷的原理以及除磷的方法，各有什么优缺点?

3-5 请论述常用的脱氮除磷的工艺性能特点。

3-6 请说明主要生物脱氮、除磷工艺的特点。

3-7 试述生物滤池、生物转盘、生物接触氧化池处理构筑物的基本构造及其功能。

3-8 影响生物滤池、生物转盘处理效率的因素有哪些，它们是如何影响处理效果的?

3-9 深度处理的对象与目标是什么?

3-10 请论述过滤技术的机理。

3-11 臭氧氧化处理主要任务是什么，在有机物去除中有哪些特征?

4 矿山工业废水处理及循环利用

本章提要：

本章主要讲述了酸性采矿废水处理与循环利用、黄金选矿污水处理、金属矿山选矿污水处理和稀土选矿废水处理四个大方面的知识。要求学生了解酸性采矿废水的危害及处理方法，熟悉金属矿山选矿污水处理的工业实践的具体内容，重点掌握稀土选矿工艺中经常用到的选矿药剂及其去除工艺，并熟知稀土选矿废水处理工艺流程。

矿山废水的来源主要有采矿过程排出的矿坑水、废石场的雨淋污水以及选矿厂排出的洗矿和尾矿废水。废水的水质水量与矿床种类、地质结构、开采方法等因素密切相关。矿山废水中含有的重金属离子及各种有机、无机污染物是导致矿山环境污染的主要原因之一。矿山废水排放量大、持续性强，随着雨季的到来，矿山废水水量会急剧增大，对环境污染严重。我国各类矿山废水的排放量约占全国工业废水总排放量的 10% 左右。其中酸性矿山废水污染范围最广、危害程度最大。酸性矿山废水的成分与矿物组成、矿床埋藏条件、选矿采矿方法等因素有关。含有黄铁矿的矿床，当硫化物含量低时常被作为废石处理。这些硫化物在地表环境中迅速氧化，形成高浓度含重金属离子的酸性废水。酸性矿山废水的 pH 值在 3~6.5 左右，含有铜、锌、铅、镍、铁等大量的重金属离子以及氰化物等有毒物质。

4.1 酸性采矿废水处理与循环利用

4.1.1 酸性采矿废水的产生

酸性矿山废水的产生主要是由于在采矿的过程中，矿物中的硫在氧化环境中被氧化溶解于水中，使得水中的 SO_4^{2-} 含量增高，成为地下水中的主要阴离子，并与阳离子生成硫酸盐。因为硫酸盐是强酸弱碱盐，所以会导致水体呈酸性。

以黄铁矿为例，酸性废水产生的具体过程如下：

$$2FeS_2 + 7O_2 + 2H_2O =\!=\!= 2FeSO_4 + 2H_2SO_4 \tag{4-1}$$

黄铁矿在氧化的环境中生成为 $FeSO_4$ 和 H_2SO_4，其中生成的 H_2SO_4 呈酸性，但 $FeSO_4$ 不稳定，在酸性水环境中还要进一步被氧化：

$$4FeSO_4 + 2H_2SO_4 + O_2 =\!=\!= 2Fe_2(SO_4)_3 + 2H_2O \tag{4-2}$$

在此过程中生成的 $Fe_2(SO_4)_3$ 比较稳定，但在弱酸性的环境中还会进一步发生化学反应；

$$Fe_2(SO_4)_3 + 6H_2O =\!=\!= 2Fe(OH)_3 + 3H_2SO_4 \tag{4-3}$$

即水解生成 $Fe(OH)_3$ 与 H_2SO_4，使水的 pH 值进一步减少。而生成的 $Fe(OH)_3$ 失水后，生成不溶于水的黄褐色褐铁矿沉淀，即所谓的"铁帽"。在此循环反应的过程中产生了大量的酸，使水体呈酸性。然而上述化学反应在一般情况下进行得比较缓慢，而在硫氧化细菌参与下会使其加速进行。

4.1.2 酸性采矿废水的危害

随着采矿技术的不断进步与发展，当矿山酸性水未经处理直接排出时，会造成水体污染。

首先，废水具有极高的酸度，会腐蚀管道及设备，降低其使用寿命，增加维修成本，使生产费用提高。

其次，水中的重金属离子会使鱼类、浮游生物、藻类等中毒而大量死亡，还可以杀死或抑制水中微生物的生长，打破河流的生态平衡，对水源环境造成严重的破坏作用。水中 Fe^{2+} 经过氧化作用生成 Fe^{3+}，Fe^{3+} 结合 OH^- 产生 $Fe(OH)_3$ 红褐色沉淀，使得水体底部以及两岸呈现红色，影响美观。未经处理的酸性矿山废水排出后，进入地表水体，当这部分水用来灌溉农田，会破坏土壤结构，使得土壤板结，抑制农作物的生长，严重时会造成农作物大面积的死亡，造成粮食减产。

此外，人体长期接触酸性矿山水，会腐蚀皮肤，造成手脚开裂等现象，影响人体身体健康。人们长期食用含重金属的农产物后会对身体健康产生严重影响。

4.1.3 酸性采矿废水处理方法

目前，酸性矿山废水的处理方法有沉淀法、微生物法、人工湿地法等。

所谓沉淀法就是用单纯的物理方法使废水中的悬浮颗粒（如细小矿渣等）自由沉降与水相分离，或者是利用物理与化学相结合的方法，首先向废水中投加化学药剂，使之与水中的离子态物质（金属离子有铁、铜、锌等，碱土金属有钙、镁等，非金属离子有氟、砷等）发生化学反应生成不溶或难溶物，然后经自由沉降或机械外力的作用达到泥水分离的目的。单纯使用物理方法去除水中杂质时可借助于絮凝剂的凝聚、絮凝作用，后者物理化学方法主要有中和沉淀法和硫化沉淀法。

4.1.3.1 中和法

中和法即氢氧化物沉淀法，这种方法是利用熟石灰、生石灰、氢氧化钠、碳酸氢钙、工业石灰和氧化亚铁等中和剂与酸性矿山废水中的氢离子及金属离子发生反应，既消耗了氢离子的量，使废水酸度减小，又生成了金属沉淀物，经沉淀、过滤等工艺加以分离除去，从而减小了废水的盐度。在中和法处理酸性矿山废水时，可以单一地用一种中和剂与酸性废水发生反应，也可以用多种中和剂相结合的方法处理酸性矿山废水。前者操作起来比较方便，所需设备量少，但是也存在一些问题，如石灰乳处理酸性矿山废水时，石灰药剂的加入量特别大，随之脱水分离后的泥渣量也较大，后期的泥渣处理比较麻烦，二次污染较严重，特别是在水质较差、水量较大的时候，此现象更加明显。相反，单一使用氢氧化钠处理酸性矿山废水，虽然泥渣量相较于石灰乳法大大减少，但是氢氧化钠取材不方便、价格较高的问题又会出现。如果使用石灰乳与氢氧化钠相结合的方法，在水质较好、水量较小的时候单一使用石灰乳处理废水，当水质水量波动较大时，可临时加入氢氧化钠处理工艺来作为应急措施。陈喜红在对江西万年银金矿矿山废水的研究过程中采用了分为三步的逐步优化处理方案。首先采用中和沉淀法处理水质使之达到农业灌溉标准，然后改进工艺方案，减少泥渣排放量，最后将中和废水与尾矿废水混合进行二次利用，澄清水用于东选生产，底泥则储存在尾矿库内。经过长期现场监测得出，处理效果明显。

中和沉淀法的技术改进近十多年来，我国矿山酸性废水处理的相关研究处于稳定增长阶段，中和法一直是研究的热点。对中和的研究不仅从试剂选择，而且要从工艺流程各个方面去探索，现如今中和法的研究已进入石灰法的改良技术（HDS）层面。中和法可采用的化学试剂有很多种。对比表 4-1 中所用试剂情况，NaOH 和 NH_3 的中和效率为 100%，CaO 的中和效率为 90%，其成本较低，约为 NaOH 成本的 75%、NH_3 的 20%~40%。由于氢氧化钠腐蚀性较强，在贮藏以及操作上危险性较大，所以氧化钙中和法得到广泛应用。传统的石灰中和法（LDS），工艺简单、设备量少、操作方便、易于管理。但是由于氢氧化钙、硫酸钙等极易附着在设备与管道表面，严重影响设备的运行，因此结垢问题是一个不容忽视的问题。此外，泥渣量大，工作环境差，在水质及水量波动较大时，水质无法得到保障的问题突出。针对上述问题，现如今应用最广泛的是高浓度泥浆法（HDS）。该技术引入了底泥回流的工艺，由于底泥中的晶核为硫酸钙提供了沉淀的载体，减小了硫酸钙在设备与管道上的附着概率从而大大减小了设备的损耗率，进而减少了工程的运行成本。此外，由于附着核的作用，生成的泥渣粒径增大，泥渣颗粒更加密实，降低了泥渣的含水率，改善了泥渣的脱水性能。目前，采用高浓度泥浆法的工艺有很多种，如 HDS 工艺、Geco 工艺、Tetra 工艺。这些工艺的共同之处都是通过底泥回流，提高污泥絮体的密实度。可见，絮体的成长过程对于开发新技术至关重要。因此，目前的研究主要集中在混凝剂的改进、投药方式以及包括絮凝体回流在内的运行策略等方面。

表 4-1　可用于处理酸性矿山废水的化学试剂

俗称	化学名称	化学式	换算系数	中和效率/%
熟石灰	氢氧化钙	$Ca(OH)_2$	0.74	90
生石灰	氧化钙	CaO	0.56	90
苏打粉	碳酸钠	Na_2CO_3	1.06	60
固体苛性钠	氢氧化钠	NaOH	0.8	100
氨	氨气	NH_3	0.34	100

4.1.3.2　硫化法

硫化法就是利用硫离子与废水中的金属离子发生化学反应，生成硫化物沉淀，经沉淀、过滤等过程使之与水分离的方法。硫化法常用的硫化剂有硫化钠、硫化铵等。与中和法相比，硫化法的去除效率高，因为硫化物沉淀在水中的溶解度小。此外，硫化物中的金属便于回收利用，使用不当极易造成环境污染。在实际操作中，可先用中和剂中和废水，使其达到 Fe^{3+} 沉淀 pH 值范围，然后加入硫化剂与水中的 Cu^{2+} 发生反应生成纯度较高的 CuS 沉淀。待 CuS 沉淀完全分离后，继续加入中和剂进行调节 pH 值，使其达到排放水质标准。处理工艺流程见图 4-1。

处理后具体的水质指标见表 4-2。

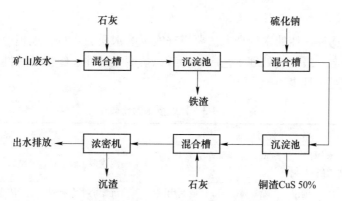

图 4-1 硫化法处理废水的工艺流程

表 4-2 处理后废水的水质指标 （mg/L）

项目	铁	锌	铜	SO_4^{2-}	pH 值
浓度	6.00	痕量	痕量	809.3	6.5

4.1.3.3 微生物法

微生物法主要是利用不同微生物对酸性矿山废水中的生存特性进行水质改变的过程。经过多年的努力研究，科技工作者筛选或培养出多种能够为人类所用的微生物。人们既可以控制微生物来抑制金属离子的析出，又可以有目的地在微生物的作用下加快金属离子的析出，同时还可以利用微生物聚集体表面性质对金属离子进行吸收和沉积，然后经污泥处理达到回收有价金属的目的。例如，铁氧菌可以将相对难于沉淀的 Fe^{2+} 氧化成 Fe^{3+}，然后经中和法将铁沉淀分离，或利用硫酸盐还原菌将高价态的硫离子还原成单质硫析出。微生物法处理酸性矿山废水有处理费用低、适用性强、无二次污染、可回收短缺原料单质硫等优点。

4.1.3.4 人工湿地法

相对于中和法处理酸性矿山废水，人工湿地处理酸性矿山废水不但利用了物理（沉淀、过滤、吸附等）和化学（氧化等）方法，更主要的还有生物作用（微生物合成与分解代谢、植物的代谢与吸收作用等）。人工湿地处理系统稳定与否关键在于基本结构形式的稳定程度。以出水水质稳定性高为前提，根据实时的水质变化与水量波动情况，结合当地当时的气候条件，调整人工湿地的结构组成，合理栽植不同种类和数量的水生植物使人工湿地的生物构成呈现多样性。同时，注意进水量、布水均匀程度、湿地水深、水力停留时间等运行参数的控制和调整。该工艺优点在于系统稳定性强，二次投资少，无需处理污泥以及不存在因污泥处理带来的二次污染等。经过实践得出，人工湿地处理后的出水水质稳定，铁离子、氢离子以及固体悬浮物去除率达 90% 以上，是应用前景非常广泛的污废水处理工艺。着眼于我国资金力量薄弱以及技术水平尚待进步，这种基建投资和运行费用相对较低（相当于二级常规处理工艺的 1/5 ~ 1/2）的污废水处理工艺对我国水处理领域来说有重大意义。但由于人工湿地处理系统占地面积大且受气候影响明显的原因，土地资源紧张以及寒冷地区尚不适合使用该系统。

4.1.3.5　技术比较与新进展

综上所述，选择最佳的水处理方法要根据实际的水质、水量、地理地势条件、当地资源取材等因素来定。最佳的处理工艺应综合考虑技术先进性、经济可行性、运行稳定性等因素。处理技术对比见表4-3。

表4-3　处理技术的比较

处理方法	优　点	缺　点
中和法	药剂来源广、价格低、操作简单、管理方便、处理费用低	泥渣多、脱水难、易结垢
硫化法	pH适应范围广、去除率高、便于回收利用	沉淀剂来源有限、运行成本高、易污染环境
微生物法	费用低、适用性强、无二次污染、可回收短缺原料单质硫等	对操作人员技术要求较高，适用于实力比较雄厚的大型企业

在国内外学者的不懈努力下，矿山酸性废水的处理技术有了突飞猛进的提高，近年来又出现了一些新的研究成果。常温铁氧体处理技术就是在一定的条件下利用铁氧体法使废水中的重金属离子沉淀分离。工程覆盖处理技术主要是利用复合土等工程覆盖物（包括尾矿坝基底处理）来阻止废石堆外向废石堆内部供氧以减缓硫化物的氧化速度。电化学处理技术主要是采用铁、铝阳极电解时，在外电流的作用下发生电化学反应生成不溶于水的 $Fe(OH)_3$、$Fe(OH)_2$ 或 $Al(OH)_3$，这些微粒可以吸附污水中的有机或无机胶体颗粒。以上三种酸性废水处理方法是近年来科技工作者最新研究成果，它们代表着一种新的发展思路。虽然暂时还没有得到广泛应用，但其应用前景将不可估量。

4.1.4　酸性采矿废水处理实例

4.1.4.1　某铅锌矿矿山污水处理的工业实践

A　污水来源及水质

某铅锌矿的矿山污水主要来源于矿山开采和雨水冲洗后所形成的酸性污水。具体的污水水质指标见表4-4。

表4-4　污水的水质指标　　　　　　　　　　　（mg/L）

名称	Fe	Zn	Cu	Cd	As	pH 值
标准	—	5.0	1.0	0.1	0.1	6~9
实际	185	246	4.45	1.12	1.50	3.28

B　污水处理工艺

该铅锌矿污水中 Fe、Zn 离子含量高，先用液氯将 Fe^{2+} 转化为 Fe^{3+}，然后采用两段石灰中和法，在低的 pH 值下尽量将铁沉淀除去，然后在较高 pH 值下将锌沉出，以回收锌。回收的锌渣含锌高，可做炼锌原料，净水排放或返回使用。该污水处理工艺流程见图4-2。

C　工艺参数

（1）一次中和槽控制 pH 值为 3.5~4.0，除去铁；

（2）二次中和槽控制 pH 值为 8.0~8.5，除去锌。

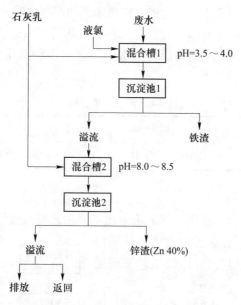

图 4-2 中和法处理铅锌矿污水工艺流程

D 处理效果

矿山酸性污水经中和沉淀工艺处理后出水水质见表 4-5。

表 4-5 污水处理后的水质指数 （mg/L）

项目	Fe	Zn	Cu	Ca	As	pH 值
实际	痕量	1.00	0.005	0.02	0.04	8.50

从出水水质指标看，各项指标均达到国家排放标准，说明污水处理工艺是成功的。

4.1.4.2 南山铁矿酸性污水处理的工业实践

A 基本情况

马鞍山钢铁公司南山铁矿是马钢公司的矿石基地，该矿位于马鞍山市区东南 13km 处，南山铁矿现有两个露天采场：凹山采场和东山采场，年生产能力为采剥总量 1300 万吨，铁矿石 650 万吨，铁精矿粉 220 万吨。

污水来源及水质如下：南山铁矿矿区为火山岩成矿地带，矿物组成非常复杂，铁矿床和围岩中含有以黄铁矿为主的各种硫化矿物，其含硫量平均为 2%~3%。按现在的开采规模，南山铁矿每年约有 700 万~800 万吨剥离物堆放在采场附近的排土场内。该排土场设计容置为 1.4 亿吨，现已容纳废土石约 1 亿吨，这些含硫废土石在露天自然条件下逐渐发生风化、溶浸、氧化、水解等一系列化学反应，与天然降水及地下水结合，逐步变为含有硫酸的酸性污水，汇集到排土场中央的酸水库中。主要化学反应式如下：

$$2FeS_2 + 2H_2O + 7O_2 === 2FeSO_4 + 2H_2SO_4$$
$$4FeSO_4 + 2H_2SO_4 + O_2 === 2Fe_2(SO_4)_3 + 2H_2O$$
$$Fe_2(SO_4)_3 + 6H_2O === 2Fe(OH)_3 + 3H_2SO_4$$
$$7Fe_2(SO_4)_3 + FeS_2 + 8H_2O === 15FeSO_4 + 8H_2SO_4$$

该排土场总汇水面积约 2.15km²，按所在地区平均年降水量 960~1100mm 计算，汇水区域所形成的酸水量每年约 200 多万吨以上。多年监测的结果是酸水的 pH 值在 5.0 以下，最低达到 2.6，酸性较高，腐蚀性极强，酸水中还含有多种重金属离子，如 Cu、Ni、Pb 等。具体的水质见表 4-6。

表 4-6　污水水质指标　　　　　　　　　　（mg/L）

项目	pH 值	SO_4^{2-}	Al^{3+}	Fe_3O_4	Fe^{2+}	Mg^{2+}	Mn^{2+}	Cu^{2+}
浓度	2.5~3	8800~9900	880~3700	27~470	15~250	500~1300	175~214	71~171

B　污水处理工艺

为解决酸性污水的危害，南山铁矿先后采用不同工艺对酸性污水进行治理。

一期污水处理工艺：根据污水水质，一期污水处理采用石灰乳中和工艺，具体的工艺流程见图 4-3。

石灰经粉碎、磨细、消化制备成石灰乳，用压缩空气作搅拌动力，进行酸水的中和反应。反应后的中和液采用 PE 微孔过滤，实现泥水分离。但是由于南山矿处理的酸水量较大，微孔过滤满足不了生产要求；同时微孔极易结垢堵塞，微孔管更换频繁，生产成本较高。因此该工艺达不到设计要求，设备作业率极低。

二期污水处理工艺：针对一期治理工程未达到预期的治理效果，南山矿决定改建污水处理设

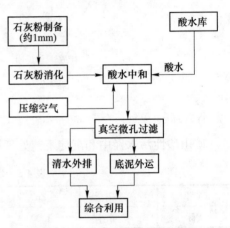

图 4-3　一期污水处理工艺流程图

施，重点是解决处理以后的中和渣的处置问题。该方案利用排土场近 20 万平方米的废弃地围埂筑坝，作为中和渣的贮存库，取消原有的微孔过滤系统。该设计服务年限 3~4 年，工程总投资 156 万元，于 1992 年正式投入使用。实际上该中和渣贮存库兼有澄清水质和贮存底泥两种功能，其运行时水的澄清过程缓慢，中和渣难以沉降，外排水浑浊，悬浮物超标。运行 1 年多时间，提前完成服役期。二期污水处理工艺流程见图 4-4。

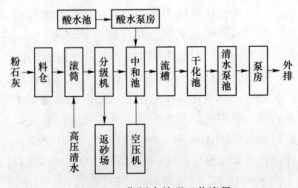

图 4-4　二期污水处理工艺流程

三期污水处理工艺：该矿在污水处理一期、二期的基础上，提出了将酸性污水中和液与东选尾矿混合处理，澄清水用于东选生产，底泥输送至尾矿库的处理方案。其工艺流程见图4-5。

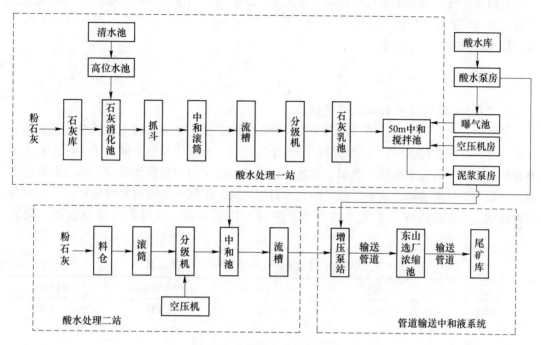

图 4-5 三期污水处理工艺流程

C 工艺原理

中和液按照一定比例加入尾矿中，不仅不会减缓尾矿中固体颗粒物的沉降速度，反而能加快尾矿矿浆中悬浮物的沉降速度。这是因为中和液中所含的金属离子和非金属离子具有一定的吸附力，能被尾矿中的固体颗粒物吸附，增大颗粒的体积和质量，从而加速颗粒物的沉降，同时改善了尾矿库的水质。

D 运行效果

三期工程1993年3月正式投产，实践证明该工程处理酸性污水的效果十分显著。

（1）由于中和液年输送量远大于平均雨水汇入酸水库的净增值（约 $1.2 \times 10^6\,m^3$），故加快了酸水库水位的下降，即使遇雨水较大的年份，酸水库水位从没达到过其安全警戒水位；

（2）确保了凹山采场东帮边坡及酸水库坝体的安全稳固；

（3）消除了酸性污水及中和液底泥外溢对周围河道农田的污染，创造了巨大的社会效益和不可估量的经济效益；

（4）实现了酸性污水在矿内的循环，并将沉降后的底泥输送至尾矿坝，彻底解决了中和液底泥形成的二次污染，年节省污染赔偿费150万元左右；

（5）提高了东选循环水水质，增加了循环水量。按每吨0.2元计算，年节省水费达42余万元。

4.2　黄金选矿污水处理

目前金矿选冶方法主要有重选法、浮选法、混汞法、浮选氰化法、堆浸法、炭浆法及硫脲提金法。根据采取提金工艺的不同，黄金矿山选矿厂产生的工业污水可以分为两大类，即氰化污水和无氰污水。

4.2.1　无氰污水

4.2.1.1　无氰污水来源及污染物

无氰污水来源于重选、浮选、混汞法及其他一些非氰化提金法的无氰选金工艺，但主要来自浮选。浮选污水中的主要污染因子是浮选药剂、悬浮物和重金属离子，浮选药剂主要有增加矿物表面疏水性的捕收剂，如黄药、黑药以及黄药和黑药的混合物等，还有起泡剂，一般用2号浮选油，它是以松节油为原料制成的。根据有关资料和浮选尾矿污水对鱼的毒性试验，浮选药剂对于鱼类的毒性临界值和作用强弱，可以大致分为五类（见表4-7）。

表 4-7　浮选药剂对鱼类的毒性（S 界值和作用强弱）

<1mg/L	1~10mg/L	10~100mg/L	100~1000mg/L	>1000mg/L
极毒	强毒	中等毒性	弱毒性	实际上无毒性
浮选药剂	毒性临界值/mg·L^{-1}			
	鲈鱼	鳜鱼	水蚤	小溪水蚤
乙基黄药	2	6	—	>10
丁基黄药	15	20	—	50
异戊基黄药	20	—	—	50
25 号黑药	50	—	<50	100
萜烯醇	25~30	35~40	—	40

丁基黄药、异戊基黄药、25 号黑药、萜烯醇类（二号油）都属于中等毒性物质，乙基黄药属于强毒性物质。尽管上述常用的浮选药剂都有毒性，但由于这类污水的特点是水量大，所以相对有害物质含量低，对环境的污染比较轻。无氰污水除了浮选污水外，还有一部分含砷、汞或其他重金属离子的污水，虽然这类污水的量不大，但污水中有毒物质含量较高，对环境有较严重的污染。

4.2.1.2　无氰污水处理方法

目前，对于无氰污水的处理多采用自然降解法，即将污水送入尾矿库，经过一段时间的澄清和自然净化后再排放出去。图 4-6~图 4-8 分别为黄药、黑药、2 号油等在不同条件下的降解曲线。

研究发现，浮选药剂在水体中随时间的增加，浓度逐渐降低。其变化趋势与负指数方程的变化规律基本相同，自净规律满足负指数方程：

$$c = c_0 e^{-kt}$$

$$(4-4)$$

式中　c——t 时刻浓度，mg/L；

c_0——初始浓度，mg/L；

k——自净系数，min^{-1}；

t——时间，min。

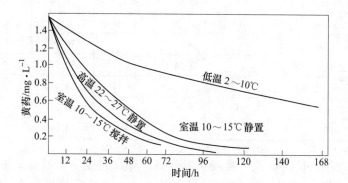

图 4-6　黄药在不同条件下的降解曲线（无日照）

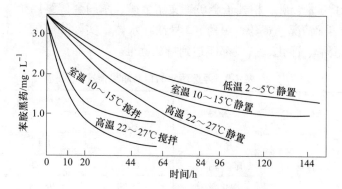

图 4-7　苯胺黑药在不同条件下的降解曲线

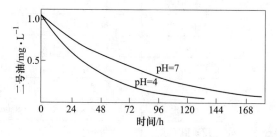

图 4-8　2 号油在不同条件下的降解曲线

　　不同条件与环境下自净系数 k 值不同。温度、光照、酸度以及水体纯净程度是降解的主要影响因素。三种浮选药剂中，黄药降解速度比较快，降解系数较高，易于得到自净。

　　实验研究还发现，尾矿浆中的尾矿砂作为固体载体对黄药和 2 号油的吸附作用很明显，随着尾矿砂质量分数的增加其去除率也增加，见表 4-8。

表 4-8 尾矿砂对黄药、2 号油的吸附去除率

试验	内容	尾矿砂质量分数/%					
		0	1	5	10	20	30
1	黄药浓度/mg·L⁻¹	10.7	8.6	5.8	2.45	—	—
	去除率/%	0	19.63	45.79	77.10	—	—
2	黄药浓度/mg·L⁻¹	5.65	—	—	1.30	0.25	0.15
	去除率/%	0	—	—	76.99	95.28	97.34
3	2 号油浓度/mg·L⁻¹	43.14	43.14	37.14	30.86	—	—
	去除率/%	0	0	13.91	28.47	—	—
4	2 号油浓度/mg·L⁻¹	37.17	—	—	28.38	27.24	24.80
	去除率/%	0	—	—	24.74	27.76	34.23

一般来说，水体 pH 值低，气温或水温升高，有日光照等会明显地加速水体中黄药、黑药、2 号油的分解、氧化，有利于浮选药剂的净化，尤其是对黄药的影响。因此，矿山应选择有益于降解的物质用于尾矿，创造适宜于降解的环境条件。

表 4-9 列出了五龙金矿、柏杖子金矿、文峪金矿、东闯金矿等四个金矿浮选污水用自然降解法处理的实际情况。黄药、黑药、2 号油在水体中实际降解的数据表明，浮选污水经过一定时间的澄清、净化，一般都能达到排放标准。

表 4-9 浮选污水的自然净化情况

矿山名称	选矿工艺	指标	污染物浓度/mg·L⁻¹		
			黄药	2 号油	黑药
五龙金矿	浮选	尾矿水	3.44	1.16	—
		尾矿库排水	0.21	0.02	—
		净化率/%	93.90	98.28	—
柏杖子金矿	单一浮选	M 矿水	4.40	—	55.72
		尾矿库排水	0.023	—	6.45
		净化率/%	99.59	—	88.42
文峪金矿	单一浮选	尾矿水	0.51	0.11	—
		尾矿库排水	0.038	0.03	—
		净化率/%	92.54	72.73	—
东闯金矿	浮选	尾矿水	2.90	8.06	—
		尾矿澄清水	0.46	0.56	—
		净化率/%	84.14	93.05	—

重金属离子的消除主要依靠浮选时加入的介质调整剂石灰，通过石灰与其反应生成氢氧化物沉淀。悬浮物被排入尾矿库后，通过石灰的混凝作用，降低了固体表面的动电电位，压缩了双电层，使分散的颗粒相互凝聚成较大的颗粒团，从而使悬浮物很快沉降于尾矿库，达到净化的目的。

4.2.2 氰化污水

目前，国内外处理氰化污水的方法较多，已用于工业生产并取得较好效果的方法有自然降解法、碱性氯化法、酸性氯化法、酸化法、二氧化硫—空气氧化法、活性炭吸附催化氧化法、过氧化氢法、含氰污水全循环法和生物法等。

4.2.2.1 自然降解法

含氰污水在尾矿坝中停留足够长的时间后，其中的氰化物会自然消失，这种自然发生的去氰过程即为自然降解。当污水矿浆泵入尾矿坝以后，氰及其化合物在自然环境中的多种因素影响下，在液、气、固三相以及液—气和液—固相之间将发生扩散、挥发、凝聚、沉淀、吸附、氧化、还原、水解等一系列物理化学反应和生物作用，具体的氰的循环图见图4-9。

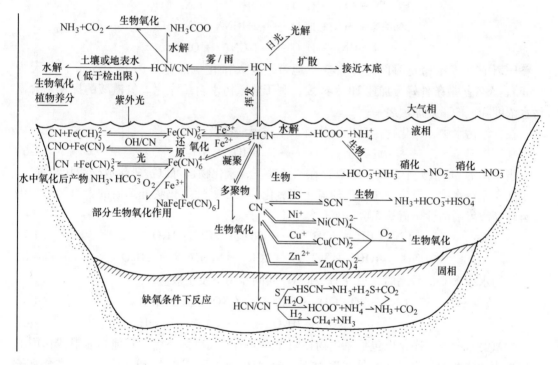

图4-9 氰的循环图

我国的金矿含氰污水中主要含氰化钠，废液为碱性，每天排放约数十立方米至数百立方米的含氰污水，排放量较大。经处理后其浓度一般应在0.5mg/L以下，实际上浓度为1~10mg/L，有些矿山的含氰污水浓度高达数十毫克每升。含氰污水从处理车间排入尾矿后，常被稀释数倍至数十倍。

$$c_e = \frac{c_0 Q_0 + \sum_{i=1}^{n} c_i Q_i}{Q_0 + \sum_{i=1}^{n} Q_i} \tag{4-5}$$

式中 c_e——混合后的水体中含氰的平均浓度，mg/L；

c_0——污水处理车间或生产车间排入尾矿库的污水含氰浓度，mg/L；

Q_0——污水处理车间或生产车间排入尾矿库的污水排入量，m^3/d；

$\sum\limits_{i=1}^{n} c_i Q_i$ ——其他车间排入尾矿库的污水总量，m^3/d；

$\sum\limits_{i=1}^{n} Q_i$ ——其他车间排入尾矿库的氰化物总量，kg/d 或 t/d。

含氰污水与尾矿库内水混合，不仅存在稀释作用，而且在混合后由于化学势能 μ 的变化而存在催化作用。这是含氰污水自然净化的主要因素之一。

氢氰酸是极弱的酸，易挥发。空气与污水水面接触或产生对流的过程中，在空气中 CO_2、SO_2 等酸性气体的作用下或因水体中酸性化合物和酸性矿物的分解都会导致气液平衡向产生 HCN 逸出的方向移动；氰根自身的水解也容易产生 HCN。

$$2NaCN + CO_2 + H_2O \longrightarrow 2HCN\uparrow + Na_2CO_3$$
$$2NaCN + SO_2 + H_2O \longrightarrow 2HCN\uparrow + Na_2SO_3$$
$$CN^- + H_2O \longrightarrow HCN\uparrow + OH^-$$

HCN 在空气中稳定时间短，在空旷地带，夏天氰化氢的稳定时间为 5min，冬天为 10min。大气扩散条件好可加速 HCN 挥发，利于含氰污水自然净化。氢氰酸的挥发是含氰污水浓度降低的重要原因之一。

在含氰污水中，氰化物自身也会分解，生成甲酸盐及氨：

$$NaCN + 2H_2O \longrightarrow NaCHO_2 + NH_3\uparrow \tag{4-6}$$

当水体的 pH 值大于 7 时，在氧存在的条件下，氰化物也可以被氧化成碳酸盐与氮。

在含氰污水中，氰化物能被各种氧化剂氧化。采用碱性氯化法处理后的含氰污水，仍含有较高浓度的活性余氯从而继续氧化氰根。

$$CN^- + Cl_2 + 2OH^- \longrightarrow CNO^- + 2Cl^- + H_2O \tag{4-7}$$
$$2CNO^- + 4OH^- + 3Cl_2 \longrightarrow 2CO_2 + N_2 + 6Cl^- + 2H_2O \tag{4-8}$$

当污水中含 Cu^{2+} 较高时，可在 O_2 和 SO_2 共同作用下发生效应。

$$CN^- + SO_2 + O_2 + H_2O \longrightarrow CNO^- + H_2SO_4 \tag{4-9}$$
$$CNO^- + 2H_2O \longrightarrow CO_2 + NH_3 + OH^- \tag{4-10}$$

含氰污水的自然净化也包括氰化物在阳光的曝晒下或在紫外线等其他高能射线作用下发生光化学降解的过程。在紫外线照射下，受水体中的 $Fe(CN)_6^{3-}$ 和 $Fe(CN)_6^{4-}$ 络合离子会解离出 CN^-：

$$Fe(CN)_6^{3-} \xleftarrow{\quad} 光 \xrightarrow{\quad} Fe(CN)_5^{3-} + CN^- \tag{4-11}$$
$$Fe(CN)_6^{4-} \xleftarrow{\quad} 光 \xrightarrow{\quad} Fe(CN)_5^{3-} + CN^- \tag{4-12}$$

氰化-碳浆工艺产生的含氰废液含固体成分高。废液排入尾矿库后，细矿、泥砂和大量的悬浮物质会逐步沉降，在沉降的过程中，氰化物被大量吸附，随沉淀物转入固相中。在酸性条件下，重金属离子水解也易形成胶团吸附氰根产生共沉淀。当氧化矿中铁含量高时，污水易在二价铁的作用下去除氰化物：

$$2CN^- + Fe^{2+} =\!=\!= Fe(CN)_2\downarrow \tag{4-13}$$

沉降物吸附的氰化物在随地下水迁移的过程中会得到进一步的净化。

在含氰水体中的自然净化过程中，微生物的分解作用也是存在的，液相中由于吸附、水解、凝聚、沉淀等的作用，氰的各种状态几乎都会从液相转入固相。固相是处于缺氧的环境，有利于发生厌氧硝化反应，有机物会转化成 CH_4 和 CO_2，而 HCN、SCN^-、CN^- 也会转化成 NH_3、CH_4、CO_2 和 H_2S 等。

同样上述反应生成的 NH_3 会进一步产生硝化生成 NO_3^-。

综上所述，含氰水体的自然净化作用包括稀释作用、催化作用、氧化作用、挥发作用、固体物的吸附-沉降作用、氰化物自身的歧化作用、生物降解作用、光化学降解作用等等，机理非常复杂。所以，含氰水体的自然净化是一个繁杂的物理、物理化学、光化学、生化等综合作用的过程。

实验室模拟降解实验证明，氰化物在水体中的变化呈现较强的规律性，一般降解的初始速度较大，随时间延长而逐渐减慢。

实验结果描述的规律近似于负指数方程式。国内已有人通过实验证明氰化物的降解是一级反应，降解率与初始浓度无关，即：

$$c_i = c_0 e^{kt} \tag{4-14}$$

$$E = \left(1 - \frac{c_i}{c_0} \right) \times 100\% = (1 - e^{-kt}) \times 100\%$$

式中　c_i——t 时刻含氰污水中氰化物的浓度，mg/L；

　　　c_0——含氰污水的初始浓度，mg/L；

　　　k——在特定条件下的自净系数，$1/h$ 或 $1/d$；

　　　t——自净时间，d 或 h 或 s；

　　　E——自净率，%。

由上式可以看出，含氰污水净化的程度主要是由时间 t 和自净系数 k 来限定。在限定的时间内，净化速度是由 k 值决定的。

影响自净系数 k 的因素很多。经模拟实验证实，主要有水体的运动状态、水体的 pH 值、温度和水体成分等。

（1）水体的运动状态。含氰水体在静止不动（静态）或流动很慢（准静态）和运动较快、湍流程度高时（动态），氰化物的自净速度不同。动态的自净速度大于静态的自净速度。

（2）水体的 pH 值。水体中的 CN^- 易转化形成 HCN，HCN 这种弱酸易挥发，pH 值越小，挥发越快，则自净速度加快。酸化法回收氰化物就是这一原理。

（3）温度。温度对含氰水体的自净速度影响很大。温度越高，k 值越大，速度则快，温度低，k 值小，速度则慢。

（4）水体成分。含氰水体的水质不同，在相同的条件下，k 值则不同。水体成分对 k 值的影响是复杂的。水体中酸性化合物多时，会产生正的效应；而水体中与氰根形成络合物的重金属离子浓度高时则会产生负的效应。

除上述因素外，光照条件、气体扩散条件、微生物的含量等都与 pH 值的大小有关。一定浓度的含氰水体，pH 值越小、温度越高、光照条件越好、水体湍流程度越高、微生物作用越强，k 值就越大，含氰水体的自净速度则快；反之，k 值就越小，含氰水体的自净速度则慢。目前，国内进行的模拟实验已证实上述自净规律。

4.2.2.2　碱性氯化法

处理氰化物的氧化法所用的氯系氧化剂有氯气、液氯、次氯酸钙和次氯酸钠等，实际上它们都是在溶液中生成次氯酸（HClO），然后进行氧化，其中以次氯酸钠用得最广泛。一般是在碱性溶液中进行，因而称为碱性氯化法。

氯气或液态氯除去氰化物的反应原理如下。

第一阶段的反应：

$$Cl_2 + H_2O \longrightarrow HClO + H^+ + Cl^- \tag{4-15}$$

$$CN^- + HClO \longrightarrow CNCl + OH^- \tag{4-16}$$

$$CNCl + 2OH^- \longrightarrow CNO^- + Cl^- + H_2O \tag{4-17}$$

第二阶段的反应：

$$2CNO^- + 3ClO^- + H_2O \longrightarrow 2CO_2 + N_2 + 3Cl^- + 2OH^- \tag{4-18}$$

第一阶段的反应是把 CN^- 氧化成 CNO^-，其毒性大致为 CN^- 的千分之一。第二阶段的反应进一步把 CNO^- 氧化成 N_2 和 CO_2，即完全氧化成为无毒物质。

如果投加的药剂是次氯酸钙 $[Ca(ClO)_2]$、次氯酸钠（$NaClO$）等，其总的反应式如下：

$$4NaCN + 5Ca(ClO)_2 + 2H_2O \longrightarrow 2N_2 + 2Ca(HCO_3)_2 + 3CaCl_2 + 4NaCl \tag{4-19}$$

$$2NaCN + 5NaClO + H_2O \longrightarrow N_2 + 2NaHCO_3 + 5NaCl \tag{4-20}$$

它们的基本反应与应用液氯时大致相同，只是不用再另加入强碱性药剂，具体操作较简单，但效果不佳。特别是易被矿浆包裹，分散不均，反应不完全，氧化效率低，使污水不能达标排放，药剂消耗量大，成本较高。

含氰污水中重金属的去除机理：污水中重金属铜、铅、锌、铁、汞及银等均以氰化物的络合物形式存在。在氯氧化法处理过程中，除亚铁氰化物、铁的氰化物、金的氰络物未被破坏，其他重金属均被解离出来，并在适当的 pH 值条件下，通过与亚铁氰络物、铁氰络合物、砷酸盐、碳酸盐和氢氧根离子生成沉淀物形式从污水中分离出来。在通常状况下，经过自然沉降的污水中，各种重金属含量均能达到国家规定的工业污水排放标准。

图 4-10 为张家口金矿氰尾氯化法处理工艺流程。

4.2.2.3　酸性氯化法

如上所述，氯氧化氰化物的反应分两个阶段，第一阶段称不完全氧化反应，生成物是低毒的氰酸盐。第二阶段称完全氧化阶段，氰酸盐进一步与氯反应，生成碳酸盐和氮气。但在酸性条件下，如果氯不足，氰酸盐将水解成二氧化碳和铵盐：

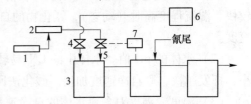

图 4-10　氯化法工艺流程

1—液氯瓶；2—蒸发器；3—反应槽；
4—石灰乳流量控制阀；5—氯气流量控制阀；
6—石灰乳制备相 U；7—氯气流量控制器

$$CNO^- + H_2O + H^+ \longrightarrow NH_3 + CO_2$$

在生产过程中，只注重氰化物和残余浓度是否达到国家规定的标准，而对于氰酸盐的浓度不加以考虑。实际上，即使不再加氯处理氰酸盐，氰酸盐也会因污水的酸度改变而自行分解，达到无毒，从反应式可以计算出，不同的反应条件下氯的消耗量是不同的。在碱性条件下，氰化物完全氧化时消耗的氯至少是氰化物质量的 6.83 倍，不完全氧化时消耗的氯至少是氰化物的 2.73 倍。如果能控制反应 pH 值，就可以使氰化物部分氧化，通过氰酸盐水解来达到使氰化物彻底破坏的目的。尤其是以金精矿为原料的氰化厂的污水中，还含有较高浓度的硫氰酸盐，这种还原性比氰化物强的物质与氯反应如下：

$$SCN^- + 4ClO^- \longrightarrow CNCl + SO_4^{2-} + 3Cl^-$$

生成的氯化氰也通过上述反应分解，因此硫氰酸盐与氯反应也分为完全氧化和不完全氧化两个阶段，不完全氧化时消耗的氯气是硫氰酸盐的 4.9 倍，完全氧化时的氯耗量是硫氰酸盐的 6.73 倍，可见硫氰酸盐的存在将使污水处理的耗氯量有较大增加。

值得一提的是，在酸性条件下，硫氰酸盐将按下式反应：

$$2SCN^- + 5ClO^- + H_2O \longrightarrow 2S + 2HCO_3^- + 5Cl^- + N_2$$

这一反应消耗的氯仅为硫氰酸盐的 4.28 倍，在酸性条件下进行氯氧化反应就会使硫氰酸盐按上式反应，达到节约氯的效果。

酸氯法除氰工艺具有氧化能力强、除氰速度快、成本低、能连续生产、一次合格排放、生产稳定、操作简便等特点，避免了跑氯气、氯化氰现象。

4.3　金属矿山选矿污水处理

4.3.1　概述

金属选矿过程中，污水的排放量是惊人的。例如：浮选法处理 1t 原矿石，污水的排放量一般在 3.5~4.5t 左右；浮选-磁选法处理 1t 原矿石，污水排放量为 6~9t；若采用浮选-重选法处理 1t 原铜矿石、其污水排放量可达 27~30t。

选矿厂的污水中含有多种化学物质（表 4-10），这是由于选矿时使用了大量的各种表面活性剂及品种繁多的其他化学药剂而造成的。选矿药剂中，有的化学药剂属于剧毒物质（如氰化物），有的化学药剂虽然毒性不大，但当用量大时，也会造成环境污染，如大量使用各类捕收剂、起泡剂等表面活性物质，会使污水中生化需氧量（BOD）、化学需氧量（COD）迅速增高，使污水出现异臭；大量使硫化钠会使硫离子浓度增高；大量使用石灰等强碱性调整剂，会使污水的 pH 值超过排放标准。

表 4-10　各类洗矿废水原水水质　　　　　　　　（mg/L）

性质或组成	铅锌矿浮选废水	钼钨矿浮选废水	金矿浮选废水	锡矿浮选废水	铜矿浮选废水
色	无色	乳灰色	—	无色	无色
气味	浮选剂味	不定	—	黄药	浮选剂味
pH 值	7~11	8.5	10	7	11.5
悬浮物/mg·L⁻¹	20000~140000	18000~400000	—	9200	44250
总氰/mg·L⁻¹	2~5	15	280~350	2~3	0.73
铜/mg·L⁻¹	0.4~8	0	—	—	0.67
黄药/mg·L⁻¹	2.53	0	—	1.5~6	1.6
黑药/mg·L⁻¹	0	13	—	—	0

4.3.2　主要金属污染物处理方法

铜、铁、铅、锌、银等金属矿选矿过程中，产生大量的选矿污水。由于矿山矿石类型不同和选矿处理工艺要求，造成了选矿污水的 pH 值过低或过高，所含 Cu、Pb、Zn、Cd 等重金属离子和其他有害成分大大超过工业排放标准。如要实现污水合格排放或循环利用，则必须进行进一步的物理、化学处理。主要处理方法有中和沉淀法、硫化物沉淀法、混凝法和人工湿地法。

（1）中和沉淀法。调节 pH 值以去除重金属污染物的方法称为中和沉淀法。根据处理污水 pH 值的不同分为酸性中和和碱性中和，一般采用以废治废的原则，对于碱性选矿污水，多用酸性矿山污水进行中和处理。由于重金属氢氧化物是两性氧氧化物，每种重金属离子生成沉淀都有一个最佳 pH 值范围，pH 值过高或过低，都会使氢氧化物沉淀又重新溶解，致使污水中重金属离子超标。因此，控制 pH 值是中和沉淀法处理含重金属离子污水的关键。

（2）硫化物沉淀法。重金属硫化物的溶度积都很小，因此添加硫化物可以比较完全地去除重金属离子。硫化物沉淀法处理重金属污水具有去除率高、可分步沉淀泥渣中金属、沉淀物品位高而便于回收利用、沉淀体积小、含水率低、适应 pH 值范围广等优点，得到广泛应用，但存在产生的硫化氢对人体有害、对大气造成污染等缺点。

（3）混凝法。混凝法广泛应用于金属浮选选矿污水处理。由于该类型污水 pH 值高，一般在 9~12，有时甚至超过 14，存在沉降速度很慢的悬浮固体颗粒、大量胶体、部分微量可溶性重金属离子及有机物等。在实际污水处理中，根据污水及悬浮固体污染物的特性不同，采用不同的混凝剂，既可单独利用无机凝聚剂 [如硫酸铝 $Al_2(SO_4)_3 \cdot 18H_2O$、氯化铁 $FeCl_3 \cdot 6H_2O$] 或通过有机高分子絮凝剂（如各类型聚丙烯酰胺）进行沉降分离，也可将二者联合使用进行混凝沉淀。该方法是将无机凝聚剂的电性中和作用和压缩双电层作用，以及高分子絮凝剂的吸附作用、桥联作用和卷带作用结合起来，故其沉淀效果显著，污水处理工艺流程简单。

（4）人工湿地法。它是利用基质、微生物、植物这个复合生态系统的物理、化学和生物的三重协调作用，通过过滤、吸附、共沉、离子交换、植物吸收和微生物分解来实现对污水的高效净化。同时通过营养物质和水分的生物地球化学循环，促进绿色植物生长并使其增产，实现污水的资源化与无害化。它具有出水水质稳定，对 N、P 等营养物质去除能力强，基建和运行费用低，技术含量低，维护管理方便，耐冲击负荷强等优点。

一般来说，要根据实际情况，如污水水质和污水处理后的去向，来决定采用哪种污水处理方法。上述方法可以单独使用，也可联合使用。

4.3.3　铜矿选矿污水处理的工业实践

江西铜业公司德兴铜矿是国内最大的铜矿，年产铜金属 10 万吨。在选矿的过程中，排放大量的碱性污水，如不进行治理直接排放，不仅会对矿区及其周围环境造成污染和危害，而且会造成矿山资源的浪费。

4.3.3.1　污水来源及水质

主要的碱性污水为大量尾矿和精矿脱水工序中产生的高碱性污水。两种碱性污水量和水质分别列于表4-11和表4-12。

表4-11 尾矿碱性污水量和水质

碱性污水来源	溢流量/m³·d⁻¹	含量/%	水 质
大山选厂	135183	17.5	pH=6.3~12.3
泗洲选厂	84810	13.0	
合计	219993		碱度 Ca(OH)₂: 4500~7500mg/L

表4-12 精矿碱性溢流水量和水质

碱性污水来源	溢流量/m³·d⁻¹	水 质
大山选厂	10000	pH=6.6~12.24
泗洲选厂	5000	
合计	15000	碱度 Ca(OH)₂: 1577~2056mg/L

4.3.3.2 污水处理工艺

德兴铜矿除了碱性污水外，还有酸性污水。为了达到以废治废的目的，碱性污水和酸性污水一起处理。酸性污水来源于废石场和露天采场，当降水或地下涌水流过硫化矿石或废石时，由于细菌的氧化作用，产生酸性污水。目前，杨桃坞废石场、祝家废石场、露天采矿场、堆浸场均产生酸性污水，将其产生的酸性污水汇入酸性污水调节库。各源点污水量和水质列于表4-13。

表4-13 各源点污水量和水质

酸性水来源	水量/m·d⁻¹	水 质
杨桃坞废石场	5530	pH=2.4~2.7
祝家废石场	6380	$[Cu^{2+}]=13\sim50$mg/L
露天采矿场	20400	TFe=1100~1700mg/L
堆浸场	3700	$[SO_4^{2-}]=1000\sim12000$mg/L
合 计	35010	$[Al^{3+}]=500\sim600$mg/L

根据污水的水质情况，采用石灰中和沉淀与硫化沉淀联合处理工艺，具体工艺流程见图4-11。

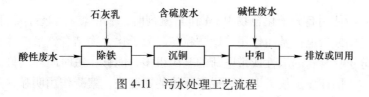

图4-11 污水处理工艺流程

处理工艺采用一段投加石灰乳（pH值控制在3.6~3.8），经两个420m浓密机沉淀去除酸性水中的Fe^{3+}，含Cu^{2+}的上清液投加铜、钼使分选工段产生的含硫污水进行硫化反应（pH值控制在4.0~4.2），经二段两个420m浓密机沉淀回收硫化铜；上清液和碱性污水混合中和（pH值控制在8.0~8.5），经三段两个430m浓密机沉淀，溢流液输送至澄清水泵房，用泵输送至泗洲选矿厂生产回水池，供选矿使用。沉淀的底流渣用渣浆泵送到泗洲选厂尾矿流槽，自流至砂泵站扬送至 2 号尾矿库和 4 号尾矿库。

工艺参数如下：

一段（除铁）pH = 3.4~3.6，K_{CaO} = 1.05（出水 Fe^{3+} 浓度小于 50mg/L，三段铁去除率大于 97%）；

二段（沉铜）pH = 3.7~4.0，K_a = 1.1（二段铜回收率大于 99%，铜渣含铜品位大于 30%）；

三段（中和）pH = 6.5~7.5。

运行效果：通过该工艺对污水进行处理，处理后水质达到国家排放标准。到 1999 年底，共处理酸性污水 1196 万吨，碱性污水 4800 万吨，提供选矿回水 4800 万吨，回收金属铜 254t。达到了环境效益和经济效益的统一。

4.3.4　铁矿选矿污水处理的工艺实践

广东省连南铁矿原矿需要进行破碎筛分和磁选，选矿厂产出 150t/h 红色污水。此污水以 2m³/s 的流量流入山溪。使溪流在 5km 内像洪水一样浑浊，污染严重，影响了山溪两旁农民的饮水和农田灌溉。

4.3.4.1　污水水质

选矿污水的水质指标见表 4-14。

表 4-14　选矿污水的水质指标　　　　　　　　　　　　　　（mg/L）

项目	外观	pH 值	SS	Fe	Pb	Cu
浓度	红色	6.2	5.6	21200	380	630

4.3.4.2　污水处理工艺

根据污水水质和工业实验，选用混凝法处理选矿污水。药剂选用 PAM。污水处理工艺流程见图 4-12。

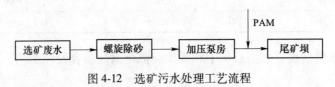

图 4-12　选矿污水处理工艺流程

工艺原理：当使用高分子化合物 PAM 作絮凝剂时，胶体颗粒和悬浮物颗粒与高分子化合物的极性基团或带电荷基团作用，微颗粒与高分子化合物结合，形成体积庞大的絮状沉淀物。因高分子化合物的极性或带电荷的基团很多，能够在短时间内同许多个微小颗粒结合，使体积增大的速度加快，因此形成絮凝体的速度快，絮凝作用明显，从而使颗粒从液体中沉降和分离。

工艺条件设置如下：

（1）药剂配制在 3m³ 水池中加入 1.6kgPAM 干粉，搅拌 240min。

（2）药剂以 125L/h 流速加入污水中，每天一池。

（3）溶药中间 $1.2m^3$ 水池配药顶替，仍然以 125L/h 流速加入污水中。

运行效果：经过几年的运行，除山洪暴发把尾矿坝沉泥冲起而使溪水变红外，没有出现异常，证明该工艺是成功的。且污水处理成本低，每天只需 40 元。

4.3.5 银矿选矿污水处理的工业实践

贵溪银矿是以银为主，铅、锌、硫共生的复杂多金属矿山，现处理规模为 500t/d。该矿选矿过程中产生的污水污染物含量高，成分复杂，且由于受起净化作用的尾矿库容量小、污水沉降距离短等因素的影响，如不采取污水处理措施，将对周围环境造成严重的危害。

4.3.5.1 污水来源及特性

选矿污水主要包括硫精矿溢流水、银铅锌精矿溢流水、尾矿以及脱泥水等。主要指标见表 4-15。

表 4-15 选矿污水水质指标　　　　　　　　　　　　　　　　　（mg/L）

分析项目	pH 值	SS	COD_{Cr}	Pb	Zn	Ca	As	S_2	F^-
选矿污水	8.58	66	1070.3	2.67	2.46	0.03	0.012	7.32	0.33

4.3.5.2 污水处理工艺

该矿除选矿污水需处理外，还有井下污水需要处理，井下污水主要来源于大气降水所形成的深部裂隙水、脉状裂隙水和凿岩喷雾水等。主要指标见表 4-16。

表 4-16 井下污水主要指标　　　　　　　　　　　　　　　　（mg/L）

分析项目	pH 值	SS	COD_{Cr}	Pb	Zn	Cd	F^-
井下污水	4.34	1032	27.75	0.35	7.67	0.25	0.79

由于是两部分水体，且水质指标相差不大，为了减少处理设施，贵溪银矿实行污水集中处理，井下污水统一从 200m 窿口西部流出，经管道自流至砂泵房，与选矿污水混合，通过型号为 3/2D-HH 的砂泵（75kW），经 Dg150mm 管道扬送到距选矿厂西南 300m 处的尾矿库。

贵溪银矿选用混凝法处理污水，药剂选用聚合硫酸铁。药剂给药点设置在选矿厂磨浮车间，采用自溜法投加药剂，药剂与选矿尾矿、污水一道流至砂泵房。

污水处理原理：含有多种羟基的聚合硫酸铁，易溶于水，在水中能形成吸附性能强、絮凝体大、有较强架桥能力的聚合阳离子。通过物理化学作用，促进各种微粒的聚集而产生絮凝，最后生成疏水性的胶质氢氧化物聚合体而沉淀，达到污水处理的目的。聚合络离子的水解、聚合、沉降反应式如下：

$$[Fe(H_2O)_6]^{3+} + H_2O \longrightarrow [Fe(H_2O)_6(OH)]^{2+} + H^+$$

$$[Fe(H_2O)_6(OH)]^{2+} + H_2O \longrightarrow [Fe(H_2O)_6(OH)]^{2+} + H^+$$

具体的工艺流程见图 4-13。

聚合硫酸铁（PFS）、石灰水与污水一起，经过砂泵的充分搅拌后，由管道输送到尾矿库，经过沉淀、净化后，部分污水回用，其余污水外排。

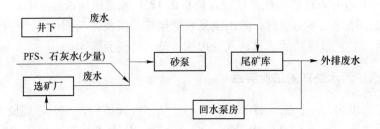

图 4-13   污水处理工艺流程

运行效果：在正常的生产情况下，采样分析，所得结果见表 4-17。

表 4-17   净化后水质监测结果   （mg/L）

项目	pH 值	SS	COD$_{Cr}$	Pb	Zn	Cd	As	S^{2-}	F$^-$
实际	7.75	19.17	33.05	痕量	痕量	痕量	痕量	0.050	0.20
国家标准	6~9	70	100	1.0	2.0	0.1	0.5	1.0	10

污水处理系统运行费用：0.47 元/m^3（污水），含人工费、电费和药剂费。每年年平均减少有毒有害物质排放量：SS 27140t，COD$_{Cr}$416t，减少外排污水量 51×10^{4}t。

4.3.6   铅锌矿选矿污水处理的工业实践

广东凡口铅锌矿位于韶关市仁化县境内，该区属于潮湿多雨的亚热带气候，海拔高度为 100~150m，年平均气温约 20℃，最低为 -5℃，最高为 40℃，年降雨量平均为 1457mm 左右，地下水资源丰富，土壤为红壤。

4.3.6.1   污水水质

凡口铅锌矿是中国乃至亚洲最大的同类型矿之一，日排放污水量达 6 万吨，未经处理的污水中含有大量的废矿砂以及 Pb、Zn、Cu、Cd 和 As 等重金属。具体水质见表 4-18。如果不加以处理，直接排放将给周围环境造成极大的危害。

表 4-18   未处理水质指标   （mg/L）

项目	pH 值	Pb	Zn	Ca	Hg	As
标准	6~9	1.0	2.0	0.01	0.001	0.1
实际	8.225	6.4900	14.4673	0.04875	0.00034	0.0765

4.3.6.2   污水处理工艺

为了治理污水污染，凡口铅锌矿委托中山大学生命科学学院对污水进行处理。中山大学经过细致的调查，根据水质指标，采用人工湿地进行治理。

具体流程为：污水经湿地系统处理，停留时间为 5 天，流入一个深水稳定塘，再经出水口排入周围的农田和池塘，供农田灌溉用水。

在尾矿填充坝上种植了宽叶香蒲，经十余年的自然生长和人工扩种，逐步形成了以宽叶香蒲为主体的人工湿地。人工湿地的平面布置图见图 4-14。

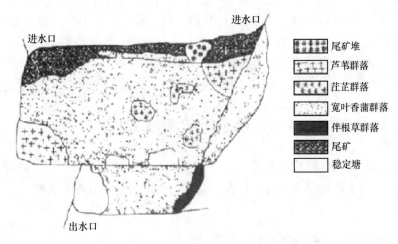

图 4-14 人工湿地平面布置图

图例：
- 尾矿堆
- 芦苇群落
- 莦芷群落
- 宽叶香蒲群落
- 伴根草群落
- 尾矿
- 稳定塘

工艺原理如下。

（1）水生植物的净化作用。

1）水生植物的过滤作用。宽叶香蒲人工湿地生物多样性逐渐提高，种群结构渐趋复杂，生产力水平高，大片密集的植株以及它们发达的地下部分形成的高活性根区网络系统和浸水凋落物，使进入湿地的污水流速减慢，这样有利于污水中悬浮颗粒的沉降，及吸附于水中重金属的去除。

2）湿地植物发达的通气组织不断向地下部分运输氧，使周围微环境中依次呈现好氧、缺氧和厌氧状态，相当于常规二次处理方式的原理，保证了污水中的 N、P 不仅被植物和微生物作为营养成分直接吸收，还可有利于硝化作用、反硝化作用及 P 的积累。同时水生植物对氧的传递释放以及植物凋落物有利于其他微生物大量繁殖，生物活性增加，加速污水中污染物的去除。

3）植物本身对重金属的吸收和累积作用由对宽叶香蒲人工湿地的宽叶香蒲根、茎、叶中重金属含量测定可知。它们具有极强的吸收和富集重金属能力。

（2）土壤的富集作用。由于土壤的物理、化学、生物协同作用，污水中污染物被固定下来。土壤中黏粒及有机物含量高，对污染物吸附能力强。土壤胶粒对金属的吸附是重金属由液相变为固相的主要途径。

（3）微生物降解作用。湿地污水净化过程中，微生物起着重要作用。它们通过分解、吸收污水中的有机污染物，达到改善水质、净化水体的目的。

运行效果：经人工湿地处理后，出水口水质明显改善，其中 Pb、Zn、Cd 的净化率分别达到 99%、97.3% 和 94.9%，见表 4-19。

表 4-19　处理后水质指标　　　　　　　　　　　　（mg/L）

项目	pH 值	Pb	Zn	Cd	Hg	As
标准	6~9	1.0	2.0	0.01	0.001	0.1
实际	7.674	0.1010	0.3855	0.00247	0.00014	0.01589
净化率/%		99.0	97.3	94.9	58.5	79.2

净化处理后，出水口水样主要指标（pH 值、Pb、Zn、Cd、Hg、As）大大降低，已达到国家工业污水排放标准，且水质的年变化和月变化较小，最大变幅都在国家工业污水排放标准之内。证明宽叶香蒲湿地处理金属矿污水的稳定性很高，对铅锌矿污水具有明显的净化能力。

4.4　稀土选矿废水处理

稀土矿作为国家重要的战略资源，有"工业维生素"的美称，稀土矿的开采与利用具有重要的意义，稀土选矿废水具有水量大、悬浮物含量高、含有毒有害物质种类多且浓度低等特点。

4.4.1　稀土选矿工艺常用选矿药剂

稀土矿开采方法主要有辐射选矿法、重力选矿法、磁选分离法、浮选法、电选法和化学选矿法。对于以离子形态吸附在高岭土或黏土上的稀土矿床，可充分利用稀土离子易溶于氯化钠或铵溶液中的特点，采用先浸出而后沉淀的化学选矿方法予以回收。对于易溶于酸或者在高温下发生相变的氟碳酸盐稀土矿物，可先用浮选方法预先富集，随后采用化学选矿方法提纯。

一般的稀土选矿工艺包括原矿脱硫浮选、稀土浮选和萤石等伴随矿浮选。工艺流程和添加药剂见表 4-20。

表 4-20　稀土选矿工艺通常添加的药剂

选矿工艺	工序浮选设备	浮选药剂	加药点位	加药量
原矿脱硫浮选	搅拌桶	水玻璃	A_1	800g/t 给矿
		碳酸钠	B_1	400g/t 给矿
		丁黄药	C_1	120g/t 给矿
	给矿箱	2 号油	D_1	20g/t 给矿
	扫 I	丁黄药	C_2	60g/t 给矿
		2 号油	D_2	10g/t 给矿
	扫 II	丁黄药	C_3	40g/t 给矿
		2 号油	D_3	5g/t 给矿
	精 I	碳酸钠	B_2	200g/t 给矿
		水玻璃	A_2	200g/t 给矿
	精 II	丁黄药	C_4	5g/t 给矿
		水玻璃	A_3	100g/t 给矿
稀土浮选	1 号搅拌桶	水玻璃	A_4	1500g/t 给矿
		碳酸钠	B_3	500g/t 给矿
	2 号搅拌桶	503C	E_1	600g/t 给矿
	给矿箱	2 号油	D_4	30g/t 给矿
	扫 I	503C	E_2	200g/t 给矿

选矿工艺	工序浮选设备	浮选药剂	加药点位	加药量
稀土浮选	扫Ⅱ	2 号油	D_5	10g/t 给矿
		503C	E_3	150g/t 给矿
		2 号油	D_6	10g/t 给矿
	扫Ⅲ	503C	E_4	100g/t 给矿
		2 号油	D_7	10g/t 给矿
	精Ⅰ	水玻璃	A_5	20g/t 给矿
		503C	E_5	10g/t 给矿
	精Ⅱ	水玻璃	A_6	5g/t 给矿
		503C	E_6	6g/t 给矿
	精Ⅲ	水玻璃	A_7	10g/t 给矿
		503C	E_7	5g/t 给矿
	稀土尾矿箱	稀硫酸	F1	矿浆 pH 值调至 6.5
萤石浮选	第 1 搅拌	酸性水玻璃	G_1	900g/t 给矿
		栲胶	H_1	720g/t 给矿
	第 2 搅拌	捕收剂 K	J_1	300g/t 给矿
	萤石扫选	捕收剂 K	J_2	100g/t 给矿
	萤石精选Ⅰ	酸性水玻璃	G_2	175g/t 给矿
		栲胶	H_2	240g/t 给矿
	精选 2	酸性水玻璃	G_3	75g/t 给矿
		栲胶	H_3	120g/t 给矿
	精选 3	酸性水玻璃	G_4	50g/t 给矿
		栲胶	H_4	80g/t 给矿
	精选 4	酸性水玻璃	G_5	50g/t 给矿
		栲胶	H_5	80g/t 给矿
		捕收剂 K	J_3	20g/t 给矿
	精选 5	酸性水玻璃	G_6	50g/t 给矿
		栲胶	H_6	80g/t 给矿
	精选 6	酸性水玻璃	G_7	40g/t 给矿
		栲胶	H_7	64g/t 给矿
	精选 7	酸性水玻璃	G_8	30g/t 给矿
		栲胶	H_8	48g/t 给矿
	精选 8	酸性水玻璃	G_9	30g/t 给矿
		栲胶	H_9	48g/t 给矿
	精选 9	酸性水玻璃	G_{10}	60g/t 给矿
	精选 10	栲胶	H_{10}	5g/t 给矿

4.4.2　水玻璃的去除

水玻璃，学名硅酸钠，俗称泡花碱，是一种水溶性硅酸盐，其水溶液俗称水玻璃，是一种矿黏合剂，其化学式为 $Na_2O \cdot nSiO_2$。水玻璃性状为无色正交双锥结晶或白色至灰白色块状物或粉末，能风化，在100℃时失去6分子结晶水，易溶于水，溶于稀氢氧化钠溶液，不溶于乙醇和酸，熔点1088℃，低毒。

水玻璃是一种无极胶体，是浮选非硫化矿和其他硫化矿的调整剂，它对石英、硅酸盐等矿物有良好的抑制作用。当用脂肪酸作为捕收剂时，用水玻璃可以作为选择性抑制剂。水玻璃用量较大时，对硫化矿也有抑制作用。同时水玻璃常常作为浮选的分散剂，以改善泡沫发黏现象，提高精矿品位。

来自选矿过程中未完全利用的水玻璃在废水中起到了分散剂的作用，使废水中的悬浮物以细小颗粒状态悬浮在水中难以沉降。去除水玻璃的方法一般为加入脱稳剂，使悬浮物的稳定分散体系脱稳，从而达到去除污染物的目的。处理方法及工艺如下：

(1) 采用脱稳-絮凝工艺处理高悬浮物选矿废水。废水中含有大量水玻璃、悬浮物及砷等污染物。往废水中加入脱稳剂石灰乳，使反应 pH 值控制在大于11的条件下，再加入最佳絮凝剂，反应后上清液中的重金属含量和悬浮物均能到达国家排放标准。

(2) 采用酸碱联用工艺，在快速搅拌状态下，向废水中缓慢滴加95%~98%的浓硫酸，直至 pH 值为6，然后继续搅拌5min，加入石灰乳，调节 pH 值为9左右，静置30min。此时废水中的水玻璃得以混凝沉淀，可消除其中大部分的悬浮物和重金属离子。然后再采用加压溶气气浮法进一步降解废水中的有机物，处理后的废水可直接回用到磨矿、选矿中，真正实现了"零排放"、循环利用、清洁生产的目的。此方法操作简单，成本低，技术成熟，经济可行。

(3) 利用电解法也可去除水玻璃（白钨选矿废水处理工艺）。该工艺首先用电解法去除绝大部分的有机物和水玻璃，然后加入混凝剂进一步去除剩下的有机物和水玻璃，最后进行氧化，除去剩余的有机物。该工艺对有机物和水玻璃的去除率分别在98%、94.5%以上。该工艺虽然对选矿药剂有较好的去除率，但电解耗能较高，且电解时要通入二氧化碳，不易操作和控制，故应用性不强。

4.4.3　难降解有机物的去除

该污染物大部分为选矿废水中残留的有机药剂，是造成选矿废水中 COD 超标的主要原因。国内外去除该污染物的方法有很多，如混凝沉淀法、化学氧化法、吸附法、生物降解法等。

(1) 混凝沉淀法。混凝沉淀法一般用于去除废水中的悬浮物及重金属离子，与此同时也可去除部分 COD，用此方法可处理 COD 浓度较低的选矿废水。

其基本原理是在絮凝剂的作用下，通过压缩双电层、吸附电中和、吸附架桥、沉析物网捕等一系列物理化学过程，使污水中的悬浮物、胶体等物质脱稳并形成可沉降大颗粒絮体。在利用混凝沉淀法处理选矿废水时，混凝剂的选用至关重要。目前，用得较多的混凝剂有硫酸铝、硫酸亚铁、三氯化铁、聚合硫酸铝（PAS）、聚合硫酸铁（PFS）、聚合氯化铝（PAC）、聚丙烯酰胺（PAM）等。

（2）化学氧化法。由于选矿废水中的 COD 一般由选矿过程中未完全利用的选矿药剂所形成，该种污染物一般为难降解有机物，化学氧化法是常用的处理方法之一。化学氧化法就是向废水中投加强氧化剂，通过氧化作用，将水中有毒有害物质转化为无毒或低毒的物质，达到降低废水中 COD 及毒性的目的的一种常用的废水处理方法。常用的氧化剂有过氧化氢、臭氧、次氯酸钠（钙）等。

（3）吸附法。吸附法即用多孔性的固体吸附剂吸附废水中污染物的方法。根据吸附剂类型可将其分为材料吸附法和生物吸附法。材料吸附法主要利用活性炭等吸附水中的污染物；而生物吸附法主要利用微生物等来吸附水中的污染物。

吸附法因操作简单，对废水有深度处理效果，吸附剂饱和之后通过脱附处理可再循环利用，对环境几乎没有二次污染而备受青睐。

（4）生物降解法。目前，生物法是国内外研究的热点，主要是利用微生物来降解废水中有机物或氰化物同时达到吸附降解废水中重金属的目的。

生物法处理效果好，成本低，渣量少，无二次污染，但也存在不足，如设备投资大，操作要求高，适应性较差，因此只适合处理低浓度含氰、有机物及重金属废水。难降解有机物的去除一般要用到厌氧生物处理法，或者在好氧处理前端加水解酸化的方法。

4.4.4　重金属离子的去除

回用的选矿废水中重金属离子过多，也会降低浮选指标，因此，选矿废水中重金属的去除也是实现废水回用的必要过程。

重金属的去除方法有很多，主要有中和沉淀法、硫化沉淀法、吸附法、人工湿地法等，参见 4.3.2 节。

4.4.5　丁黄药的去除

丁黄药中文名丁基钠黄药，分子式：$C_4H_9OCSSNa$，性状为浅黄色有刺激性气味的粉末或颗粒，能溶于水及酒精中，能与多种金属离子形成难溶化合物。丁基钠黄药是一种捕收能力较强的浮选药剂，它广泛应用于各种有色金属硫化矿的混合浮选中。该品特别适合于黄铜矿、闪锌矿、黄铁矿等的浮选。

可以利用 Fenton 试剂去除选矿废水中的黄药，结果表明：在处理 150mg/L 的实际废水时，当 pH 值为 3，H_2O_2 质量浓度 24mg/L，Fe^{2+} 质量浓度 18mg/L 时，黄药的去除率达到 97.6%。由此可见，用 Fenton 试剂氧化废水中残留黄药是一种非常有效的方法。

利用 Fenton 试剂和 O_3/UV 氧化含有 AOX 和生物降解性较差的 OD 的反渗透浓缩液，研究结果表明：利用 Fenton 氧化可以使有机物更好地矿化，而用 O_3/UV 氧化可以增强其生物降解性。由此可以判断出对于 AOX 的降解似乎为选择性氧化。

4.4.6　油的去除

使用隔油池，利用废水中悬浮物和水的相对密度不同而达到分离的目的。隔油池的构造多采用平流式，含油废水通过配水槽进入平面为矩形的隔油池，沿水平方向缓慢流动，在流动中油品上浮水面，由集油管或设置在池面的刮油机推送到集油管中流入脱水罐。

4.4.7 工艺流程

稀土选矿废水的处理工艺主要分为以下几点重要流程（见图 4-15），其中：（1）选矿废水进入格栅，除去大颗粒杂质及悬浮物。（2）废水进入调节池，调节污水水量保证处理正常进行。（3）运用气浮法，流经隔油池除去 2 号油。（4）混凝池缓慢滴加浓硫酸调节至 pH=6，继续搅拌 5min，加入石灰乳，调节 pH 为 9 左右，静止 30min，此时废水中的水玻璃得以混凝沉淀，可消除其中大部分的悬浮物的重金属离子，进入沉淀池。（5）废水进入调节池，调节 pH 至 3。（6）H_2O_2 质量浓度 24mg/L、Fe^{2+} 质量浓度 18mg/L。（7）氧化池中加入 Fenton 试剂，去除黄药。（8）废水流经稳定池。（9）生物处理池进一步分解废水有机物。（10）留用膜处理，水质不达标时使用。（11）选矿废水排出或回用至选矿。

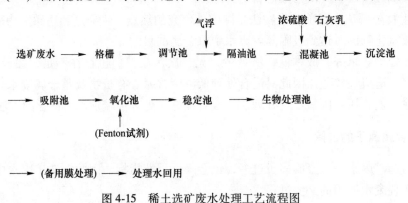

图 4-15　稀土选矿废水处理工艺流程图

4.4.8　稀土工业废水处理实例

4.4.8.1　设计水质与水量

四川飞天实业稀土车间污水量和水质见表 4-21，出水水质执行《稀土工业污染物排放标准》（GB 26451—2011）。

表 4-21　稀土车间的污水量与水质表

序号	污水种类	水量/m³·d⁻¹	pH 值	COD/mg·L⁻¹	氟离子/mg·L⁻¹	汇流处
1	萃取废水	300	3~3.5(1.4)	3000		1 号池
2	化验室废水	12	7	2000		1 号池
3	碱性废水	1100	10~13(12.6)	300	675.4	3 号池
4.1	镧废水	75	6~6.5	150		2 号池
4.2	铈废水	330	6~6.5	150		14 号池
4.3	镧铈废水	84	6~6.5	150		14 号池
4.4	镨钕废水	115	6~6.5	150		14 号池
4.5	转窑冷却水	200	7			14 号池
5	反渗透浓水	20	7			2 号池
	合　计	2236				

4.4.8.2　工艺流程

污水处理工艺流程见图 4-16

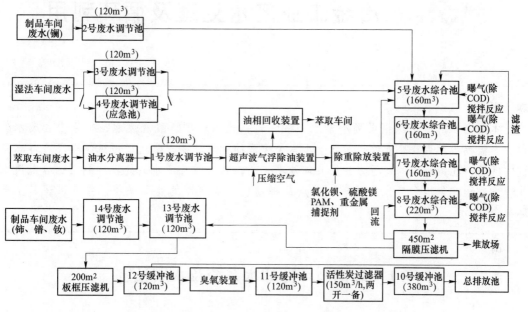

图 4-16　污水处理工艺流程图

—————— 本 章 小 结 ——————

　　本章主要介绍了酸性采矿废水的危害及处理方法，无氰污水和氰化污水的处理方法，铜、铁、银、铅锌矿选矿污水处理的工业实践，稀土选矿废水中常用选矿药剂及药剂的去除方法，稀土选矿废水处理的工艺流程。

思 考 题

4-1　简述选矿废水的来源、特点，以及对水环境的影响。

4-2　请写出三种非煤矿矿井水的处理方法，并简述其概念。

4-3　金属污染物主要处理方法有哪些？并简述其概念。

4-4　请简述硫化法处理废水的工艺流程。

4-5　什么是水玻璃，如何去除水玻璃？请简述去除水玻璃的工艺。

4-6　酸性采矿废水的产生过程是什么？请举例指出。

4-7　酸性采矿废水处理方法有哪些？

4-8　黄金选矿产生的工业污水有哪些，如何处理这些工业污水？

4-9　银矿选矿污水处理原理是什么？并写出它的工艺流程。

4-10　选矿废水中 COD 超标的主要原因是什么，怎么解决？

5　冶金工业废水处理及循环利用

本章提要：

　　本章主要讲述了炼钢循环冷却水系统、轧钢废水处理、酸洗废水、有色冶金废水处理、含氟废水和钢铁企业综合污水处理六个方面的知识。要求学生了解炼钢循环冷却水系统的问题、轧钢废水的处理方法及具体处理工艺，熟悉酸洗废水的处理和利用、含氟废水处理方法和有色冶金废水的处理，重点掌握钢铁工业废水的处理系统，并可讲述其主要环节。

5.1　炼钢循环冷却水系统及水质稳定

5.1.1　炼钢循环冷却水问题与危害

　　（1）循环冷却水系统中的沉积物。碳酸钙是冷却水系统中最常见的一种水垢；磷酸钙会抑制金属的腐蚀，有时人们会向冷却水系统中投加聚磷酸盐作为缓蚀剂，当水温升高时，聚磷酸盐会水解成正磷酸盐，结果 PO_4^{3-} 与 Ca^{2+} 可生成溶解度很低的 $Ca_3(PO_4)_2$；在循环冷却水中，SiO_2 含量过高，加上水的硬度较大时，SiO_2 易与水中的 Ca^{2+} 或 Mg^{2+} 生成传热系数很小的硅酸钙或硅酸镁水垢。

　　污垢一般是由颗粒细小的泥砂、尘土、不溶性盐类的泥状物、胶状氢氧化物、杂物碎屑、腐蚀产物、油污、特别是菌藻的尸体及其黏性分泌物等组成。污垢这一物质体积较大、质地疏松稀软，又被称为软垢。

　　（2）冷却水中金属腐蚀的形态。在冷却水系统的正常运行以及化学清洗过程中，金属常常会发生不同形态的腐蚀。主要有均匀腐蚀、电偶腐蚀、缝隙腐蚀、孔蚀、选择性腐蚀、磨损腐蚀和应力腐蚀破裂其中几种。

　　1）均匀腐蚀又称全面腐蚀或普通腐蚀。这种腐蚀的过程是在金属的全部暴露表面上均匀进行。在腐蚀过程中，金属逐渐变薄，最后被破坏。对冷却水系统中的碳钢而言，均匀腐蚀主要发生在低 pH 值的酸性溶液中。

　　2）电偶腐蚀又称为双金属腐蚀或接触腐蚀。当两种不同的金属浸在导电性的水溶液中时，两种金属之间通常存在电位差。如果这些金属互相接触或用导线连接，则该电位差就会驱使电子在它们之间流动，从而形成一个腐蚀电池。

　　3）缝隙腐蚀。浸泡在腐蚀性介质中的金属表面，当其处在缝隙或其他的隐蔽区域内时，常会发生强烈的局部腐蚀。这种腐蚀常常和孔穴、垫片底面、搭接缝、表面沉积物、金属的腐蚀产物以及螺帽、铆钉帽下缝隙内积存的少量静止溶液有关。因此，这种腐蚀形态被称作缝隙腐蚀，有时也被称作垢下腐蚀、沉积腐蚀、垫片腐蚀等。

4）孔蚀又称点蚀或坑蚀。孔蚀是在金属表面上产生小孔的一种极为局部的腐蚀形态。这种孔的直径可大可小，但在大多数情况下都比较小。

5）选择性腐蚀又称为选择性浸出。选择性腐蚀是从一种固体金属中有选择性地除去其中一种元素的腐蚀。

6）磨损腐蚀又称冲击腐蚀、冲刷腐蚀或磨蚀。磨损腐蚀是由于腐蚀性液体和金属表面间的相对运动引起的金属加速破坏现象。

7）应力腐蚀破裂是指应力和特定腐蚀介质的共同作用而引起金属或合金的破裂。应力腐蚀破裂的特点是，大部分表面实际未遭破坏，只有一部分细裂纹穿透金属或合金内部。应力腐蚀破裂能在常用的设计应力范围之内发生，因此后果严重。

5.1.2 循环水系统影响金属发生腐蚀的因素

（1）水质。金属受腐蚀的情况与水质关系最为密切。钙硬度较高或钙硬度虽不高，但浓缩倍数高时，容易产生致密坚硬的碳酸钙水垢，对碳钢起保护作用。当水中 Cl^-、SO_4^{2-} 和溶解盐类含量高时，会加速金属腐蚀。其有氧化性的 Cu^{2+}、Fe^{3+}、ClO^-、Hg^{2+} 等离子和 CO_2、H_2S、NH_3、Cl_2 等气体也可促进腐蚀。

（2）pH 值。pH 值对腐蚀速度的影响往往取决于金属的氧化物在水中的溶解度对 pH 值的依赖关系。

（3）溶解氧。水中溶解氧在金属表面的去极化作用，是金属腐蚀的主要原因。腐蚀速度取决于氧的含量和扩散速度。在常温下，脱氧水中碳钢的腐蚀率为 0。随着溶解氧的增加，腐蚀率也随之增加。当溶解氧浓度高到临界点后，金属表面形成氧化膜，阻碍氧的扩散，腐蚀率下降。

（4）水温。水温升高能加快氧的扩散速度，从而加速腐蚀。实验表明，温度每升高 15~30℃，碳钢的腐蚀率就增加一倍。当水温为 80℃ 时，腐蚀速率最大，之后随着水温升高溶解氧量减少，腐蚀速率急剧下降。

（5）流速。在流速较低时（小于 0.3m/s），增大流速可减薄边界层，溶解氧及盐类容易扩散到金属表面，还可冲去表面上的沉积物，使腐蚀加快。当流速继续增加（0.3~0.9m/s）时，扩散到表面的氧量足以形成一层氧化膜，起到缓蚀作用。当流速更高时，又会磨损氧化膜，使腐蚀率又急剧上升。

（6）微生物。冷却水中滋生的微生物直接参与腐蚀反应。首先，微生物排出氨盐、硝酸盐、有机盐、硫化物和碳酸盐等代谢物，改变水质而引起腐蚀。其次，微生物生长繁殖，一般都耗氧而使氧浓度分布不匀，微生物黏泥覆盖下的表面也会缺氧，故形成氧的腐蚀电池，发生点蚀。其三，某些微生物摄取 H、H^+ 或电子来消除 H_2 的极化作用。

（7）硬度。水中钙离子浓度和镁离子浓度之和称为水的硬度。钙、镁离子浓度过高时，会与水中的 CO_3^{2-}、PO_4^{3-} 或 SiO_3^{2-} 作用，生成碳酸钙、磷酸钙和硅酸镁垢，引起垢下腐蚀。

（8）金属离子。冷却水中的碱金属离子，对金属和合金的腐蚀速度没有明显的或直接的影响。铜、银、铅等重金属离子在冷却水中对钢、铝、镁、锌等几种常见金属起有害作用。主要是因为这些重金属离子通过置换作用，以一个个小阴极的形式析出在比它们活泼的基体金属表面，形成许多微电池而引起基体金属的腐蚀。

5.1.3　循环冷却水系统中金属腐蚀的控制

控制腐蚀的基本方法有四种：

（1）添加缓蚀剂。添加缓蚀剂可以使金属表面形成一层均匀致密、不易剥落的保护膜，这是目前国内外普遍采用的处理方法。

（2）调节 pH 值。通常是调高循环冷却水的 pH 值。

（3）电镀或浸涂。通过电镀或浸涂的方法在金属表面形成防腐层，使金属和循环水隔绝。

（4）电化学保护。此法即在冷却水系统中，一般使用电极电位比铁低的镁、锌等牺牲阳极与需要保护的碳钢设备连接，使碳钢设备整个成为阴极而受到保护，或者将需要保护的碳钢设备接到直流电源的负极上，并在正极下再接一个辅助阳极，设备在外加电流作用下转成阴极而受到保护。

5.1.4　常用的循环冷却水缓蚀剂

缓蚀剂是一种用于腐蚀介质中抑制金属腐蚀的添加剂。对于一定的金属腐蚀介质体系，只要在腐蚀介质中加入少量的缓蚀剂，就能有效地降低该金属的腐蚀速度。常用的冷却水缓蚀剂有以下几种：

（1）铬酸盐和重铬酸盐。这是最早应用于循环冷却水的无机缓蚀剂，使用较多的是重铬酸钾或重铬酸钠。铬酸盐和重铬酸盐属于钝化膜型缓蚀剂，它能直接或间接地氧化金属，易生成氧化铬、一氧化铁等氧化膜附着在器壁上，抑制阳极反应的进行，对钢铁、铜、锌等金属及其合金的缓蚀效果好，适用的 pH 值范围宽。

（2）铝酸盐。铝酸盐与铬酸盐不同，它是低毒的，通常被认为是一种阳极缓蚀剂。在有溶解氧的存在下，能在阳极上生成铁—氧化铁—氧化铝的络合物钝化膜。在一般情况下，它只有在高剂量下才有缓蚀作用，常与锌盐和有机磷酸盐复合使用。

（3）硫酸亚铁。硫酸亚铁是发电厂铜管凝汽器的冷却水系统中广泛采用的一种缓蚀剂。加有硫酸亚铁的冷却水通过凝汽器铜管时，使铜管内壁生成一层含有铁化合物的保护膜，从而防止冷却水对铜管的侵蚀，这一结果被称为硫酸亚铁造膜处理。优点是价格便宜，用量小，污染较轻。缺点是造膜技术较复杂，当冷却水中有硫化氢或还原性物质、污染严重时，硫酸亚铁造膜无效。

（4）硅酸盐。硅酸盐水玻璃、泡花碱属沉积型缓蚀剂。既能阻滞阴极过程又能阻滞阳极过程的混合型缓蚀剂，常用的有偏硅酸钠。同时，硅酸盐既可在清洁的金属表面上，也可在有锈的金属表面上生成保护膜，但这些保护膜是多孔性的。

（5）亚硝酸盐。亚硝酸盐是一种氧化性缓蚀剂，常用的是亚硝酸钠。它能使金属表面生成一层主要成分为 $\gamma\text{-}Fe_2O_3$ 的钝化膜而显示出缓蚀效果。

（6）锌盐。由于金属表面腐蚀电池中阴极区附近溶液中的局部值 pH 升高，导致 Zn^{2+} 与 OH^- 生成 $Zn(OH)_2$ 沉积在阴极区，抑制了腐蚀过程的阴极反应，使锌盐可以在冷却水中迅速发挥对金属的保护作用，起到缓蚀作用。

（7）聚磷酸盐。聚磷酸盐是一种沉积型缓蚀剂，是目前使用最广泛，而且最经济的冷却水缓蚀剂之一。聚磷酸盐在使用时，要求水中既要有一定的 Ca^{2+}，还要有一定的溶解氧，并有一定的流速。常用的为三聚磷酸钠和六偏磷酸钠。

（8）有机多元膦酸类。有机多元膦酸是指分子中有两个或两个以上的膦酸基团直接与碳原子相连的化合物，主要有甲叉膦酸型、同碳二膦酸、羧基膦酸型、含杂原子膦酸型。有机多元膦酸及其盐类常常与铬酸盐、锌盐、钼酸盐或聚磷酸盐等缓蚀剂联合使用。有机多元膦酸及其盐类与聚磷酸盐在许多方面是相似的。

（9）有机胺。有机胺是一种吸附型的缓蚀剂，添加量一般控制在 $(5\sim15)\times10^{-6}$ g/mL。通过生物降解，生成酰基肌氨酸。

（10）巯基苯并噻唑。巯基苯并噻唑对铜及其合金是一种特别有效的缓蚀剂，用量少。缺点是对氯和氯胺很敏感，容易被它们氧化而破坏。

（11）苯并三唑、甲基苯并三唑。这类缓蚀剂常用于制作复合缓蚀剂，并用于铜及其合金冷却设备的密闭循环冷却水系统中。优点是对铜及铜合金的缓蚀效果好，能耐氯的氧化作用。缺点是价格较贵。

5.1.5 钢铁企业循环水处理方法

（1）化学药剂处理。为了防止工业循环冷却水的结垢、腐蚀以及细菌滋生等问题，通常在冷却水中加入缓蚀剂、阻垢剂、杀菌剂等化学药剂，习惯上通称为水质稳定剂。我国目前循环冷却水的水质稳定技术主要采用的是化学药剂处理。使用的水处理药剂配方以磷系为主，约占 52%～58%；钼系配方占 20%；硅系配方占 5%～8%；钨系配方占 5%；其他配方占 5%～10%。

（2）静电水处理。静电水处理法又称高压静电法，它的核心部分是静电水处理器（又称静电水垢控制器、静电除垢器、静电水发生器）。静电水处理器由高压直流电源（供给高电压）和水处理器（水通过其腔体，经静电场处理后再进入用水设备）两部分组成。其处理的机理是使水分子进一步极化，从而增加碳酸钙在水中的溶解度（阻垢作用机理），而高压静电场能破坏水中的细菌和藻类的细胞组织（杀菌灭藻机理）。

（3）膜处理。膜技术是最近 30 年来发展起来的一种高新技术，是当今水处理研究中最活跃的领域之一。膜分离法是利用特殊的薄膜对液体中的某些成分进行选择性透过的方法的总称。目前常见的几种膜分离法有微滤（MF）、超滤（UF）、反渗透（RO）、纳滤（NF）、渗析（D）、电渗析（ED）、气体分离（GS）、渗透蒸发（PV）及液膜（LM）等。

（4）磁化处理。循环冷却水的磁化处理工艺是在常规工艺的基础上，加入磁化处理装置，以降低系统的腐蚀率、污垢沉积率以及污垢热阻值，并具有一定的杀菌作用。目前该技术在含氧化铁皮颗粒的水中开始得到应用，如连铸二次喷淋冷却水、转炉炼钢烟气除尘水及轧钢浊环水等循环水处理。其阻垢、缓蚀及杀菌的机理是：

1）防垢机理：磁场对水及水中的离子发生作用，改变成垢晶体的结晶速度、晶粒大小、晶体结构。由于 Ca^{2+} 的外层电子分布的特殊性，使得它易于发生离子极化，导致晶体结构的改变，生成的文石结晶结构松散，附壁能力差，易于随水一起冲走；另外，在一般情况下，水中 Ca^{2+} 以 $[Ca(H_2O)_6]^{2+}$ 的形式存在，磁场作用可以减少 Ca^{2+} 的水合程度，使得 Ca^{2+} 的化学活性和迁移率得到提高。因此，磁化作用可以使得晶体晶粒细小并提高结晶速度，同时使得垢物松散并易于冲走。

2) 缓蚀机理：循环水经过磁场水处理装置时，受到洛仑磁力的作用。水中的正负离子向相反的方向移动，磁场中阴阳两极间产生电位差，形成微小的电子流。其可将管壁上原有的铁锈（Fe_2O_3）氧化，生成磁性氧化铁（Fe_2O_4）。磁性氧化铁可处于稳定状态，在管壁上形成一层保护膜，从而起到缓蚀的作用。

3) 杀菌机理：细菌在磁场中可看成宽度是 $0.5 \sim 1\mu m$，长度为 $1 \sim 8\mu m$ 的磁偶极子，当其随水流动通过梯度磁场时，受到磁力的作用以及感应电流的作用。当感应电流达到一定的阀值时（$10^{-3}A/m^2$），会使细胞破坏，或改变离子通过细胞膜的途径，使蛋白质变性或破坏酶的活性。但磁场灭菌机理、细菌的生物效应和磁场的关系及各种细菌对磁场的反应等仍需做进一步的研究。

(5) 臭氧处理。早在 20 世纪 70 年代初，美国学者 Ogden 就撰文讨论了采用臭氧处理循环冷却水的可行性。由于臭氧处理的运营费用远远低于化学处理方法，因此受到了各国水处理界的普遍重视，逐渐得到工业化应用。

1) 臭氧处理的优点：①使用臭氧对系统进行处理，可兼具缓蚀、阻垢和杀菌作用，避免了药剂之间的相互影响，其中尤以杀菌作用最为显著，当臭氧浓度保持在 0.05mg/L 时，即可有效地控制细菌的滋生；②可避免由于投加药剂所带来的环境污染问题；③不需进行 pH 值控制，臭氧可在较宽的 pH 值范围内发挥作用；④可实现循环水系统的零排放，有效地节约水资源。

2) 臭氧处理的局限性：①臭氧的缓蚀作用与金属材质密切相关。臭氧对黄铜的缓蚀作用很强，对碳钢的缓蚀作用强度随水质的波动较大；②臭氧的防垢作用也同样会受到水质的影响。当循环冷却水浓缩倍数较低时，可有效地阻止系统结垢，并可将原来形成的垢去除，但随着浓缩倍数的提高，阻垢效果降低。

5.1.6　循环冷却水处理技术的发展趋势

(1) 常规处理的深化。对目前所采用的水处理技术进行更深层次的研究和产品开发，如：高效环保的化学药剂处理、静电水处理器及磁化处理装置改进、膜技术在循环水中的推广、臭氧处理的广谱适应性等。在今后相当长的时期内，钢铁企业循环冷却水处理的技术仍以常规方法为主，所以对常规处理的研究显得很有实际意义。

(2) 污水回用技术。污水回用一般可用到炼铁及炼钢的冲渣、烟尘洗涤以及某些物料的冲洗和厂区的杂用水等，结合膜处理技术可将污水处理回用到循环冷却水系统。采用污水回用技术，既可解决用水短缺，又有效利用了水资源，这是一条低成本、见效快的节水途径。

(3) 零排污技术。因我国水资源并不丰富，尤其一些地区还处于严重缺水状况，提高钢铁企业的节水技术很有必要。在循环水系统运行过程中，如能达到零排污，会给企业节约水和药剂的消耗，降低循环水运营成本。

(4) 旁流过滤及软化。在一些浓缩倍率较高、循环水悬浮物较高的循环水系统中，采用自清洗过滤器进行旁流过滤处理，可以降低循环水中悬浮物的含量，减少铜管的冲刷磨损，估计以后在钢铁企业水处理中的应用将会扩大。

(5) 水处理的自控技术。国际上先进的冶金企业不但在钢铁生产上实现了自动控制，而且在水处理工艺上也广泛采用微电子控制系统（PLC 控制），我国钢铁企业在这方面处于落后地位。

5.1.7 炼钢循环冷却水实例

5.1.7.1 净环冷却水系统

首钢第三炼钢厂净环冷却水系统循环水量为 1660m³/h，供水水温为 35℃，回水水温为 50℃，浓缩倍率为 2.0。

该系统的保护对象为由 Q235 钢制成的炉体和管道。系统流程见图 5-1。

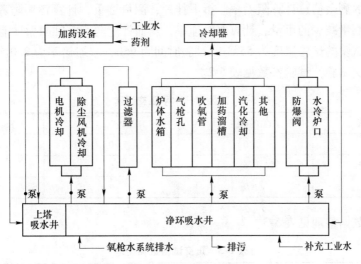

图 5-1　系统流程图

5.1.7.2 静态阻垢试验

在恒温水浴中，向烧杯内加入试验用水（根据水系统设计要求的浓缩倍率配制出的水）和所选择的药剂，试验期间随着水分的蒸发，向烧杯内补充蒸馏水，经一定时间的试验，测量水中硬度的剩余值，求出它与加入水的硬度之比，即为药剂的阻垢率。该方法用于初步筛选药剂。

静态阻垢试验的温度为 55℃，试验时间为 96h，浓缩倍率为 2.0。试验数据见表 5-1。

表 5-1　试验数据结果

实验号	A 组					实验号	B 组			
	六偏磷酸钠 /mg·L⁻¹	聚丙烯酸钠 /mg·L⁻¹	ZnSO₄ /mg·L⁻¹	ATMP /mg·L⁻¹	阻垢率 /%		ATMP /mg·L⁻¹	HEDP /mg·L⁻¹	FS-302 /mg·L⁻¹	阻垢率 /%
1	20	10	3	10	92.2	7	5	5	10	93.2
2	20	10	0	10	94.4	8	10	15	10	98.7
3	30	10	0	7	94.7	9	15	10	10	97.9
4	30	10	0	10	96.2	10	5	10	10	96.4
5	30	7	3	7	98.0	11	10	5	10	94.4
6	0	0	0	0	58.6	12	0	0	0	59.2

试验数据表明 A、B 两组试验阻垢率都较高，但考虑到六偏磷酸钠易水解成正磷酸盐，产生磷酸钙垢，因此选用 B 组试验配方。

5.1.7.3　旋转挂片试验

采用旋转挂片仪进行动态旋转挂片试验。在恒温水浴中，向烧杯内加入试验用水（根据水系统设计要求的浓缩倍率配制出的水）和所选择的药剂，在烧杯中插入挂有试验用挂片的旋转架，试验期间随着水分的蒸发，不断向烧杯内补充蒸馏水，经一定时间的试验，测量水中硬度的剩余值，计算阻垢率。拆下挂片，测量增重，计算污垢附着速率。洗掉挂片上的污垢，测量减少的重量，计算腐蚀速率，从而评定药剂缓蚀阻垢性能。

旋转挂片试验的试验温度为 55℃，试验时间为 96h，浓缩倍率为 2.0。设计试验为三因素三水平正交试验。试验参数见表 5-2。

表 5-2　三因素三水平正交试验参数

水平/因素	ATMP/mg·L^{-1}	HEDP/mg·L^{-1}	FS-302/mg·L^{-1}
1	0	0	0
2	6	6	5
3	9	9	10

正交试验数据整理见表 5-3。

表 5-3　正交试验数据整理

水平	ATMP		HEDP		FS-302	
	腐蚀速率/mm·a^{-1}	阻垢率/%	腐蚀速率/mm·a^{-1}	阻垢率/%	腐蚀速率/mm·a^{-1}	阻垢率/%
1	0.2002	62.4	0.1921	62.6	0.1463	69.4
2	0.0874	78.7	0.0801	79.7	0.0814	72.5
3	0.0455	80.8	0.0609	79.5	0.1054	77.9

从表 5-3 可以看出 ATMP 的 3 水平最佳。HEDP 的 2、3 水平腐蚀速率及阻垢率变化不大，为节约处理费用，减少加药量，因此选择 2 水平。FS-302 的最佳效果为 3 水平。最后确定药剂配方为 ATMP，加入量为 9mg/L，HEDP 加入量为 6mg/L，FS-302 加入量为 10mg/L。

5.2　轧钢废水处理与循环利用

5.2.1　轧钢循环水主要处理方法

轧钢水质多为棕红色乳浊液，pH 值一般在 6.8~7.2，回水 SS 一般在 100~300mg/L，油含量一般在 40~80mg/L。其处理方法一般为"一沉、二平、三过滤"，"一沉"是指一级旋流沉淀，主要是去除大的氧化铁皮；"二平"指平流沉淀或斜管沉淀，主要是去除颗粒粒径较小的杂质；"三过滤"指的是高速过滤器、磁滤等。循环水处理典型工艺流程见图 5-2 和图 5-3。

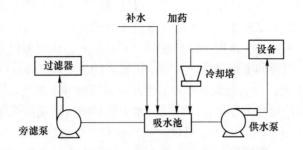

图 5-2 净循环水处理系统典型工艺流程

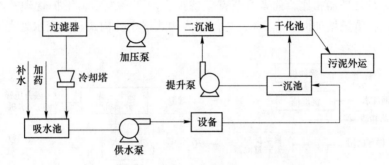

图 5-3 浊循环水处理系统典型工艺流程

5.2.2 热轧钢废水处理工艺

热轧钢废水处理工艺主要有以下三种：

（1）絮凝-沉淀-过滤工艺。絮凝-沉淀-过滤工艺是最传统的热轧废水处理工艺，首先对收集的废水进行初沉淀，去除其中大颗粒的悬浮物，然后送至二次沉淀池，进行絮凝沉淀。处理后的浮油用刮油机或撇油机收集去除，废水则加压送至过滤器进行过滤冷却，最后按不同压力分别送至用户循环使用，其典型工艺流程见图 5-4，该工艺可以去除废水中大部分的悬浮物和油类物质，处理后固体悬浮物（SS）浓度不超过 20mg/L、油类浓度不超过 5mg/L。

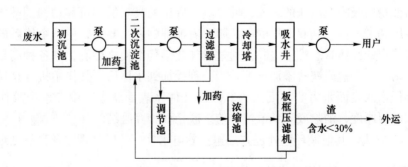

图 5-4 絮凝-沉淀-过滤工艺流程图

（2）沉淀-絮凝-气浮-过滤工艺。沉淀-絮凝-气浮-过滤工艺主要以絮凝-气浮-曝气组合的方式取代了絮凝–沉淀–过滤工艺中的二次沉淀池。气浮法又称浮选法，就是在废水中通入空气，使水中产生大量的微气泡，微气泡与水中的乳化油和密度接近水的微细悬浮颗粒相黏附，黏合体因密度小于水而上浮到水面，形成浮渣，从而加以分离去除。气浮法又分为溶气气浮、布气气浮和电解气浮，目前应用较多的为溶气气浮。

（3）稀土磁盘工艺。稀土磁盘技术是最近几年我国新开发的热轧废水处理技术，主要是利用稀土永磁材料的磁场力作用，使热轧废水中的铁磁性物质微粒通过磁场力的作用吸附在稀土磁盘表面（图5-5）。对于非磁性物质微粒和乳化油，采用絮凝技术或预磁技术，使其与磁性物质黏合，一起吸附到磁盘表面去除。姜湘山等研制出的内构式多级稀土磁盘废水处理器，是对磁盘废水处理器的一种创新。在同水量同水质情况下，内构式磁盘处理器与外构式磁盘处理器相比，前者可节省设备投资费20%左右，维护管理费减少3%，但运行电费因设备重量增加而提高3%，总体上内构式优于外构式磁盘废水处理器。

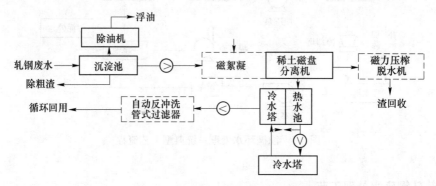

图5-5 典型稀土磁盘工艺流程图

5.2.3 冷轧钢废水处理工艺

（1）物理法处理。物理法处理是以沉淀为基础的工艺过程，按基于重力沉淀理论，相对密度大于水的颗粒杂质等可以沉降，相对密度小于水的颗粒杂质、油类上浮水体表面，经隔油、吸附措施，从而达到处理的目的。其典型工艺流程布置为：旋流池→平流池→高梯度磁化过滤器或沙滤器。

（2）化学法处理。含油轧钢废水在产生的过程中，由于油水之间的紊流使水中的杂质和表面的活性物质吸附在油珠的表面，使之具有固定的吸附层和可移动的扩散层，组成了稳定的双电层和带电性。其双电层的电位阻碍着油珠的相互凝结，使整个体系的总能量降低，而保持稳定的胶体状态难以去除。通过投加化学药剂使之破乳，如各种高聚物、表面活性剂、吸附剂、铁盐或镁盐添加剂等。当药剂投加到水体后，其作用机理是通过表面活性剂显著降低水的表面张力和界面张力，以改变体系表面状态，中和水中胶体的表面电荷，减少扩散层厚度，消除或降低电位，使之脱稳而相互凝结。

（3）其他方法。其他循环水处理方法包括静电水处理、膜处理以及臭氧处理等技术。

5.2.4 轧钢循环水处理现场技术改进措施

（1）重力旋流沉淀处理。重力旋流沉淀池（旋流井）广泛应用于钢铁企业连铸、轧钢浊循环处理系统中，是浊循环水处理系统中重要的处理构筑物。它的作用是去除绝大部分的氧化铁皮，同时去除少量浮油。旋流井去除氧化铁皮的效果，决定整个系统水处理效果。如果大量氧化铁皮未去除，将造成水泵、水管、阀门冲刷严重，降低使用寿命，同时将堵塞化学除油器等设备。旋流井的原理：含氧化铁皮的污水，以重力流方式沿切线方向进入沉淀池。

（2）磁分离处理。磁分离水处理工艺是在常规工艺的基础上，加入磁化处理装置，以降低系统的腐蚀率、污垢沉积率以及污垢热阻值，并具有一定的杀菌作用。磁分离水处理装置，首先是利用水的离心、重力和浮力分离技术完成大颗粒和浮油的分离；其次是采用永磁性材料直接贴在罐壁上，形成磁场，其中关键技术是污泥与磁性材料的分离，它采用离心分离与软帘阻尼相结合。

（3）卧螺离心机处理。卧螺离心机是根据离心脱水的原理设计的。离心机内设转鼓，转鼓旋转所产生的离心力可以促使悬乳液中相对密度较大的固体以远远高于重力沉淀池中的速度沉降到机器转筒的内表面上，在几秒钟内，沉降后的固体便被脱水到所需要的干度。鞍钢1780mm热连轧工程水处理设计过程中，首次将卧螺离心机应用于轧钢废水处理中。

5.3 酸 洗 废 水

5.3.1 酸洗废水的来源、组成及危害

含酸废水的主要危害是腐蚀下水管道和钢筋混凝土等水工构筑物；阻碍废水生物处理中的生物繁殖；酸度大的废水会毒死鱼类，使庄稼枯死，影响水生作物生长；含酸废水渗入土壤，时间长了会造成土质钙化，破坏土层松散状态，因而影响农作物生长；人畜饮用酸度较大的水，可引起肠胃发炎，甚至烧伤。

5.3.2 酸洗废水的处理

5.3.2.1 硫酸废液

钢铁工业硫酸洗液处理工艺主要有中和法、硫酸铁盐法、有机溶液萃取法、渗析法、离子交换法等。后面三种方法尚处于试验研究阶段，工业中应用较多的是硫酸铁盐法生产硫酸亚铁、聚合铁及颜料等产品。

（1）中和法。早期，对于含酸1%以下的酸性工业废水一般采用化学中和法进行处理。具体方法有酸碱废水中和、投药中和、过滤中和等。其中过滤中和一般适用于含油和盐较少，含酸浓度不高（硫酸小于2g/L，盐酸、硝酸小于20~30g/L）的酸性废水，该法一般不用于钢铁酸洗废水处理。前两种方法的处理原理和优缺点等见表5-4。

表5-4 处理酸性废水的中和法分类及其特点

项目方法	原理	优点	缺点	应用范围
酸碱废水中和	酸碱废水互相中和	以"废"治"废"，节省药剂，设备简单，管理简便，适用于各种性质，各种浓度的酸碱废水	当废水水量和浓度波动较大时，往往处理效果难于保证，因而需设调节池或补充中和剂	适用于排出均匀、含量相互平衡的酸碱废水

项目方法	原理	优点	缺点	应用范围
投药中和	投加石灰、电石渣之类的碱性药剂使酸性废水得到中和	可以处理不同性质、不同浓度的酸碱废水	劳动卫生条件差，操作管理复杂，制备溶液、投配药剂需要较多的机械设备，石灰质量不易保证，灰渣较多，沉渣体积大，脱水较难，处理成本高	尤其适用于处理含金属和杂质较多的酸性废水

处理钢铁酸洗废水最常用的是石灰中和法，向废水中添加消石灰将废水进行中和，使pH 值达到 5.6~6.5 之间，达到国家排放标准后排放。中和法简便易行，但是存在下列问题：管理繁琐，不易控制，废水处理量受到限制；废水中的硫酸、水、FeO、Fe_3O_4 和 $FeSO_4$ 未能利用；处理过程中生成的气体扩散，引起二次污染；污泥量大，剩下的盐类残渣处理困难。故而人们一直在寻找有效解决这些问题的新途径。

（2）硫酸铁盐法。此法的特点是废液中的铁能够再利用，因此，受到研究人员重视，逐渐形成了较成熟的实用技术。以下 6 种方法，已投入生产实践。

1）浓缩-过滤-自然结晶法又名铁屑法，其流程为先将硫酸废液与铁屑置于一个反应槽中充分反应，再将溶液加热到 100℃，反应 2h，再加热浓缩后自然冷却，使硫酸亚铁结晶析出，最后由甩干机脱水烘干。其工艺流程见图 5-6。该法可以从酸洗废水中回收低、中、高三级硫酸亚铁，供工农业、医药、化学试剂用。具有简单易操作、投资少、费用低等优点，但只能回收硫酸亚铁，不能回收硫酸，处理能力小。

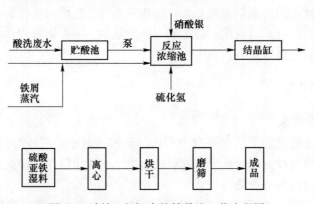

图 5-6　浓缩-过滤-自然结晶法工艺流程图

2）浸没燃烧高温结晶法。该法的主要原理是将煤气和空气燃烧，产生高温烟气，直接喷入废酸水，使水分蒸发，浓缩了硫酸，同时析出硫酸亚铁。工艺流程见图 5-7。

3）蒸汽喷射真空结晶法。将废酸液用雾化效率高的喷头喷射到燃烧着的火焰上，使水分蒸发，一般可得到约 35% 的硫酸和部分 $FeSO_4 \cdot H_2O$。其工作原理是：通过蒸汽喷射器和冷凝器，使蒸发器和结晶器保持一定的真空度。当温度适宜的废液通过时，其中的水分在绝热状况下蒸发，从而浓缩了废液，降低了废液温度，相应地降低了硫酸亚铁的溶解度，

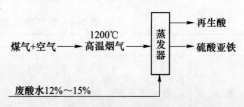

图 5-7　浸没燃烧高温结晶法工艺流程

增加了它的过饱和程度。

4）蒸发浓缩-冷却结晶法。其基本原理是利用负压蒸发浓缩废液，然后在低温下从废液中析出硫酸亚铁结晶并得到再生硫酸。该法适用于回收大型钢铁厂的酸洗废液中的硫酸亚铁和硫酸。其工艺流程见图5-8。

图5-8　蒸发浓缩-冷却结晶法工艺流程

5）调酸-冷冻结晶法。冷冻结晶处理硫酸酸洗废液，是通过控制硫酸亚铁从废液中结晶的条件，使硫酸亚铁结晶分离。该法适合我国中小型企业少量钢材硫酸酸洗废水的治理，是20世纪80~90年代国内外较多钢铁企业采用的比较成熟的方法。

6）碱液-硫酸亚铁共沉淀法。该法是将中和法和硫酸亚铁法结合起来处理酸性废水的。其基本原理是：在废水中加入碱液或石灰以中和酸性废水，生成硫酸钠。生成的硫酸钠仍具有一定的溶解度，需投入聚丙烯酰胺絮凝剂，使金属离子聚集沉降。采用两级处理，将第一级处理所得的沉渣用搅拌器搅拌，以破坏沉淀与液相中离子的平衡，再经中和塔，使其充分反应，再进行第二级沉降处理，以获得较好的效果。

（3）扩散渗析-隔膜电解。早在20世纪70年代就应用扩散渗析-隔膜电解法来综合处理酸洗废水。废酸进入扩散渗析器，器中装有阴离子交换膜共204张，膜两侧分别为水相和废酸相。由于两相存在酸的浓度差，加上离子交换膜的选择透过性和分子筛作用，使废酸中的游离酸不断进入水相，成为所要回收的硫酸。

（4）氧化铁红硫铵法。此法是近几年发展起来的。目的是把废液中的铁直接氧化成铁红，将硫酸制成硫铵化肥分别进行回收。可以分为直接铁红法和间接铁红法。2003年舒华在 pH=5.5、温度80℃、常压下通空气22h采用直接通空气法，将 Fe^{2+} 氧化为 Fe^{3+}。并试制出产品铁红粉，回收率为77%。

（5）湿地法。湿地法是国内外20世纪末研究的一种新处理工艺。但由于湿地法占地面积大，处理程度受环境因素影响很大，而且残余硫化氢从土壤中逸出污染大气环境，因此湿地法在应用上有很大的局限性。

（6）生物法。该法主要用于处理硫酸性废水及回收单质硫工艺。生物法处理酸性废水的基本原理就是在厌氧条件下利用硫酸盐还原菌使 SO_4^{2-} 还原为 H_2S，再用化学法或生物法将 H_2S 氧化为单质硫，进而从水中回收紧缺物资单质硫。

5.3.2.2　盐酸废液

处理硫酸酸洗废水的方法如中和法、结晶法等，均可用来处理盐酸酸洗废水。但是，盐酸具有挥发性，所以还有一些新的处理方法，如高温焙烧法、鲁奇法、薄膜蒸发法、蒸馏法等。

（1）高温焙烧法。盐酸废液的回收处理技术主要有高温焙烧法，该法又分为直接焙烧法和蒸发结晶焙烧法。直接焙烧法是将盐酸废液直接喷入焙烧炉与高温气体相接触，使废液中的盐酸和氯化铁蒸发分解，回收盐酸和氧化铁，该法处理量大，盐酸回收率高。蒸发结晶焙烧法是在真空状态下进行低温蒸发，使酸液中的盐酸和亚铁盐得到分离，制得氯化亚铁，然后将氯化亚铁焙烧，回收盐酸和氯化铁。

（2）鲁奇法。武汉钢铁公司冷轧厂的鲁奇法盐酸废液再生装置是 1975 年从联邦德国陶瓷化学公司引进的。用该法处理后，废酸成分为氯化铁 110～130g/L，盐酸 30～50g/L。再生盐酸浓度为 80～200g/L，氧化铁的回收量为 1200kg/h。

（3）薄膜蒸发法。该法工艺流程是：酸洗钢板后的废酸进入废酸高位槽，经计量后进入预热，再进入二效升膜蒸发器。二效升膜蒸发器产生的气体进入预热器冷凝后，进一步冷却后返回酸洗车间使用；未蒸发的废酸进入一效降膜蒸发器进行降膜蒸发。经升、降膜蒸发后的浓缩废酸中氯化亚铁含量较高，经冷却后即成结晶，用离心机分离，母液回入废酸高位槽重复蒸发浓缩。得到的氯化亚铁晶体可出售或加工成其他产品，回收的 7% 稀盐酸可返回酸洗车间进行配酸，并且总量能保持平衡，使系统处于闭路循环。

（4）蒸馏法。2001 年，上海宝钢集团南京梅山冷轧板有限公司投资 52.3 万元进行技术改造，对酸洗废水实行蒸馏处理闭路循环。生产试用效果良好。每年不仅节约原处理废水的 200 多万元资金，还可变废为宝，获得年经济效益 60 万～80 万元。

5.3.2.3 硝酸、氢氟酸混合废液

硝酸-氢氟酸混合废液的综合利用技术，现已成熟的有中和回收法、氟化铁钠法、离子交换树脂法、溶剂萃取法、减压蒸发法和硝酸、氢氟酸分别完全回收法等。董泉玉等通过对常用于清洗不锈钢氧化皮的含有氢氟酸的酸洗废液进行电解，初步找到了电解法处理酸洗废液再生利用的方法。反应式如下：

阳极： $H_2O - 2e \Longrightarrow 1/2O_2 + 2H^+$

阴极： $M^{2+} + 2e \Longrightarrow M$

总反应： $M^{2+} + H_2O \Longrightarrow M + 1/2O_2 + 2H^+$

电解酸洗废液的结果使废液的酸度增加，且 F⁻ 离子含量并未减少，这样就能使含氢氟酸的废酸再生利用。

5.3.3 酸洗废水的回收利用

对酸洗废水中酸和金属的回收利用不仅减少了对环境的污染，而且回收了有用资源，如铁盐可用作凝结剂，锌盐可用作助熔剂，铁的氧化物可用于制作颜料。酸洗废水处理工艺的环境和经济效益取决于其使用化学试剂的成本、处理污水的费用以及改进现有技术和贯彻执行新技术的成本。国内外酸洗废水的处理方法有很多，为了降低处理能耗、处理费用，提升处理效果，并能满足当今清洁生产、节能减排的要求，在传统处理方法的基础上，必须积极研发新方法。显然，为了达到废水"零排放"，不仅需要贯彻执行有效的再生方法，而且应该采取最优化的酸洗步骤来尽可能降低废水中金属离子的含量，从源头上减少酸洗废水的产生。

5.4   有色冶金废水处理及回用

5.4.1 有色冶金废水产生与危害

冶金工业污水所排放的这些污染物对水环境产生的危害主要表现为水质恶化、降低水

体的功能等级和改变水体用途、污染饮用水源和危害人体健康等。具体如下：

（1）COD。COD 使水体黑臭，水质恶化。

（2）污水中的重金属。污水中的重金属可以通过食物链逐级富集，所以即使水体中微量的物质也可能对人类产生不利的影响，造成慢性中毒或致癌。重金属引起的疾病潜伏期长，对人体危害很大，日本的骨痛病、水俣病就是由水体中的镉、汞经过食物链而对人类造成危害的。几种主要重金属与类金属砷的危害如下：

1）汞水体污染主要通过食物链经消化道侵入人体。汞及其化合物对人体的危害是累积性的，当摄入量大于人体排泄能力时，汞会在体内积累。无机汞是积累在肾脏、肝脏和脾脏中的，而有机汞则极易在脑中积累。汞中毒主要症状为神经中枢失调，如协调动作障碍、语言障碍、步态失调、听觉和视觉障碍，最终导致全身瘫痪、吞咽困难、痉挛以至死亡。

2）镉水体污染主要通过消化道侵入人体引起镉中毒。成年人摄取的镉超过 0.057 ~ 0.071mg/d 时，会在体内积累，潜伏期一般为 10 ~ 30 年。锡主要累积在肾脏和骨骼中，引起肾功能衰退、肾功能失调、骨质中的钙被镉取代、骨骼软化、骨折等疾病。

3）铬化合物可通过消化道、呼吸道、皮肤侵入人体，主要积聚在内分泌腺、心、胰和肺中。六价铬毒性最大，三价铬毒性较小。三价铬是人体必需的微量元素之一。有人认为六价铬毒性比三价铬大 100 倍。铬中毒的主要症状是肠胃痛、肠胃功能紊乱等。六价铬与三价铬都有致癌的潜在危险。

4）铅污染主要通过消化道，其次从呼吸道和皮肤进入人体。当人体摄取的铅超过 1.0mg/d 时，会在体内积累。

5）砷化物单质砷不溶于水和强酸，几乎无毒，但暴露于空气时，其表面极易氧化为剧毒的三氧化二砷（砒霜）。

（3）无机有害物。无机有害物指酸、碱、氰化物、氟化物等有毒有害物质。

1）氰化物是一类含氰基（CN^-）的化合物，包括简单氰化物、氰配合物和有机氰化物（腈）。简单氰化物为剧毒物质，氰配合物和有机氰化物毒性较简单氰化物低。自然界对氰化物有很强的净化作用，因此，外源氰不易在环境中积累，只有在事故排放或高浓度持续污染且污染量超过水环境净化能力时，才能在水环境中积累、残留，构成对人体的潜在危害。

2）氟化物可通过呼吸道、消化道和皮肤进入人体。若饮用水中氟含量高于 1.5mg/L 或者人对其的摄入量超过 4 ~ 5mg/d 时，会在体内蓄积引起慢性中毒。慢性氟中毒主要表现为上呼吸道慢性炎症、骨骼和牙齿的损害。

（4）无机悬浮物。无机悬浮物主要指泥沙、铁屑、炉渣、煤灰等颗粒状物质。这些物质本身没有毒性，但它们在水体中可吸附有机毒物如农药、重金属等，形成危害更大的复合污染物，并随水流迁移，扩大污染范围。此外，悬浮物还有使水浑浊，影响水生植物的光合作用，伤害鱼鳃和产生淤积等问题。

（5）酸性污水。污水排入水体，会使水的 pH 值发生变化，破坏水体的自然缓冲作用。当 pH 值小于 6.5 或大于 8.5 时，会减弱水体自净能力，破坏水生生态系统，影响渔业生产。

（6）热污染。水体热污染是指向水体排放废热如冷却水使水温升高的污染。水体热污染的主要危害是水温升高后，水中溶解氧减少，水生生物代谢速率增大，增大某些污染物的溶解度或毒性，引起某些鱼种死亡或局部水体生物群体变异。

5.4.2　有色冶金废水处理方法

目前有色冶金废水处理中主要使用的方法有化学沉淀法、物理法和微生物法以及使用添加剂脱除废水中的重金属离子等，其中以化学沉淀法的应用最为广泛，最为常用的化学沉淀法有中和法、硫化法和铁氧体法，物理法常用的有吸附法和离子浮选法，微生物处理法有活性污泥法、生物吸附、植物吸附等。

(1) 中和法。中和法是以石灰乳、石灰石等碱性物质作为中和剂，添加铁盐、铝盐或镁盐等作为共沉剂与废水中的砷、氟等重金属离子进行化学反应，去除废水中的砷、氟。此种方法的工艺流程较为简单，操作便捷，废水处理有一定的效果，其中石膏铁盐沉淀法是工厂处理有色冶金废水主要采用的方法。

(2) 硫化法。硫化法是通过往废水中加入硫化铁、硫化钠等硫化剂，使废水中的砷能与其反应生成硫化物，从而从废水中去除砷。此法处理流程简单，除砷效率高，但生成的硫化砷渣在环境中长期堆放会受到空气中氧及细菌氧化的影响，使工业废渣难以回收利用，且会对周围的环境造成危害，因此采用硫化沉淀法处理含砷废水后一般还需要做进一步的后续处理。

(3) 铁氧体法。铁氧体法是 20 世纪 80 年代国外废水处理中兴起的一种新的除砷技术，是通过往废水中加入硫酸亚铁后进行加碱调和，利用生成的磁性铁氧体渣来从废水中分离出重金属离子。此法易于沉淀和过滤，且无二次环境污染，生成的铁氧体渣可回收再利用，但此法的成本较高，在处理大量工业废水时，不够经济。

(4) 吸附法。吸附法是利用活性炭、天然沸石等天然的多孔物质所具有的吸附容量大、价格低、填料密度大等特点来去除废水中有害物质。

(5) 离子浮选法。离子浮选法是利用表面活性物质作为捕收剂进行除砷的方法，表面活性物质在气液交界面对砷有着吸附能力，因此利用其可以去除废水中的砷，这种方法实际是一种物理化学法，其处理量大，净化的程度较高，且适应性较强，产生的渣量少，但工艺流程比起化学沉淀法较为复杂。

5.5　含　氟　废　水

5.5.1　氟污染的来源

我国目前的氟污染除个别地区是由自然因素造成外，大部分的氟污染是由含氟工业废水的排放造成的。在自然因素物理风化作用以及水流的长期冲刷、溶蚀等作用下，自然界中的含氟矿物会不断迁移扩散到人类生存环境中，有可能造成某个局部水域氟污染，我国许多地方的地下水氟超标就是一个明显的例证。

5.5.2　含氟废水的特点、危害

一般的含氟废水有三个比较明显的特点：(1) 工业含氟废水，含氟浓度差别大，且对

氟离子的去除要求也各不相同；（2）含氟废水的危害性极大，工厂排放的高浓度含氟废水除了有可能造成工业氟污染外，更普遍的是其有可能造成人类由于长期摄入过量的氟所造成的氟中毒；（3）一般含氟废水中都会含有某些其他污染物，妨碍了氟的正常去除，从而增加了处理难度。对于高浓度含氟废水通常需要进行二级处理，才能达到工业废水的排放标准。而对于氟离子浓度为 10mg/L 左右的饮用水，如果要把其氟离子浓度降到 0.5mg/L 以下，通常需采用较好的吸附剂经过几级吸附才能达到饮用水标准。

含氟废水的危害：氟是人体所必需的微量元素之一，正常人体中所含的氟元素的量约为 37mg/kg 体重。人体每日正常的需氟量为 1.0~1.5mg，最高不超过 3~4.5mg，若摄入过多的氟，就很有可能引起急性氟中毒，出现腹泻、恶心、阵发性的腹痛、呕吐等症状，重者甚至可能发生休克、严重抽搐及急性心律衰竭。而由于长期接触低浓度含氟物质也可能导致慢性氟中毒，慢性氟中毒一般会引起牙齿和骨髓的慢性病变，也会引起贫血及白血球减少。

随着这几年与氟相关工业的快速发展，我国的含氟废水排放总量每年以成千上万吨计地急剧增加，使得我国的氟污染越来越严重，人们也越来越多地感受到氟污染的危害。以前，由于操作要求、处理费用等条件的限制，再加上氟是属于第二类污染物，所以产生的含氟废水大多是未经处理或只是简单地用生石灰处理就直接排入水体，从而造成了严重的氟污染。而近年来，随着时代的发展，人们的生活水平越来越高，对环境的要求也越来越高，国家制定的氟化物的排放标准也越来越严，污水中氟化物最高允许排放浓度见表 5-5（污水综合排放标准 GB 8978—1996 一级标准为 10mg/L）。

表 5-5　污水中氟化物最高允许排放浓度

污染物名称	排放单位	氟最高允许排放浓度/mg·L^{-1}		
		一级标准	二级标准	三级标准
氟化物（F）	黄磷工业	10	20	30
	低氟地区 （水体氟量小于 0.5mg/L）	10	20	30
	其他排污单位	10	10	30

注：其中 1998 年 1 月 1 日后建设的黄磷工业废水中氟化物最高允许排放浓度二级标准为 15mg/L，其余不变。

5.5.3　含氟废水处理方法

（1）化学沉淀法。化学沉淀法是含氟废水处理最常用的方法，在高浓度含氟废水预处理应用中尤为普遍。高浓度含氟废水一般情况下都含有较强的酸性，pH 值大都在 1~2 之间，向废水中投加石灰中和废水的酸度，并投加适量的其他可溶性钙盐，使废水中的 F^- 与 Ca^{2+} 反应生成 CaF_2 沉淀而除去。石灰投加的方式可采用投加灰乳或投加石灰粉，一般情况下，投加石灰粉适合在酸性较强的场合，投加石灰乳多在 pH 值相对较高的场合。

（2）混凝沉淀法。氟离子废水的絮凝沉淀法常用的絮凝剂为铝盐或铁盐，具体分类见表 5-6。以铝盐为例：铝盐投加到水中后，利用 Al^{3+} 与 F^- 的络合以及铝盐水解中间产物和最后生成的 $Al(OH)_3$ 矾花对氟离子的配体交换、物理吸附、卷扫作用去除水中的氟离子。与钙盐沉淀法相比，铝盐絮凝沉淀法具有药剂投加量少、处理量大、一次处理后可达国家排放标准的优点。硫酸铝、聚合铝等铝盐对氟离子都具有较好的混凝去除效果。

表 5-6　混凝剂的分类

分类			混　凝　剂
无机类	低分子	无机盐类	硫酸铝、硫酸铁、硫酸亚铁、铝酸钠、氯化铁、氯化铝
		碱类	碳酸钠、氢氧化钠、氧化钙
		电解产物	氢氧化铝、氢氧化铁
	高分子	阳离子型	聚合氯化铝、聚合硫酸铝
		阴离子型	活性硅酸
	表面活性剂	阴离子型	月桂酸钠、硬脂酸钠、油酸钠等
		阳离子型	十二烷胺醋酸、十八烷胺醋酸、松香胺醋酸
有机类	低聚合度高分子	阴离子型	藻胺醋酸、羧甲基纤维素钠
		阳离子型	水溶性苯胺树脂盐酸盐、聚乙烯亚胺
		非离子型	淀粉、水溶性尿醛树脂
		两性型	动物胶、蛋白质
	高聚合度高分子	阴离子型	聚丙酸钠、水解聚丙烯酰胺、黄化聚丙烯酰胺
		阳离子型	聚乙烯吡啶盐、乙烯吡啶共聚物
		非离子型	聚乙烯酰胺、氯化聚乙烯

（3）吸附法。吸附法主要是使含氟废水通过装有氟吸附剂的设备，氟与吸附剂的其他离子或基团交换而留在吸附剂上从而被除去，主要应用于处理低浓度含氟废水。吸附剂则通过再生来恢复交换能力。

各种常见吸附剂的吸附容量列于表 5-7。

表 5-7　常用氟吸附剂的吸附容量

吸附剂种类	吸附容量/$mg \cdot g^{-1}$
活性氧化铝	0.8~2.0
活性氧化镁	6~14
羟基磷酸钙	2~3.5
氧化锆树脂	30
Ce-Ti 稀土吸附剂	21.4
粉煤粉	0.01~0.03
活化沸石	0.06~0.03

5.5.4　常规工艺

含氟废水现行常规处理工艺流程见图 5-9，含氟废水经由泵通过中间水槽和匀和水槽匀和后到达第一反应槽，向第一反应槽中投加混凝剂、石灰 $[Ca(OH)_2]$ 使之凝聚生成细小矾花，控制 pH 值在 10~11 之间；水流入第二反应槽，向其中投加石灰 $[Ca(OH)_2]$ 及硫酸（H_2SO_4），旨在调节 pH 值使之达到最佳混凝 pH 范围，一般第二反应池 pH 值控制在 7~9 之间；向絮凝槽投加有机高分子助凝剂聚丙烯酰胺（PAM），通过高分子的吸附架桥作用使已经生成的细小矾花凝结成大颗粒的密实的易于沉降的矾花。到达沉淀池的上清水进入 pH 调整水槽，进行终端 pH 匀和调整。污泥则进入污泥浓缩槽被浓缩，后被污泥脱水机给泥泵打入板框式压滤机中挤压脱水成泥饼后，送至当地工业废物处理站进行填埋处理。针对处理前的含氟废水水质，pH = 2~4、[F⁻] = 50~1500mg/L、SS = 10~100mg/L，采用石灰混凝沉淀法，即通过向水中直接投加石灰与氟离子反应生成氟化钙（CaF₂）沉淀（见式（5-1）），从而实现对氟离子的去除。

$$2F^- + Ca^{2+} === CaF_2 \downarrow \tag{5-1}$$

由于该氟化钙沉淀物的沉淀速率缓慢，为此，需在石灰处理后，加入硫酸铝、聚合氯化铝、三氯化铁、聚合硫酸铁等混凝剂，使水中微小的悬浮 CaF₂ 相互聚结，凝集在一起，之后再投加有机高分子助凝剂 PAM，通过高分子物质的吸附架桥作用，使得微粒逐步增大，变成了大颗粒的絮凝体（俗称矾花），从而加速沉淀，这就是水处理中通常所说的混凝过程。

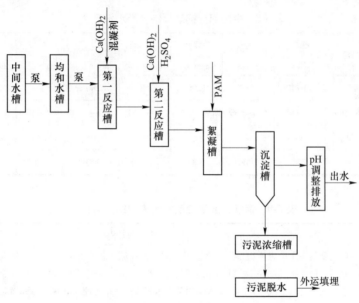

图 5-9　含氟废水现行常规处理工艺流程图

硫酸铝 [Al₂(SO₄)₃] 和三氯化铁（FeCl₃）这两种药剂由于容易制得且使用方便，所以作为混凝剂有其通用性，得到了广泛的应用，成为传统的混凝剂。二者具有许多共性，例如水解、聚合、吸附脱稳、卷扫絮凝等，但是它们之间还是有差异。例如在快速絮凝沉降装置中，硫酸铝絮体的沉降速度仅有 2.4~3.6m/h，而且产生的污泥难于进行浓缩和脱水。而三氯化铁的絮凝速度比硫酸铝快，形成的矾花比硫酸铝形成的矾花大且较密实。混凝剂采用硫酸铝 [Al₂(SO₄)₃] 以及三氯化铁（FeCl₃）的混凝处理工艺，其处理水出水残氟的平均值为 8.6mg/L，且波动幅度大（5.9mg/L），最大值达到 12mg/L，已经超过工业排放标准（10mg/L）。由此可见，虽然处理水出水残氟量有 96% 以上在控制范围内，但水质耐冲击负荷稳定性差，尽管是达标排放但因该厂排水量大，累计向受纳水体的排污总量和污泥总量还是颇高。

5.6 钢铁企业综合污水处理及回用

5.6.1 钢铁工业综合废水的产生与组成

钢铁工业循环用水量占总用水量的比例一般在95%以上，其综合废水也主要来源于敞开式浊循环水系统和部分敞开式净循环水系统的排污水。有的敞开式净循环水系统的排污水作为补充水直接排入浊循环水系统和轧钢、焦化等经单独处理后达标排放的特种工业废水以及少部分生活污水、雨排水等。钢铁工业综合废水所含污染物质主要是SS、有机与无机物等杂质、油，另外其电导率较高，是钢铁工业综合废水的重要特点，也是影响其回用的主要原因。

表5-8是中国几家有代表性的钢铁厂综合废水的主要水质表。表5-9是钢铁工业综合废水污染物来源、组成与特点。

表 5-8　中国部分钢铁厂综合废水水质表

钢厂	pH 值	浊度 /NTU	电导率 /$\mu S \cdot cm^{-1}$	总硬度 /$mg \cdot L^{-1}$	碱度 /$mg \cdot L^{-1}$	Cl^- /$mg \cdot L^{-1}$	全铁 /$mg \cdot L^{-1}$	油 /$mg \cdot L^{-1}$	COD_{Cr} /$mg \cdot L^{-1}$
A	7~8	30~40	<3300	1200	130	280	3~6	5~10	30~40
B	7.8~9	9~244	614~669	194~282	50~120	—	4.8~17	0.1~1.2	30.3~11
C	7~9	45	—	325	171	464	0.36	—	114.2
D	6~9	200	2000	500	200	300	0.4	10	150

表 5-9　钢铁工业综合废水污染物组成与特点

名称	来源、组成与特点
浊度	浊度主要是由水中悬浮物和胶体物质引起的。工业循环水中存在由泥土、砂粒、尘埃、腐蚀产物、水垢、微生物黏泥等不溶性物质组成的 SS 和铁、铝、硅的无机胶体物质以及一些有机胶体物质。它们或者是从空气进入的，或者是由补充水带入的，也可能是在循环水系统运行中生成的。这些 SS 通过排污，由循环水系统进入综合废水
COD	COD 是表示水中还原性物质多少的一个指标。水中的还原性物质有各种有机物、亚硝酸盐、硫化物、亚铁盐等，主要是有机物。COD 物质主要是补水进入工业循环水系统，在运行过程中，原水中的 COD 物质被不断浓缩
硬度与碱度	对于循环水系统而言，随着循环冷却水被浓缩，冷却水的硬度和碱度会升高。循环水系统排污水进入综合废水系统。导致综合废水处理系统的硬度和碱度相对原水而言也大幅度升高
油类	油主要是由于连铸、热轧等主工艺设备泄漏的液压油进入了浊循环水系统，随其排污水与单独处理达标排放的冷轧乳化液含油废水等一并进入了综合废水系统
盐类	盐类物质随补充水进入循环水系统并不断被浓缩，随排污水由工业循环水系统进入综合废水系统

5.6.2 钢铁企业综合污水处理的工艺

钢铁企业污水处理的原则是：优化污水处理工艺流程，提高水处理浓缩倍数，提高废水处理率和达标率，实现废水"零排放"。

按国际上的通行标准，我国属于水资源短缺的国家。城市用水的80%是工业用水，已涉及电力、化工、冶金等许多行业，而工业循环冷却水占到工业用水的60%以上，是用水大户。而且钢铁企业的用水在我国工业用水中占的比例很大（约10%），而水资源短缺，成了制约钢铁企业发展的瓶颈，因此，钢铁企业的废水治理及再生回用工作对我国实现环境和经济的可持续发展非常重要。

我国钢铁企业综合废水处理回用大多依靠传统工艺，例如反应沉淀系统采用混凝反应池、机械加速澄清池和化学除油器，过滤系统采用快滤池、虹吸滤池或者高速过滤器等。以上几种处理工艺属于成熟工艺，在运行安全及成本上具有一定优势，但是钢铁企业内部通常设有原料、冶炼、焦化、电力等分厂，总排水水量、水质变化幅度大，污水成分复杂，处理工艺要求条件高，因此以上处理工艺用在钢铁企业综合污水处理方面，又有以下缺点：

（1）处理负荷较低，占地面积大；

（2）对来水水量、水质变化吸纳能力不足；

（3）控制较为繁琐，自动化程度不高。

经过对首钢、本钢、鞍钢、太钢等国内大中型钢铁企业和特大型韩国浦项钢厂的调研，总结并综合集成相对完整的钢铁企业综合废水处理工艺流程，见图5-10。

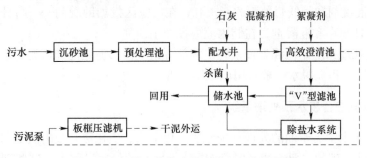

图5-10 钢铁企业综合废水处理工艺流程图

图中钢铁企业综合污水处理集成工艺流程与传统工艺相比，此套工艺具有以下优点：

（1）处理负荷高，其中高效澄清池表面负荷可达 $12\sim15m^3/(m^2\cdot h)$，因而减小占地面积，约是通常的机械加速澄清池占地面积的1/3。

（2）采用高浓度的污泥回流技术，对来水水量、水质变化吸纳能力强，出水水质稳定。

（3）V型滤池滤速高、占地小、运行稳定可靠。

（4）自动化程度高，运行人工投入少。

综合污水处理工艺与回用技术集成工艺主要由下列6部分组成。

（1）预处理系统。污水预处理主要利用物理拦截去除大颗粒悬浮物和部分石油类，有利于污水后续处理设施运行及节约药剂消耗。污水预处理由机械格栅、沉砂池、调节池和污水提升泵房4部分组成。钢铁企业多为合流制排水系统。雨水初期时SS最大值、最小值、平均值，据国内某城市观察分别达7436mg/L、90mg/L、1374mg/L；由于钢铁企业的地坪常有物料洒落集尘、冲洗地坪的废水又进入排水系统，故废水中固体含量较多，为利于后续处理工序，应增设沉砂池。

（2）核心工艺处理系统。主要由混合配水、澄清、过滤3部分组成。预处理后的废水经泵提升入混合配水井，废水通过配水堰并按比例分配后，进入高效澄清池的絮凝反应区。在混合配水井的不同位置分别投加混凝剂和石灰，使废水与药剂混合均匀。澄清池类型较多，应根据占地、废水特性和运行管理等综合因素考虑，根据近几年内用于国内废水处理厂和净水厂的实践与成功经验，该流程推荐采用新型澄清池——高效澄清池。

（3）除盐水系统。综合废水处理工艺主要为絮凝、沉淀、过滤，主要去除 SS、COD、油类等，对盐分没有去除作用。当回用水与原工业新水混合后作为净环水系统补充水时，使整个给水系统的含盐量升高，一方面设备的结垢、腐蚀现象严重，这将减少设备的使用寿命；另一方面，随着综合废水处理后回用，造成了盐分在整个钢铁企业大系统内的富集，影响废水回用，该现象在我国北方地区尤其严重。

（4）回用加压系统。包括储水池和加压泵房两个部分。滤池出水通过出水渠汇入储水池，储水池储存一部分反冲洗水，并保证一定的停留时间，以利于杀菌灭藻药剂的投加。根据厂区供水需要和脱盐设施要求，再由回用水泵送往厂区供水管网或勾兑混合水池，或部分送至除盐水系统。

（5）药剂配制与投加系统。根据废水特性及处理后的水质要求，在处理工艺的不同工序部位中按处理废量及相关水质，按比例自动投入具有不同功效的药剂。其中在高效澄清池混合区投加混凝剂和降低暂硬用的石灰乳，在反应区投加助凝剂——高分子聚合物，在后混凝区投加 H_2SO_4 和混凝剂，在储水池内投加杀菌剂。

（6）污泥处理系统。污泥处理系统由两部分组成：污泥储池和污泥脱水间。根据综合污水污泥的性质，污泥脱水一般采用厢式压滤机。

5.6.3 钢铁行业综合废水预处理系统

（1）工业污水中关于油的处理。气浮法、化学法、生化法和吸附法是目前我国钢铁企业工业废水中油处理的主要方法，但目前在工业污水的处理过程中，这些现有的处理方法并没有取得十分满意的效果，还存在着种种不足，主要是除油的效果不够明显。

（2）工业污水中悬浮物的处理。混凝和过滤是目前比较常用的工业污水处理方法。在对钢铁企业工业废水进行处理的过程中，一些污染物很难自然沉淀，所以和一些比较小的污染物一起浮在水面之上。所以在进行处理的过程中可以将一定量的混凝剂或者助凝剂放置于工业污水之中，从而使得悬浮在水面之上的污染物能够形成絮凝体。通过后续沉淀池将这些污染物与较大悬浮颗粒排除，最后达到进行污水处理的目的。在使用混凝物进行污水处理的过程中，可以同时使用其他方法进行污水处理。

5.6.4 钢铁工业综合废水的核心工艺处理系统

通过混凝、沉淀、过滤等物化法，悬浮固体去除率可以达到98%以上，胶体及部分溶解性物质浓度得到降低从而也使 COD、BOD_5、色度、铁、油类等指标得以降低总硬度。可以通过投加石灰降低水中的暂时硬度从而得到降低，大肠杆菌等可以通过投加消毒剂或设置措施得到减小。为调节水质的波动，进水构筑物前应设置调节池。混凝、沉淀加过滤工艺的关键是混凝，因此钢铁工业综合废水的物化处理方法也可简称为混凝法。

5.6.4.1 混凝原理与过程

各种废水都是以水为分散介质的分散体系。粒度在 $100\mu m$ 以上的悬浮液可采用沉淀或过滤处理；$0.1\sim 1nm$ 的真溶液可以采用吸附处理；$1nm\sim 100\mu m$ 间的部分悬浮液和胶体可采用混凝处理，其中 $1\sim 100\mu m$ 较粗的微粒可单用高分子絮凝剂处理，而 $1nm\sim 1\mu m$ 的较细微粒则必须在用高分子絮凝剂的同时加无机混凝剂共同处理。混凝包括凝聚和絮凝两种过程，按机理，混凝可分为压缩双电层、吸附电中和、吸附架桥和沉淀物网捕四种。

5.6.4.2 影响混凝效果的因素

混凝是以形成絮体为中心的单元净化过程，效果的好坏受处理对象的性质、混凝剂的性质和水力条件的影响。

（1）水温。水温的高低对混凝作用有一定的影响。水温升高时，黏度降低，布朗运动加快，碰撞机会增多，因而增强了混凝效果，缩短了混凝沉降时间。然而，过高的温度（超过 $90℃$）易使高分子絮凝剂老化，生成不溶物质，反而降低了絮凝效果。

（2）pH 值。pH 值也是影响混凝的重要因素。对于采用某种混凝剂的任一污水的混凝，都有一个相对的最佳 pH 值存在，而使混凝反应速度最快，絮体的溶解度最小，混凝作用最大。因此，在投加混凝剂之前，必须在实验室中找到一个最佳 pH 值。

（3）胶体溶液浓度。胶体溶液浓度过高或过低都不利于混凝。在使用无机金属盐作混凝剂时，胶体的浓度不同，所需脱稳的 $Fe(Ⅲ)$ 或 $Al(Ⅲ)$ 的用量亦不同，其间存在着不甚严密的"化学计量"关系。

（4）微小颗粒碰撞概率和如何控制它们进行合理有效的碰撞，而这又是由构筑物的流体力学结构而决定的。

（5）混凝剂水解后产生的压缩双电层、吸附电中和作用及高分子络合物形成吸附架桥的连接能力，而这是由混凝剂的性质决定的。

5.6.4.3 混凝剂的选择

钢铁工业废水综合处理用到的混凝剂种类繁多，按其化学成分可分为无机与有机两大类，其中有机类常被称为絮凝剂。它既可以去除原水中的浊度和色度等感官指标，又可以去除多种污染物质。

（1）无机高分子混凝剂。国内外研制和使用较多的混凝剂是聚合硫酸铁（PFS）和聚合氯化铝（PAC），与低分子混凝剂相比，其絮体形成速度快，颗粒密度大，沉降速度快。铝盐和铁盐混凝剂投入水中后，在不同 pH 值下以不同的水解产物发挥作用。投入水中的铝盐和铁盐混凝剂，在不同值下以不同的水解产物发挥作用，见表 5-10。

表 5-10　PFS 和 PAC 性能的比较

药剂名称	使用中的存在形式	优点	缺点
聚合硫酸铁 $[Fe(OH)_n(SO_4)^{3-0.5n}]_m$	pH<4：可溶性铁； pH>6：高价大分子络合物； pH>11：$Fe(OH)_3$ 沉淀	在 pH 为 $4\sim 11$ 都可使用；矾花较 PAC 密实	腐蚀性强； 稳定性差； 易使水体着色
聚合氯化铝 $[Al(OH)_nCl^{6-n}]_m$	pH<5：水和铝络离子； pH>6：多核羟基络合物； pH>9：可溶性阴离子 $Al(OH)_4^-$	矾花形成较 PFS 快而大；低腐蚀性；无着色影响	污泥疏松； 体积大； pH 的适用范围较 PFS 窄

（2）有机高分子絮凝剂。有机高分子絮凝剂分为阳离子型、阴离子型、非离子型，都为人工合成制品，其溶入水后将分成巨大数量的线型分子，形成胶体—聚合物—胶体络合物。其使用条件是不宜搅拌时间太长，否则会使断裂键段再回到同一胶体表面而再稳，再者，必须投入适量聚合物而使胶体表面饱和，否则也会造成胶体再稳。高分子絮凝剂除了发挥连接架桥作用外，对异电胶体还可同时发挥电中和作用，它可与铁盐或铝盐并用，在同样的效果下可降低铝盐或铁盐的用量，从而减少污泥体积。因此可根据污水性质，选择高分子絮凝剂的类型，见表5-11。

表 5-11　有机高分子絮凝剂的适用范围

种类	适 应 特 点	作 用
阳离子型	pH≤7，含中性有机物、胶体分散体	提高脱水和过滤能力
阴离子型	pH≥7，含碱性无机质，特别是重金属氢氧化物及部分有机质	促进沉降，浮上及过滤
非离子型	弱碱，含弱碱无机质、无机和有机混合物	促进沉降和过滤

人工合成的聚丙烯酰胺（PAM）一是当前使用较多的有机高分子絮凝剂。钢铁工业综合废水处理的混凝剂可考虑采用碱式氯化铝（PAC）或聚铁（PFS），絮凝剂可考虑采用丙烯酰胺（PAM）。

5.6.4.4　混凝沉淀

为了促进混合，混合池中宜装设机械设备进行快速搅拌。也可以考虑在曲径槽或巴士计量槽中混合，使水中的胶体脱稳，提高凝聚效果。目前在大中型水厂中主要以机械混合、管式混合为主。管式静态混合器因其安装容易、不需维修的特点，在国内水厂中被广泛使用。其主要缺点是混合效果随管道内流量的变化而变化，随水流速度的减小而降低，由于要保持管内一定的水流速度，因此水头损失较大，一级静态混合器水头损失一般为0.8m左右，三级静态混合器水头损失高达1.5m左右。

水中的胶体颗粒脱稳后，在絮凝设施中形成粗大密实且沉降性能良好的絮体颗粒，絮凝剂起到吸附架桥的作用。为使微絮体良好成长，絮凝设施应有良好的水力条件，操作运行合理，这些直接影响到最终的出水水质。

絮凝池设计中的一个重要参数是速度梯度 G，其因次为 s^{-1}。沉淀池的池型选择与原水水质和处理规模密切相关。

（1）平流沉淀池。平流沉淀池是全国大中型水厂最推荐的池型，其优点是构造简单，处理效果好，药耗低，对水量和水质变化的适应性好，运行管理方便。其缺点是其占地面积较大，配水不均匀，排泥操作和维护不便。

（2）竖流式沉淀池。竖流式沉淀池适应于处理水量不大的小型污水处理厂。优点是排泥方便，管理简单，占地面积小。缺点是池子深度大，施工困难，对冲击负荷和温度变化的适应能力较差，造价较高，池径不宜过大，否则布水不均匀。

（3）辐流式沉淀池。辐流式沉淀池适应于大中型污水处理厂。优点：多为机械排泥，运行较好，管理较简单，排泥设备已趋定型。缺点：池内水速不稳定，沉淀效果差，机械排泥设备复杂，对施工质量要求高。

（4）斜管沉淀池。斜管沉淀池的主要优点是沉淀效率高，占地面积小，对原水水质变化有一定的适应性。主要不足是斜管耗用材料较多，易老化，需定时更换，维护费用较高。

（5）高效沉淀池。高效沉淀池由三个主要部分组成，即反应池、预沉池-浓缩池、斜管分离池，它是集絮凝、预沉、污泥浓缩、污泥回流、斜管分离于一体的高效沉淀池。

5.6.4.5 过滤设备与设施

水处理中的过滤一般是指通过过滤介质的表面或滤层截留水体中悬浮固体和其他杂质的过程。对于大多数地面水处理来说，过滤是消毒工艺前的关键性处理手段，对保证出水水质具有重要的作用。

根据过滤机制，滤池有多种形式，包括普快滤池，气水反冲的单、双层滤料滤池等。大中型水厂采用最多的是能确保出水水质的气水反冲洗滤池——（"V"型滤池）和CTE翻板滤池开始引入国内。气水"V"型反冲滤池与CTE翻板滤池优、缺点比较详见表5-12。气水反冲滤池自动化程度高，管理简单，尽管土建施工技术质量要求高，但设计、施工及生产管理经验成熟；而CTE翻板滤池过滤机理与气水反冲滤池相同，技术经济综合比较相当，从试验情况看处理效果也较好，但缺乏成熟的经验。

表5-12 滤池类型的优、缺点比较

项目	气水"V"型反冲滤池	CTE翻板滤池
优点	采用气水反冲洗加表面扫洗，反冲洗效果好； 采用"V"型槽进水（包括表扫进水），布水均匀； 运行自动化程度高，管理方便； 采用均质滤料，滤料含污能力较强	采用双层滤料，滤料含污能力强； 采用气水反冲洗，由于反冲洗时关闭排泥水阀，高速反洗，反冲洗效果好，耗水量小； 反冲洗时不会出现滤料流失现象，CTE滤池特别适合用作活性炭滤池； 运行自动化程度高，便于管理
缺点	土建施工技术要求高	设备稍多，设备投资略大； 单池面积较大时，布水不均匀

5.6.5 钢铁行业综合废水深度除盐系统

深度脱盐处理工艺，可以提高外排水回收利用比例，实现水资源的循环利用，既为企业开源节流、节约成本、杜绝外排水不达标排放，同时又提高了社会效益和环境效益。膜分离技术是钢铁企业工业废水处理中新开发的一种先进技术，在实践中应用比较多的为超滤（UF)+反渗透（RO）的双膜法除盐技术。

超滤指利用有机或无机超滤膜，在外界推动力（压力）的作用下，将水中 $0.002 \sim 0.1 \mu m$ 之间的悬浮物、大分子胶体、黏泥、微生物、有机物等杂质截留住，使小分子物质和溶解性固体（无机盐）得以通过的分离过程。超滤通常作为反渗透的预处理设施，确保超滤的出水水质满足反渗透进水水质要求，是预防反渗透污堵的重要保障。渗透是指水分子从稀溶液侧透过膜进入浓溶液侧的流动过程。反渗透即在浓溶液侧施加压力以克服流体的自然渗透压，且当外界压力大于流体渗透压时，水分子自然渗透的流动方向发生逆转，部分进水（浓溶液）通过膜成为稀溶液侧的净化产水的过程。反渗透装置的运行指标包括产水率、除盐率等。合理的工艺参数和运行方式，有效地水处理化学药剂，先进环保的膜材料是控制膜污染、延长膜寿命、提高系统回收率的关键性问题。

5.6.6 钢铁行业综合废水消毒回用系统

消毒是指杀灭水中的病原菌、病毒和其他致病性微生物。理想的消毒剂应该具有化学性质稳定、有一定的持续作用、对人的毒副作用小、能有效控制生物膜、无二次污染的特点。常用消毒方式有以下几种：

（1）次氯酸钠和氯气消毒。次氯酸钠和液氯都是含氯的消毒剂，在水中产生有灭菌活性的次氯酸，可杀灭所有类型的微生物，使用方便，价格低廉，但是易受有机物及酸碱度的影响。纯次氯酸钠有效氯为95.3%，液氯的有效氯为100%。次氯酸钠杀菌广谱、作用快、效果好，而且生产工艺简单，价格低廉，并且不存在像液氯高毒、二氧化氯易爆炸等安全隐患。唯一不足的是次氯酸钠极不稳定，有效氯含量随着存放时间的延长而降低。液氯（或氯气）是极活泼的氧化剂，性质极不稳定，毒性强。目前，我国绝大部分城市给水消毒使用的就是液氯。在没有有机物存在时，含氯消毒剂对水杀菌的消毒要求有效氯浓度为0.3~1.0mg/kg，时间3~5min。

（2）二氧化氯消毒。二氧化氯是一种强烈刺激性而又不稳定的气体，当空气中二氧化氯含量超过10%时，会自发爆炸。二氧化氯氧化能力是氯气的2.63倍，其中氯的氧化能力是液氯中氯的5倍，纯的二氧化氯有效氯含量为263%。有机物对其消毒能力有明显影响。生产中所用的形式有二氧化氯消毒液（二氧化氯的有效含量2%）、二氧化氯发生器现场制取。二氧化氯发生器的生产原理为：

$$NaClO_3 + 2HCl \longrightarrow ClO_2 + 1/2Cl_2 + NaCl + H_2O$$

工业生产二氧化氯也主要是化学法，与以上原理基本相同。由于二氧化氯消毒杀菌能力强，且不和水中的有机物产生致病、致突变、致畸物质，在饮用水消毒领域，二氧化氯大有替代液氯的趋势。

（3）臭氧消毒。臭氧是一种强氧化剂，具有广谱、高效杀菌的作用，且杀菌速度极快。臭氧极不稳定，易自分解为氧气；在水中溶解度为0.68g/L，在水中的半衰期约为21min。

（4）紫外线消毒。紫外线消毒是通过紫外线破坏微生物的遗传物质的结构，从而破坏其繁殖能力，达到消毒效果的。因此，其不仅对细菌、病毒有高效消毒效果，对化学消毒剂无能为力的贾第鞭毛虫和隐孢子虫同样高效。表5-13为紫外消毒技术与其他消毒技术性能比较。

表 5-13 几种消毒技术的性能比较

指 标	紫外-C	氯气	次氯酸钠	臭氧	二氧化碳	膜过滤
杀菌方式	光线	化学	化学	化学	化学	过滤
杀菌效率	极高	高	高	高	高	中
杀菌广谱性	高	中	中	中	中	中
二次污染	无	有	有	有	有	无
消毒水量	极大	大	大	中	中	低
安全性	高	低	中	低	低	高
可靠性	高	中	中	中	中	中

指 标	紫外-C	氯气	次氯酸钠	臭氧	二氧化碳	膜过滤
毒性	无	有	有	无	有	无
残留量影响	无	有	有	无	有	无
工程投资	一般	低	低	高	一般	高
运行费用	低	低	低	高	一般	高
维护费用	低	中	低	高	一般	高
接触时间	短	长	长	短	长	短
水质变化	无	有	有	有	有	无
持续消毒能力	无	好	好	差	好	无
系统体积	小	大	大	大	大	中
应用领域	广	中	中	中	中	窄

综合比较，钢铁工业综合废水处理的消毒方式可考虑次氯酸钠、二氧化氯、紫外线或紫外线和次氯酸钠联合消毒。

5.6.7 我国工业污水再生回用存在的问题

（1）缺乏对污水再生利用的系统规划。目前我国尚未建立工业污水再生利用规划指标体系。在工业建设总体规划中，虽然进行了供水及排水规划，但在水资源的综合利用方面缺乏统一的规划，尤其是污水再生利用规划，这势必会造成重复建设和决策失误。

（2）工业污水收集与处理设施建设严重滞后。工业污水的收集与处理是污水再生利用的重要前提条件，目前我国工业污水管网建设严重滞后于工业发展。

（3）工业污水再生利用技术相对落后。工业污水再生利用事业的发展必须依靠科技进步，从始至终都要有新技术、高端技术的保证和支持。

（4）相关法规和政策不够完善。工业污水再生利用需要健全的法制保障和全面的统一管理。而我国工业污水再生利用的法规和政策还需要完善。

有研究显示，如果工业废水得到有效的处理，则城市再生水经二级或三级处理后，可以不受限制地用于农业灌溉；如果工业废水没有得到有效的预处理，由于潜在的食物链污染问题，城市再生水回用于农业灌溉就受到限制。所以必须严格控制工业废水中各种有毒有害污染物的浓度，以确保人体健康不受威胁。

（5）集中回用与分散回用相结合。集中回用是在城市再生水处理厂内，建设深度处理设施，对二级出水进行深度处理后回用。分散回用是在距离再生水处理厂较远的居住区，建立独立的小型再生水回用处理厂，就地回用。与集中回用相比，分散回用可以节约输送管线费用，但增加了再生水处理设施和回用设施的投入，因此选择集中还是分散的回用方式，主要取决于两种回用方式的成本和效益的比较。

5.6.8 钢铁工业综合废水处理污泥处理系统

钢铁工业综合废水处理污泥是钢铁工业生产过程中排出的废水经综合处理过程中产生的废弃物，也是生产钢铁的最大污染源之一。

5.6.8.1 钢铁工业综合废水处理污泥的危害

目前，国内外钢铁工业生产厂大都将综合废水处理污泥堆场堆放，该法易使大量废液渗透到附近土地中，造成土壤污染、地表污染、地下水源污染，对饮用水源造成极大危害，长期饮用这类水源会影响身体健康。该法不仅占用大量的土地资源，还浪费二次资源，使综合污泥中的许多可利用成分得不到合理的利用。目前，随着世界范围内废弃物的不断增多，综合污泥引起的技术、经济和环境等问题越来越多。

5.6.8.2 污泥资源化利用状况

综合利用是解决此类污泥出路的最终办法，也就是说将污泥作为大宗材料的原料，整体加以综合利用。污泥在建筑材料制备领域中的应用是目前利用量最大的领域。主要用作制备砖、道路建筑材料、混凝土、水泥等。

5.6.9 工程实例分析

5.6.9.1 济钢总公司建设综合污水处理及回用工程

该工程针对工业区内三个外排口即厂北口、轧钢口和新东区排水口进行综合治理，采用先进可靠的调节池+高密度沉淀装置+"V"型过滤装置和全膜法除盐工艺技术设备。污水经处理后，水质指标达到污水再生回用水水质标准的要求，回收利用。

首先，提升泵站将污水送入污水处理站，并通过设置于调节水池前端进水渠道上的自动格栅除污机后进入调节池内，污水在调节池内进行水量及水质的均化处理。调节池内设有潜水型搅拌混合装置均匀水质，并防止污泥沉淀。在调节池的末端设潜水型污水提升泵，污水通过提升泵加压后打入集混凝、沉淀、污泥浓缩于一体的高密度沉淀池。固液高效分离后的上清液自流进入"V"型滤池进行过滤。"V"型滤池的出水，也被称作中水。其中，一部分中水进入除盐水系统（UF+RO）继续进行深度处理，另一部分直接进入回用水池与除盐水进行勾兑，混合水水质即为合格的回用水水质。

脱盐处理工艺采用自清洗过滤器，本系统设置 4 台精度为 $100 \mu m$ 自清洗过滤器，每台处理量约 $400 m^3/h$。自清洗过滤器位于超滤膜组件前，可以有效去除水中的细小颗粒，悬浮物等杂质。设定为压差自动反洗模式，利用其自身出水进行反洗。

在实际运行中，反渗透膜污堵频繁、清洗困难是膜分离技术使用过程中存在的普遍难题。济钢污水回用工艺中也存在这一问题，通过长时间运行观察分析发现，水处理工艺系统设计、反渗透添加剂及其他耗材选用、水处理运行条件、系统运行操作管理、进水水质情况等均可成为导致膜污染的成因。因此，在系统日常运营管理中，需要通过纵向对比和离线试验等方法研究确定系统最佳运行方式及运行参数，选择与水质相匹配的药剂及耗材，针对不同污染物选择不同清洗方法，从而解决反渗透膜除盐率降低、出水率下降等问题。

5.6.9.2 酒钢集团公司污水处理

酒钢集团公司是大型钢铁联合企业，拥有一座设计日处理能力为 16 万立方米/天的综合污水处理厂，采用物化处理工艺。工业废水处理过程是采用各种处理方法，将废水中的各种污染物转化或分离，使其废水得到净化；物理法是利用物理作用，分离废水中呈悬浮状态的污染物质；化学法是向废水中投加某些化学物质，利用化学反应来分离、转化、破坏或回收废水中的污染物，并使其转化为无害物质。部分市区生活废水和冶金厂区生产、生活废水采取合流制方式排入酒钢污水处理厂，其中生活废水占废水总量的 20%，属于典型的钢铁综合污水。污水成分较复杂，进水主要特点为水质不稳定且水量冲击负荷较高，废水中污染物以无机成分为主，主要污染物为 COD_{Cr}、SS、油、铁离子类等。酒钢污水处理及回用工程采用物化处理工艺，处理后的出水水质达到钢铁行业敞开式循环冷却水补水标准，处理后的出水作为生产水补水及绿化水进行回用。核心处理工艺为"高密度沉淀池+恒水位滤池"物化处理工艺。该工程于 2011 年 5 月建成正式投入生产运行至今，生产稳定运行良好。目前酒钢污水处理厂年处理污废水量 3700 万~3800 万立方米/年，中水回用量约 2900 万~3000 万立方米/年，中水回用率 75%~80%。酒钢污水处理厂中水回用水量受季节影响变化较大，4~10 月绿化季节中水回用率可达到 95%~100%；11 月至次年 4 月期间，由于绿化用水停用后未回用完的部分中水外排，中水外排量约 800 万~900 万立方米/年。

——— 本 章 小 结 ———

钢铁企业综合污水处理通过混凝法、双膜法等方法有效处理工业污水，混凝的过程需要注意处理对象的性质、混凝剂的性质和水力条件的影响。双膜法的核心技术是采用膜分离技术制取除盐水。过滤是消毒工艺前的关键性处理手段，滤池则多数采用气水"V"型反冲滤池与 CTE 翻板滤池。

思 考 题

5-1 循环冷却水系统中影响金属发生腐蚀的因素是什么，怎么控制金属腐蚀？

5-2 请简述热轧废水处理工艺中絮凝-沉淀-过滤工艺流程。

5-3 酸、碱废水中和法的原理及优缺点是什么，适用什么情况下？

5-4 蒸发浓缩—冷却结晶法基本原理是什么？画出其工艺流程。

5-5 如何用电解法处理酸洗废液？

5-6 请简述有色冶金废水的处理方法。

5-7 含氟废水的处理方法有哪些？

5-8 请简述钢铁企业综合废水处理工艺流程图，并介绍其优点。

5-9 影响混凝的因素有哪些？

5-10 请比较气水"V"型反冲滤池与 CTE 翻板滤池的优缺点。

6 电镀废水处理及循环利用

本章提要：

　　本章介绍了电镀废水的来源、危害，以及各种电镀废水的处理方法。要求学生了解含氰废水、镀铬废水、镀铜废水、镀锌废水以及含镉废水的主要处理方法，熟悉处理方法的原理，重点掌握各种处理方法的实际应用。

　　电镀就是利用电解原理在某些金属表面上镀上一薄层其他金属或合金的过程，是利用电解作用使金属或其他材料制件的表面附着一层金属膜的工艺从而起到防止金属氧化（如锈蚀），提高耐磨性、导电性、反光性、抗腐蚀性（硫酸铜等）及增进美观等作用。

6.1　电镀废水概述

6.1.1　电镀废水的来源

　　电镀废水和废液如镀件漂洗水、废槽液、设备冷却水和地面冲洗水等，其水质因生产工艺而异，有的含铬，有的含镍或镉、氰等。

　　（1）废电镀液。废电镀液是长时期使用的镀液产生多种杂质，难以去除，不得不弃去的废液，或由于配置不当、外来偶然性杂物污染造成的镀液报废，也包括过滤残液。

　　（2）镀件漂洗水。镀件漂洗水是电镀中产生废水最多的，每一个电镀过程后都要产生的废水，是电镀废水处理的最大对象。

　　（3）酸洗废水。酸洗废水是镀件除锈酸洗带出液、镀前除氧化层酸洗带出液，含有镀件金属离子。前者常用浓的硫酸和盐酸，后者常是很稀的硝酸或盐酸。

　　（4）碱洗除油废水。碱洗除油废水含有碱、磷酸根、氟离子、有机络合剂等；含有抛光用油和矿物油。

　　（5）其他废水。其他废水有冲刷地坪、刷洗极板等带来的废水。含有不同有毒物质，水量不大，也需要处理。

6.1.2　电镀废水的成分及其危害

　　电镀废水就其总量来说，比造纸、印染、化工、农药等的水量小，污染面窄。

　　（1）铬。由于镀锌在整个电镀业中约占一半，而镀锌的钝化绝大部分采用铬酸盐，因而钝化产生的含铬废水量很大，镀铬也是电镀中的一个主要镀种，其废水量也不少。

　　金属铬几乎是无毒的。二价铬的化合物，一般认为是无毒的。其余的铬化合物，当浓度过高时，都不同程度地具有毒性。

（2）锌。锌是人体必需的微量元素之一，正常人每天从食物中摄取锌 10~15mg。肝是锌的储存地，锌与肝内蛋白结合成锌硫蛋白，供给肌体生理反应时所必需的锌。

（3）镉。服用 30mg 的硫酸镉即可致人死命，镉本身及所有镉化合物均有毒。由于镉的剧毒性，现在我国已很少采用镉电镀。本系统也不讨论镉废水的治理。

（4）铅。铅及其化合物都有毒性。铅慢性中毒表现为神经衰弱症候，急性铅中毒症状是腹绞痛、肝炎、肾炎、高血压、周围神经炎、中毒性脑炎及贫血。主要通过呼吸系统和消化系统进入人体。一般电镀铅或铅锡合金废水易于处理，但刷擦铅阳极和浇铸铅阳极常接触铅，易引起铅中毒。

（5）镍。皮肤接触镍盐可引起皮疹、红斑、溃疡、湿疹。误服镍盐可引起呕吐、腹泻。镍可抑制酶系统。进入人体后主要在脊髓、脑、肺和心脏中，以肺为主，引起肺癌和胃癌，金属镍粉及镍化合物可引起动物肿瘤、肺硬化。

（6）铜。铜本身毒性很小，但铜化合物都有很大的毒性。误食 0.65~0.97g 硫酸铜就可引起严重中毒，2~3g 可溶性铜盐可引起死亡。铜盐损害肝肾，损害红细胞引起血管内溶血，对静脉毒性很大，静脉注射硫酸铜可引起溶血性贫血。

（7）锌。锌是人体必需的微量元素，一般每人每天应吸取 10~15mg 锌。但可溶性锌盐对消化道有腐蚀作用，口服硫酸锌、硫化锌可引起死亡。过量的锌会造成急性肠胃炎，引起恶心、呕吐、腹痛、腹泻、头晕、乏力。

（8）金。金价约 185 元/克，电镀金废水处理主要是金的回收，其次才是废水处理。所以不存在金的污染和中毒，也不将金列入工业毒物。食入金后会引起恶心、呕吐、腹泻等胃肠道反应，毒性类似于砷。

（9）银。银也是贵金属，约 3~5 元/克，比镍贵很多。所以，含银废水先要回收银，再考虑废水处理。银可引起皮肤沉着病，皮肤呈灰蓝黑色或浅灰色，可损害肾、加速动脉硬化。但银不列入有害物质。

（10）氟。电镀中常用氢氟酸、氟硼酸。饮用水中含氟 0.7~1.0mg/L 时，可保护牙齿，没有毒性，但高于 1.5mg/L 时可产生氟中毒。氟主要危害骨骼，产生骨质疏松、增殖、变形、骨折，引起缺钙而抽筋、痉挛，严重的因呼吸麻痹而死亡。

（11）硼酸。硼酸主要用于镀镍，是缓冲剂。一般电镀废水处理不重视硼的处理。微量的硼是人体必需元素。但人长期经皮肤和胃肠道吸收少量的硼，可引起皮疹、胃肠道刺激症状、肝肾器损害。

（12）钡。钡不是人体必需元素。可溶性钡盐都是高毒物，0.8~0.9g/L 的氯化钡即可致死。钡是肌肉毒，过量的钡离子进入血液，可过度刺激肌肉组织，造成心肌麻痹、血管收缩、血压升高，可致麻痹性瘫痪。电镀中很少使用钡盐，但处理六价铬废水时可能用钡盐沉淀铬。

（13）有机物。电镀中常用的有机物可分为几类：一是金属络合剂，如酒石酸、柠檬酸、焦磷酸、硼酸、HEDP 等，它们用量较大，在电镀废水处理中应注意去除，如用石灰浆中和沉淀。二是有机溶剂除油时用的汽油、煤油、三氯乙烯、四氯化碳、丙酮、乙醇等，都有一定的毒性，一般认为酒精和丙酮不需处理，其他的必须去除，而尤其是四氯化碳毒性大，危险性大，2~4mL 四氯化碳即可致人死命。

6.1.3　电镀厂产污流程

电镀液有六个要素：主盐、附加盐、络合剂、缓冲剂、阳极活化剂和添加剂。

电镀原理包含四个方面：电镀液、电镀反应、电极与反应原理、金属的电沉积过程。

电镀反应中的电化学反应：被镀的零件为阴极，与直流电源的负极相连，金属阳极与直流电源的正极联结，阳极与阴极均浸入电镀液中。当在阴阳两极间施加一定电位时，则在阴极发生如下反应：从镀液内部扩散到电极和镀液界面的金属离子 M^{n+} 从阴极上获得 n 个电子，还原成金属 M。另一方面，在阳极则发生与阴极完全相反的反应，即阳极界面上发生金属 M 的溶解，释放 n 个电子生成金属离子 M^{n+}。

一般电镀厂的生产工艺如下：

（素材磨光→电镀抛光）→上挂→脱脂除油→水洗→（电解抛光或化学抛光）→酸洗活化→（预镀）→电镀→水洗→（后处理）→水洗→干燥→下挂→检验包装

（1）前处理工序：施镀前的所有工序称为前处理，其目的是修整工件表面，除掉工件表面的油脂、锈皮、氧化膜等，为后续镀层的沉积提供所需的电镀表面。前处理主要影响到外观，包括如下步骤。

磨光：除掉零件表面的毛刺、锈蚀、划痕、焊缝、焊瘤、砂眼、氧化皮等各种宏观缺陷，以提高零件的平整度和电镀质量。

抛光：抛光的目的是进一步降低零件表面的粗糙度，获得光亮的外观。有机械抛光、化学抛光、电化学抛光等方式。

脱脂除油：除掉工件表面油脂，有有机溶剂除油、化学除油、电化学除油、擦拭除油、滚筒除油等手段。

酸洗：除掉工件表面锈和氧化膜，有化学酸洗和电化学酸洗。

（2）电镀工序：在工件表面得到所需镀层，是电镀加工的核心工序，此工序工艺的优劣直接影响到镀层的各种性能。此工序中对镀层有重要影响的因素主要有：

1）主盐体系。每一镀种都会发展出多种主盐体系及与之相配套的添加剂体系。

2）添加剂。添加剂包括光泽剂、稳定剂、柔软剂、润湿剂、低区走位剂等。

3）电镀设备。

挂具：方形挂具与方形镀槽配合使用，圆形挂具与圆形镀槽配合使用。

（3）后处理工序：电镀后对镀层进行各种处理以增强镀层的各种性能，如耐蚀性、抗变色能力、可焊性等。

脱水处理：水中添加脱水剂，如镀亮镍后处理。

钝化处理：提高镀层耐蚀性，如镀锌。

防变色处理：水中添加防变色药剂，如镀银、镀锡、镀仿金等。

提高可焊性处理：如镀锡，因此后处理工艺的优劣直接影响到镀层这些功能的好坏。

6.1.4　产污控制

（1）前处理废水。前处理废水是电镀废水处理中的重要组成部分，约占电镀废水总量的 50%，废水中含有一定的盐分、游离酸、有机化合物等，组分变化很大，随镀种、前处理工艺以及工厂管理水平等而变。

（2）镀层漂洗水。镀层漂洗水是电镀作业中重金属污染的主要来源。电镀液的主要成分是金属盐和络合剂，包括各种金属的硫酸盐、氯化物、氟硼酸盐等以及氰化物、氯化铵、氨三乙酸、焦磷酸盐、有机膦酸等。

（3）镀层后处理废水。镀层后处理废水是后处理过程中产生的废水。一般来说，常含有 Cr^{6+}、Cu^{2+}、Ni^{2+}、Zn^{2+}、Fe^{2+} 等重金属；H_2SO_4、HCl、H_3BO_3、H_3PO_4、$NaOH$、Na_2CO_3 等酸碱物质；甘油、氨三乙酸、六次甲基四胺、防染盐、醋酸等有机物质。总的来说，这类镀层后处理废水复杂多变，水量也不稳定，一般都与混合废水或酸碱废水合并处理。

（4）电镀废液。电镀、钝化、退镀等电镀作业中常用的槽液经长期使用后积累了许多其他的金属离子，或由于某些添加剂的破坏，或某些有效成分比例失调等原因而影响镀层或钝化层的质量。因此许多工厂为控制这些槽液中的杂质，在工艺许可的范围内，将槽液废弃一部分，补充新溶液，也有的工厂将这些失效的槽液全部弃去。

6.1.5　电镀行业清洁生产

清洁生产是指不断采取改进设计、使用清洁的能源和原料、采用先进的工艺技术与设备、改善管理、综合利用等措施，从源头削减污染，提高资源利用效率，减少或者避免生产、服务和产品使用过程中污染物的产生和排放，以减轻或者消除对人类健康和环境的危害。

（1）镀件预处理机械抛光。主要是借助于特制机械，利用机械中的磨光轮或去掉被镀件上的毛刺、划痕、焊瘤、砂眼等，以提高被镀件的平整度提高镀件质量。此段工序无废水排放。

（2）除油。金属制品的镀件，由于经过各种加工和处理，不可避免地会黏附一层油污，为保证镀层与基体的牢固结合，必须清除被镀件表面上的油污。除油工艺有很多种，主要采用有机溶剂除油，其工艺如下：

抛光后零件→清水洗→有机溶剂除油槽→清水槽→清水冲洗

该段工序中废水主要来源于清水冲洗过程，水质 pH 值在 8.5~10 之间。

（3）浸蚀。除油后的零件，表面上往往有很多的锈和比较厚的氧化膜，为了获得光亮的镀层，使镀层与基体更好地结合，就必须将零件上的锈和氧化膜去除掉，经过酸浸泡后还可以活化零件表面。其工艺如下：

除油后零件→酸水槽→回收槽→清水槽→清水冲洗

该工段废水主要来源于清水冲洗过程，废水中含有大量的铁离子，pH 值在 2~5 之间。

（4）电镀生产过程及各镀种的水质。其生产工艺一般为：

浸蚀处理后零件→电镀槽→回收槽→清水槽→清水冲洗

该工段废水主要来源于清水冲洗过程，废水中含有相应的金属离子或氰化物，在氰化镀铜冲洗水中含有氰化物和铜离子。

（5）烘干入库。该工序主要是借助于机械和自然能、热能将电镀冲洗后的零件表面的水分烘干，以免生锈和氧化膜的破坏。该段工序无废水排放。

（6）退镀。退镀工艺有化学浸渍和阳极电解两种方法，其工艺为：

不合格镀件→退镀槽→回收槽→清水槽→清水冲洗

该工段废水 pH 值为 2~6 之间，废水主要来源于退镀后的漂洗水。退镀漂洗水可以进入各自废水池进行处理，但不可直接进入废水混合处理池，应先单独预处理后排入相应的废水处理支流。

6.2　含氰废水处理

由于氰化物是剧毒物质，所以曾经十分热衷于用无氰电镀取代氰化电镀。但是氰化电镀在工艺上有其一定的优越性，如镀件的质量一般比无氰的好，镀液质量较稳定，操作管理也较为方便等，因此氰化电镀工艺的使用有逐步增加的趋势。

6.2.1　化学处理法

在化学处理含氰废水中，基于氰根具有一定的还原能力，应用最多的是药剂氧化法。

6.2.1.1　碱性氧化法

碱性氧化法破氰分两个阶段：第一阶段是将氰化物氧化成氰酸盐（CNCT），对破氰来说尚不彻底，称为"不完全氧化"；第二阶段是将氰酸盐进一步氧化分解成二氧化碳和氮气，称为"完全氧化"。

碱性氧化法处理氰化物废水的方式可分为两种：一是在碱性条件下，直接向废水中投加次氯酸钠；二是投加氢氧化钠及通氯气生成次氯酸钠，从而将氰化物氧化破坏而除去。后者的费用大约是前者的一半，但后者操作较危险，装置成本也较高。

　　A　处理流程

处理方式一般可分为间歇式、连续式和槽内处理三种，如按氧化阶段则可分为不完全氧化和完全氧化。不完全氧化可采用间歇式或连续式处理；完全氧化一般多采用连续式处理。国内目前普遍采用的是不完全氧化处理。

（1）间歇式不完全氧化处理。间歇式不完全氧化处理一般适用于处理废水量较小（10~20m³/d），废水浓度变化较大，没有条件设置自动化仪器仪表，操作管理水平不高等情况。其优点是处理后基本保证废水达到排放标准，处理设备也较简单。当某些金属氢氧化物较难沉淀时，则在反应沉淀池后加设过滤，可保证金属离子也符合排放标准。处理流程见图 6-1。

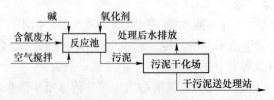

图 6-1　碱性氧化法含氰废水间歇处理工艺流程

（2）连续式不完全氧化处理。连续式不完全氧化处理一般适用于处理废水量较大（大于 10~20m³/d）、废水浓度变化不大、操作管理水平较高等情况，其中最重要的是设置自动控制的仪器仪表等装置，否则较难达到处理要求。其优点是操作工人劳动强度小，设备利用率高。处理流程见图 6-2。

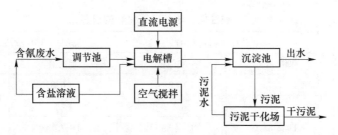

图 6-2 碱性氧化法含氰废水连续处理工艺流程

（3）连续式完全氧化处理。连续式完全氧化处理适用于对排水水质有严格要求的场合，必须设置自动控制仪器仪表等装置。处理流程见图 6-3。

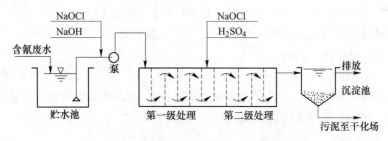

图 6-3 含氰废水完全氧化处理工艺流程

（4）槽内处理。槽内处理是在电镀生产线上的一种处理方法，在镀件清洗槽内，加一定量的氧化剂并保持合适的 pH 值，称为化学清洗槽，镀件表面附着的氧化物在化学清洗槽内得到了处理。其优点是处理设备简单，占地面积小，投资少。其处理流程见图 6-4。

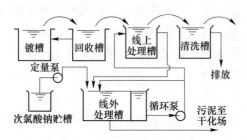

图 6-4 槽内处理含氰废水工艺流程

B 技术条件和参数

工艺参数：

（1）pH 值。一级处理时，pH>11；二级处理时，pH=4~6.5。

（2）氧化剂的投加量。碱性氧化法处理氰化物的投量比见表 6-1。

投试剂量不足或过量对含氰废水处理均不利。为监测投量是否恰当，可采用 ORP 氧化还原电位仪自动控制氯的投量。对一级处理，ORP 达到 300mV 时反应基本完成；对二级处理，ORP 需达到 650mV。一般当水中余 Cl^- 量为 2~5mg/L 时可以认为氰已基本被破坏。

表 6-1　碱性氧化法处理氰化物的投量比

名称	局部氧化反应达到 CNO^-		完全氧化反应达到 CO_2 和 N_2	
	理论值	实际值	理论值	实际值
$CN:Cl_2$	1:2.73	1:(3~4)	1:6.83	1:(7~8)
$CN:HClO$	1:2	1:(2.2~3)	1:5	1:(5.5~6)
$CN:NaClO$	1:2.85	1:(3~4)	1:7.15	1:(7.5~8.5)

反应条件的控制：

（1）反应时间。

对一级处理，pH≥11.5 时，反应时间 $t=1min$；pH=10~11 时，$t=10~15$。对二级处理，pH=7 时，$t=10min$；pH=9~9.5 时，$t=30min$，一般选用 15min。

不完全氧化反应阶段：$t=10~15min$；完全氧化反应的第二阶段：$t=10~15min$；完全氧化反应全过程：$t=25~30min$。

（2）温度的影响。一级处理时，包括两个主要反应，第一个反应生成剧毒的 CNCl，第二个反应 CNCl 在碱性介质中水解生成低毒的 CNO^-。CNCl 的水解速度受温度影响较大，废水温度越高，CNCl 水解速度也越快。

C　槽内处理法

槽内处理法对化学清洗槽内的活性氯浓度要求比较严格，所以氧化剂一般多采用投加量容易控制的次氯酸钠。

根据以上情况，设计宜采用下列数据：pH 值为 10~12；活性氯浓度为 0.5~2.0g/L；镀件在化学清洗槽内停留时间不超过 5s。

沉淀、过滤含氰废水经过氧化反应后，氰和氰化物可达到排放标准，但尚含铜、钾、镉等金属和氰的配离子。破氰后，这些金属离子在碱性条件下形成氢氧化物沉淀。如不经沉淀、过滤等措施，排水中金属离子的含量就达不到排放标准。

若车间内有电镀混合废水处理系统时，则破氰后可不经沉淀、过滤处理，直接排入混合废水系统内统一处理较为经济。

6.2.1.2　臭氧处理法

用臭氧处理含氰废水，一般分为两级处理：第一级将氰氧化成 CNO^-，第二级再将 CNO^- 氧化为 CO_2、N_2。由于第二阶段反应很慢，往往要加入亚铜离子作为催化剂。

A　工艺参数

（1）臭氧投加量。第一阶段投量比理论上为 $CN^-:O_3=1:1.85$；第二阶段理论投量比为 $CN^-:O_3=1:4.61$。实际投药比要大些，可根据实验确定。

（2）接触时间。对游离 CN^-，接触时间为 $t=15min$ 时，可去除 97%；$t=20min$ 时，可去除 99%，对配位 CN^-，在上述时间下分别只能去除 40% 和 60%。

（3）pH 值。随废水 pH 值升高，CN^- 的去除率增加，但随着 pH 值的升高，又会导致 O_3 在水中溶解度降低，综合考虑两方面的影响，一般以 pH=9~11 较为适宜（也有资料显示，在第一阶段时 pH 值控制在 10~12，第二阶段 pH 值控制在 8 左右）。

（4）催化剂的影响。当废水中存在 1mg/L 的 Cu^+ 时，O_3 去除 CN^- 的接触时间比正常时间缩短 1/4~1/3。所以在 O_3 处理含 CN^- 废水时常以 Cu^+ 为催化剂。

B 处理流程

臭氧氧化处理含氰废水的工艺流程见图 6-5。

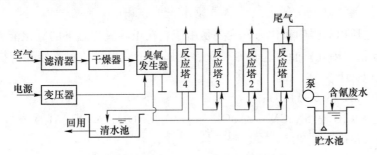

图 6-5 臭氧氧化处理含氰废水工艺流程

C 处理效果

当废水含 CN^- 浓度为 20~30mg/L 时，按 CN^-：O_3 为 1：5（质量比）投加 O_3 后，处理后的出水含 CN^- 浓度可达到 0.01mg/L 以下，可以作为清洗水回用。

美国波音公司多年前就用臭氧化处理含氰废水。当废水中含铁和镍的氰配合物时，与氯碱法一样，处理较为困难。用低强度紫外光照射时能促进其分解。

6.2.1.3 二氧化氯协同氧化剂破氰法

二氧化氯是目前为止发现的最经济、最安全、最适用的高效水处理剂。20 世纪 80 年代，美国以强制手段推广二氧化氯取代传统的氯系列消毒剂在水处理中的应用。破氰具有节能、运行成本低、效率高、操作方便、使用寿命长的特点。所谓二氧化氯协同破氰法，是在制取二氧化氯的同时有 H_2O_2、Cl_2、O_2 产生，这些氧化剂均对氰有氧化去除作用。

A 二氧化氯协同氧化剂发生器工作原理

二氧化氯协同氧化剂由专用发生器产生，发生器由电解槽、直流电源和吸收管路组成。电解槽由隔膜分成阳极室（内室）和阴极室（外室）；内室有阳极和中性电极，外室有阴极。二氧化氯协同氧化剂发生的工作原理见图 6-6。

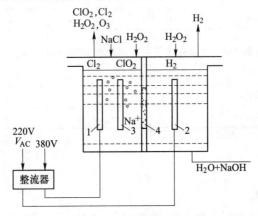

图 6-6 二氧化氯协同氧化剂发生的工作原理
1—阳极；2—阴极；3—中性电极；4—隔膜

在水处理领域，二氧化氯的使用量一般不大，可以用亚氯酸钠为原料与氯反应，以制备二氧化氯：

$$2NaClO_2 + Cl_2 \longrightarrow 2ClO_2 + 2NaCl$$

B　二氧化氯协同氧化剂在处理含氰废水中的作用

二氧化氯之所以有强的氧化力，主要是由于它在正四氧化态下的氧化能力较强，其活性为氯的 2.63 倍。因此，能处理含氰、硫、金属离子、少量酸根、残存有机物的工业用水。其破氰反应如下。

一级反应（pH=8.5~11.5）：

$$2ClO_2 + 5NaCN + 2NaOH \longrightarrow 5NaCNO + 2NaCl + H_2O$$

二级反应（pH=7.5~8.5）：

$$10NaCNO + 6ClO_2 + 2H_2O \longrightarrow 5N_2 + 10CO_2 + 6NaCl + 4NaOH$$

同时利用氧化还原的原理，还可以去除废水中的部分阴离子，如 S^{2-}、SO_3^{2-}、NO_3^-；以及部分阳离子，如 Fe^{2+}、Mn^{2+}、Ni^+。

C　投加量和反应时间

当含氰浓度为 100mg/L 时，二氧化氯投加量为 $100g/m^3$，反应 24h，用 ClO_2 协同氧化剂处理含氰废水，试剂投加量是碱性氯化法处理废水时试剂投加量的 1/5。同等处理量时设备的一次性投资比次氯酸钠发生器少 20%~30%。

6.2.1.4　连续式不完全氧化处理应用实例

北京某汽车制造厂采用连续式不完全氧化处理流程，处理氰化镀锌清洗废水获得较好的效果。氧化剂采用次氯酸钠，其来源有两个，一是购买化工厂副产品，二是用次氯酸钠发生器产生的次氯酸钠。

处理流程见图 6-2。

主要参数和处理费用见表 6-2、表 6-3。

表 6-2　运行参数

处理水量 /$m^3 \cdot h^{-1}$	反应时间 /min	pH 值	投量比（CN^-：NaClO）	沉淀时间/h	出水含 CN^- 浓度/mg·L^{-1}
3~6	>7	10~11	1：4	2	<0.5

表 6-3　废水处理费用（以处理 100kgCN^- 计算）

处理方法	电耗/kW·h	盐耗/kg	NaClO 溶液/kg	碱耗/kg	费用/元
用化工厂副产品次氯酸钠溶液	0.45	—	3.00	0.05	0.37
用次氯酸钠发生器制作次氯酸钠	4.1	5.6	—	0.06	0.75

6.2.2　电解处理法

6.2.2.1　基本原理

废水中的简单氰化物和配合氰化物通过电解，在阳极和阴极上产生化学反应，把氰电解氧化为二氧化碳和氮气。利用这一原理可有效去除废水中的氰污染。

（1）在阳极产生的化学反应：

对简单氰化物，第一阶段的反应是：

$$CN^- + 2OH^- - 2e \longrightarrow CNO^- + H_2O$$

反应进行得很剧烈，接着发生第二阶段的两个反应：

$$2CNO^- + 4OH^- - 6e \longrightarrow 2CO_2\uparrow + N_2\uparrow + 2H_2O$$

$$CNO^- + 2H_2O \longrightarrow NH_4^+ + CO_3^{2-}$$

电解过程中，产生一部分铵。

对配位氰化物，反应过程如下（这里以铜为例）：

$$Cu(CN)_3^{2-} + 6OH^- - 6e \longrightarrow Cu^+ + 3CNO^- + 3H_2O$$

$$Cu(CN)_3^{2-} \longrightarrow Cu^+ + 3CN^-$$

在电解的介质中投加食盐时发生下列反应：

$$2Cl^- - 2e \longrightarrow 2[Cl]$$

$$2[Cl] + CN^- + 2OH^- \longrightarrow CNO^- + 2Cl^- + H_2O$$

$$6[Cl] + Cu(CN)_3^{2-} + 6OH^- \longrightarrow Cu^+ + 3CNO^- + 6Cl^- + 3H_2O$$

$$6[Cl] + 2CNO^- + 4OH^- \longrightarrow 2CO_2\uparrow + N_2\uparrow + 6Cl^- + 2H_2O$$

（2）在阴极产生的化学反应：

$$2H^+ + 2e \longrightarrow H_2\uparrow$$

$$Cu^{2+} + 2e \longrightarrow Cu$$

$$Cu^{2+} + 2OH^- \longrightarrow Cu(OH)_2\downarrow$$

6.2.2.2 工艺流程

含氰废水电解处理以不溶性的石墨为阳极，铁板为阴极，废水中的氰根在直流电的作用下在阳极被氧化成无毒物质。含氰废水电解处理的流程见图6-7。

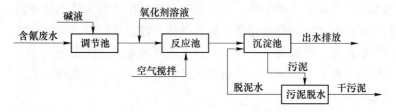

图6-7 电解处理含氰废水工艺流程

6.2.2.3 工艺参数

调节池有效容积为 1.5~2.0h 平均流量。间歇式处理（无调节池）时阳极采用石墨，极距厚25~50mm；阴极采用钢板，极板厚2~3mm，阴、阳极板距为15~30mm。槽电压为6~8.5V。废水含氰浓度与槽电压、电流密度、电解时间的关系见表6-4。

空气搅拌用气量（相对于1m³废水）：对间歇式为 0.1~0.2m³/(min·m³)，连续式为0.1~0.5m³/(min·m³)。空气压力为 (0.5~1.0)×10⁵Pa。

6.2.2.4 影响电解处理含氰废水的主要因素

（1）废水的pH值。电解处理含氰废水应在碱性条件下进行，因为pH值偏低时，不利于氯对氰根的氧化，同时，由于阳极表面上存在着 OH^- 的放电，导致阳极区的pH值下

表 6-4 电解法处理含氰废水工艺参数

含氰浓度（CN⁻）/mg·L⁻¹	槽电压/V	电流浓度/A·L⁻¹	电流密度/A·m⁻²	电解时间/min	投食盐量/g·L⁻¹
50	6~8.5	0.75~1.0	0.25~0.3	25~20	1.0~1.5
100	6~8.5	0.75~1.0~1.25	0.25~0.3~0.4	45~35~30	1.0~1.5
150	6~8.5	1.0~1.25~1.5	0.3~0.4~0.45	50~45~35	1.5~2.0
200	6~8.5	1.25~1.5~1.75	0.4~0.45~0.5	60~50~45	1.5~2.0

降，若 pH 值降至 7 以下，将会产生剧毒的氰氢酸气体逸出，污染周围环境。

（2）食盐添加量。含氰废水的电导率较低，直接电解处理，槽电压高，电流效率低，电能消耗大。投加食盐的目的是增大废水的导电率，降低槽电压，减少电能的消耗。

（3）净极距。电解处理含氰废水用较厚的石墨作阳极，电解槽的阳极和阴极之间的距离常以表面间距即净距离（称净极距）表示。当电流密度和食盐投加量一定时，净极距越小，槽电压越低，处理效果越好。当电解槽容积不变时，缩小净极距，还可以提高阳极面积与有效水容积之比（即极水比）。

（4）阳极电流密度。当食盐加入量一定，按含氰废水的氰化物浓度的高低决定采用电流密度的大小。浓度高，电流密度大；反之，电流密度小。

（5）空气搅拌。为提高处理效率和防止沉淀物黏附在极板表面上或沉于槽底，电解槽需空气搅拌。实践证明，不搅拌将延长电解时间。

6.2.2.5 电解法处理应用实例

含氰废水经电解法处理后出水含 CN⁻量为 0~0.5mg/L，同时在阴极可回收金属。但在处理过程中会产生少量 CNCl 气体，需采取防护措施。

高浓度含氰废水在高温（35~45℃）的阳极电解处理周期为数小时或数天。最初一段时间，氰化物可经中间产物氰酸盐完全分解成气体产物二氧化碳、氮气和氨，也可能产生尿素。随着过程的进行，电极的导电性变差，反应可能难以达到完全。

假如电解时间足够长，则出水中残余氰化物也可达到很低的浓度。表 6-5 列出了电镀含氰废水电解处理的结果。

表 6-5 含氰废水的电解处理

试验点	初始氰化物浓度/mg·L⁻¹	电解时间/d	最终氰化物浓度/mg·L⁻¹	试验点	初始氰化物浓度/mg·L⁻¹	电解时间/d	最终氰化物浓度/mg·L⁻¹
1	95000	16	0.1	7	55000	14	0.4
2	75000	17	0.2	8	45000	7	0.1
3	50000	10	0.4	9	50000	14	0.1
4	75000	18	0.2	10	55000	8	0.2
5	65000	12	0.2	11	48000	12	0.4
6	100000	17	0.3				

对于用电解法处理含氰废水在国内应用还不是很多，国外也多采用化学法。

6.2.3 其他处理法

处理电镀含氰废水除了上述方法外，还有如下多种方法都曾被广泛研究并用于实践。

6.2.3.1 汽提吸收法处理电镀含氰废水

汽提吸收法处理电镀含氰废水，处理废水量较大，效果较好，能量利用合理，费用较低，且能够充分利用废热蒸汽，使废水中的 CN^- 得以回收生产亚铁氰化钠（黄钠）产品，降低企业生产成本。

A 基本原理

汽提吸收法是用蒸汽将废水中的氰化氢蒸发出来，使其与碳酸钠、铁屑接触，生成亚铁氰化钠，其反应式如下：

$$6HCN + 2Na_2CO_3 + Fe \longrightarrow Na_4Fe(CN)_6 + 2CO_2\uparrow + 2H_2O + H_2\uparrow$$

亚铁氰化钠颜色为黄色晶体，是有较高价值的医药工业原料。

B 汽提法工艺流程

汽提法工艺流程见图6-8。废水首先经过调和槽1，加入化学药品使其中的贵重金属离子沉淀，经过调和槽2，调节其 pH 值在 2~3 之间，再让废水经过两次加热使废水温度预热到 85~95℃，进入汽提塔与热蒸汽进行逆流交换，蒸发出氰化氢气体，底部的热水去热交换器1。

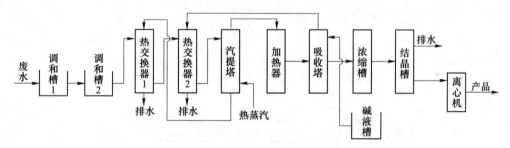

图6-8 汽提法处理电镀含氰废水工艺流程

C 运行结果

工艺条件：废水经过两次预热后温度为 85~90℃；加热器出水为 130~150℃、汽提塔口温度为 105~110℃；吸收塔顶压力为 0.04MPa；废水进入汽提塔的流量为 1.5~2.5m³/h；热蒸汽温度为 200~250℃；热蒸汽压力为 0.05~0.10MPa；Na_2CO_3 溶液的流量为 0.5~1.0m³/h，质量浓度为 105~130g/L。

处理效果：在进出水流量为 2.0m³/h 时，平均进水 CN^- 浓度为 364mg/L，平均出水 CN^- 浓度为 0.34mg/L，符合国家的排放标准（<0.5mg/L）。能量利用合理，充分利用了废热蒸汽；费用较低，每吨水处理费用仅需 0.75 元；得到了黄钠产品（约 30kg/d），同时还回收了重金属，降低了工厂的生产成本。

注意事项：

（1）铁屑填料不能太小，否则容易堵塞吸收塔，而且必须无锈，否则会生成铁蓝使黄钠成品颜色加深。并应定期检查与补充铁屑填料。

（2）结晶时的搅拌冷却速度不易太快，否则晶体变细，影响产品质量。若结晶长时间不出现，可投加极少量的黄钠晶体作为晶种。

（3）碳酸钠溶液的质量浓度要合适，一般控制在 105~130g/L 之间。

（4）随时分析循环碳酸钠溶液中黄钠的含量，一般在黄钠的质量浓度达到 400~450g/L 后，就应抽出，进行浓缩、结晶。

（5）必须控制好各个阶段的温度，否则会对生产带来很大的影响。

6.2.3.2 离子交换法

A 基本原理

离子交换法是利用离子交换剂和溶液中的离子发生交换反应进行分离的方法。氰化废水中多种金属氰化络合物对阴离子交换树脂有很强的亲和力，所以对废水中氰化物和有价金属的回收一般采用阴离子交换树脂。用 R-OH 代表处理后的阴离子交换树脂，交换反应过程如下：

$$R\text{-}OH + CN^- \longrightarrow RCN + OH^-$$
$$2R\text{-}OH + Zn(CN)_4^{2-} \longrightarrow R_2Zn(CN)_4 + 2OH^-$$
$$2R\text{-}OH + Cu(CN)_3^{2-} \longrightarrow R_2Cu(CN)_3 + 2OH^-$$
$$4R\text{-}OH + Fe(CN)_6^{4-} \longrightarrow R_4Fe(CN)_6 + 4OH^-$$

B 工艺流程

图 6-9 为离子交换法回收氰化物的工艺流程。

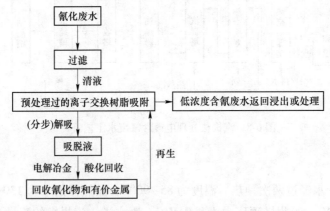

图 6-9 离子交换法回收氰化物的工艺流程

试验结果如下：

（1）通过试验表明，采用 LSD-263 型阴离子交换树脂处理低质量浓度含氰废水的效果较好，但不适宜处理高质量浓度含氰废水。

（2）LSD-263 型离子交换树脂处理含氰废水，其饱和吸附容量为 12.08mg/cm³ 湿树脂。

（3）处理后废水中总氰质量浓度可降至 1.04mg/L，铜质量浓度可降至 0.29mg/L；饱和树脂氰洗脱率为 90.32%，铜洗脱率为 81.80%。

C 目前存在的问题和不足

（1）离子交换树脂法处理含氰废水在国外较为成熟与成功，且效益好，但在国内距离应用尚远。

（2）废水中的铁、亚铁氰化物等杂质给树脂的洗脱再生带来了困难，导致离子交换工艺变得复杂，操作难度增大，处理成本提高，经济效益减少。

（3）由于离子交换树脂对不同离子的选择性不同，对于比较复杂的多离子体系要达到完全处理比较困难。

（4）现有离子交换树脂法吸附含氰尾液之后残余氰化物太高（一般达到或超过 15mg/L），仍需要破坏法二次处理达标外排，成本较高。另外，氰化物再生也困难，有价金属利用率相对较低，经济效益降低，再资源化程度降低。

离子交换树脂法处理含氰废水的发展方向：首先，选择并开发具有高选择性、易于解吸、耐磨率高、不易污染的新型功能树脂或复合树脂；其次，在选择离子交换树脂时，应考虑各种树脂的优点及适用范围，必要时采用几种树脂的组合处理；最后，开发智能化的集成设备以控制离子交换树脂法的吸附、解吸及再生过程。

6.3 镀铬废水处理

电镀车间排出的含铬废水，一般是指含六价铬废水。

6.3.1 化学处理法

化学法处理电镀含铬废水是国内使用较为广泛的方法之一，一般常用的有铁氧体处理法、亚硫酸盐还原处理法、槽内处理法等。另外，还有钡盐法、铅盐法、铁粉（屑）处理法等，但这些方法只在少数厂点内使用。

6.3.1.1 铁氧体处理法

A　基本原理

铁氧体处理法处理含铬废水一般有三个过程，即还原反应、共沉淀和生成铁氧体。

首先向废水中投加硫酸亚铁，使废水中的六价铬还原成三价铬，然后投碱调整废水 pH 值，使废水中的三价铬以及其他重金属离子（以 M^{n+} 表示）发生共沉淀现象，在共沉淀过程中，某些金属离子的沉淀性能会得到改善。其反应如下：

还原反应：

$$Cr_2O_7^{2-} + 6Fe^{2+} + 14H^+ \longrightarrow 2Cr^{3+} + 6Fe^{3+} + 7H_2O$$

调整废水 pH 值后的沉淀反应：

$$Cr^{3+} + 3OH^- \longrightarrow Cr(OH)_3 \downarrow$$

$$M^{n+} + nOH^- \longrightarrow M(OH)_n \downarrow (M^{n+} = Fe^{2+}、Fe^{3+})$$

$$3Fe(OH)_2 + 1/2O_2 \longrightarrow FeO \cdot Fe_2O_3 \downarrow + 3H_2O$$

在共沉淀过程中的反应：

$$FeO \cdot Fe_2O_3 + M^{n+} \longrightarrow Fe^{3+}[Fe^{2+} \cdot Fe_{1-x}^{3+} \cdot M_x^{n+}]O_4 (x \text{ 为 } 0 \sim 1 \text{ 之间})$$

铁氧体是指具有铁离子、氧原子及其他金属离子组成的氧化物晶体，通称亚高铁酸盐。铁氧体有多种晶体结构，最常见的为尖晶石型的立方结构，具有磁性。

尖晶石型铁氧体化学式一般通式为 A_2BO_4 或 BOA_2O_3，A、B 分别表示金属离子。通过试验表明，铁氧体实际上可以是铁和其他一种或多种金属离子的复合氧化物。不同金属离子在形成铁氧体晶格时，占据 A 或 B 位置的优先趋势可由以下顺序表示：

$$Zn^{2+}、Cd^{2+}、Mn^{2+}、Fe^{3+}、Mn^{3+}、Fe^{2+}、Cu^{2+}、Co^{2+}、Ni^{2+}、Cr^{3+}$$

优先占据 B 位置（由左向右） 优先占据 A 位置（由右向左）

当反应条件不同时，以上顺序可能颠倒。

在形成铁氧体过程中，废水中其他金属离子取代铁氧体晶格中的 Fe^{2+} 和 Fe^{3+}，进入晶格体的八面体位或四面体位，构成晶体的组成部分，因此不易溶出。

以上的反应，使溶解于水中的重金属离子进入铁氧体晶体中，生成复合的铁氧体。铬离子形成的铬铁氧体其反应如下：

$$(2-x)[Fe(OH)_2] + x[Cr(OH)_3] + Fe(OH)_2 \longrightarrow Fe^{3+}[Fe^{2+}Fe^{3+}_{1-x}Cr^{3+}_x]O_4 + 4H_2O$$

B 处理流程及技术条件和参数

适用范围：铁氧体处理法能用于镀硬铬、光亮铬、黑铬、钝化等各种含铬废水；同时也适用于含多种重金属离子的电镀混合废水。

用于处理浓度较高的离子交换阳柱的再生废液、镀铬槽废液等也取得较好的效果；也有作为电镀污泥或其他含重金属离子污泥的无害化处理用。

处理流程：铁氧体法处理流程一般分为间歇式和连续式处理两种。

（1）间歇式处理流程。一般当处理水量在 $10m^3/d$ 以下，或处理的废水浓度波动范围很大，或浓度较高的废镀液时采用间歇式处理。其流程见图 6-10。

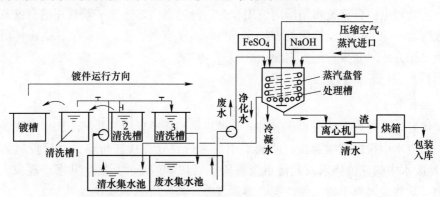

图 6-10 铁氧体法处理含铬废水间歇式工艺流程

（2）连续式处理流程。当废水量在 $10m^3/d$ 以上，或处理的废水浓度波动范围不大时，可采用连续式处理。当废水中铬离子或其他重金属离子浓度波动范围大时，应设置必要的自动检测和投试剂装置，以保证废水的处理质量。

图 6-11 为采用溶气气浮法作为固液分离设施的连续式处理流程。固液分离也可采用斜板（管）沉淀等方法。处理后的水部分作为溶气水或部分重复使用或排放。

技术条件与有关主要技术参数：

（1）还原剂投加量和投加方式。处理含铬废水或混合废水中含有六价铬物质时，一般使用硫酸亚铁作为还原剂；不含六价铬化合物的其他重金属离子混合废水一般也用硫酸亚铁，因为它是形成铁氧体的原料。

计算硫酸亚铁投加量时，对含六价铬的废水来说，除一部分作为还原六价铬成三价铬

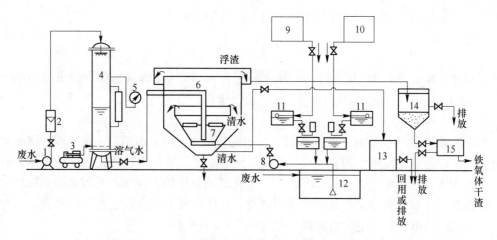

图 6-11 铁氧体法处理含铬废水连续式工艺流程

1—溶气水泵；2—溶气水流量计；3—空压机；4—溶气罐；5—压力表；6—气浮槽；7—释放器；8—废水；

9—配液箱（NaOH）；10—配液箱（$FeSO_4$）；11—投药箱；12—废水池；

13—清水槽；14—铁氧体转化槽；15—脱水机

外，另一部分需提供亚铁离子用于形成铁氧体。

从化学反应式看出，还原 1mol 的 Cr(Ⅵ) 需要 3mol 的 Fe^{2+}，即：

$$3Fe^{2+} + Cr^{6+} \longrightarrow 3Fe^{3+} + Cr^{3+}$$

其投量比为 $Fe^{2+} : Cr(Ⅵ) = 3 : 1$。

然而从铬铁氧体的结构式 $Fe^{3+}[Fe^{2+}Fe^{3+}_{1-x}Cr^{3+}_x]O_4$ 看，生成铬铁氧体结构中 2mol 三价离子 Cr^{3+} 需 1mol 的二价离子 Fe^{2+}。所以，要将上式中的 4mol 的三价离子全部变成铁氧体，就需要 2mol 的二价离子 Fe^{2+}。为此，还原 1mol Cr(Ⅵ) 并生成铬铁氧体，总共需要的 Fe% 量为 5mol。将其折算成硫酸亚铁的理论计算投加量（以质量计）为：

$$\frac{(3 + 2) FeSO_4 \cdot H_2O}{Cr(Ⅵ)} = \frac{5 \times 277.95}{52} = 26.7$$

故理论计算投量比为：$Cr(Ⅵ) : FeSO_4 \cdot 7H_2O = 1 : 26.7$（质量比）。

但在实际应用中，由于废水浓度的不同，出入很大，一般按表 6-6 选用。

表 6-6 制作铬铁氧体的硫酸亚铁投量比

序号	废水中含 Cr(Ⅵ) 浓度/mg · L^{-1}	投量比（质量比）$Cr(Ⅵ) : FeSO_4 \cdot 7H_2O$
1	<25	1 :（40~50）
2	25~50	1 :（35~40）
3	50~100	1 :（30~35）
4	>100	1 : 30

因此，1mol 的二价金属需 2mol 的 Fe^{2+}，其投量比为：$Fe^{2+} : M^{2+} = 2 : 1$，其投加硫酸亚铁的质量比理论计算分别为：

$$x^{2+}_{Ni} = 9.5、x^{2+}_{Cu} = 8.9、x^{2+}_{Zn} = 8.5$$

据试验，用铁氧体法处理多种重金属离子的电镀混合废水时，应将废水中每种单一重金属离子所需理论投加量的叠加倍来作为总 Fe^{2+} 投加量。

$$a = Q \sum_{i=1}^{n} c_i x_i \, 10^{-3}$$

式中，a 为硫酸亚铁总投药量，kg；Q 为处理废水量，m^3；c_i 为废水中各种重金属离子的浓度，mg/L；x_i 为 $FeSO_4 \cdot 7H_2O$：M^{2+} 的理论投量比，分别为 $x_{Cr(VI)} = 26.7$、$x_{Ni}^{2+} = 9.5$、$x_{Cu}^{2+} = 8.9$、$x_{Zn}^{2+} = 8.5$。

（2）硫酸亚铁的投加方式及其影响。投加硫酸亚铁有两个作用：一是还原、聚凝和共沉淀作用，以达到处理废水的目的；二是使沉淀的重金属氢氧化物转化形成铁氧体。据计算，处理废水需总硫酸亚铁量的 60% 左右，转化成铁氧体约为 40%。投加硫酸亚铁可采用干投或湿投。一般在管道上投放时，采用湿投，这样有利于混合，也不易堵塞管道、阀门等。湿投时，硫酸亚铁溶液配置浓度一般为 0.7mol/L 左右。

（3）还原反应时间。还原反应时间的长短与投放试剂方式、废水的含铬浓度有关。湿投时试剂可与废水迅速混合，缩短了反应时间，保证反应效果。采用湿投时反应时间一般为 10~15min（硫酸亚铁与碱液均按饱和浓度配制）。

沉淀时间一般为 30~50min，处理周期为 1~1.5h。

（4）通气量。制作铁氧体时通入空气，主要起搅拌和加速氧化反应的作用，在铁氧体形成过程中，平衡所需 Fe^{2+} 和 Fe^{3+} 的量，促进铁氧体的形成。通入空气的量和通气时间与废水中所含重金属离子的种类、浓度以及选择不同的通气方式等有关。如采用压缩空气机、鼓风机、机械搅拌、直接通蒸汽搅拌或自然曝气等。当含有六价铬时，由于六价铬是强氧化剂，因此，相应所需的空气量可少些，当不含六价铬时，则通气量是很重要的因素之一。

（5）加热温度。制作铁氧体时另一个主要过程是加热，它有利于形成尖晶石结构的铁氧体。为节省能耗，应将处理后的废水，经沉淀后将上清液排除，只对污泥部分进行加热。当温度上升到 40℃ 以上时，颜色突变为棕褐色，绒体大，沉淀分离快。

C　处理设备、装置的设计和选用

（1）调节池。调节池主要用来调节流量，均化水质，同时也能除去车间排水带出的油类等物质。

（2）混合反应沉淀槽。在间歇式处理时，混合反应和沉淀可合成一个槽，其容积与调节池基本相等；也可将调节池水量分成几次处理，以此来缩小混合反应沉淀池容积，但应满足混合反应、沉淀时间和处理周期的要求。一般混合反应时间宜控制在 10~20min；混合反应后沉淀时间为 1.0~1.5h。沉淀污泥后的上清液排除，污泥排入铁氧体制作槽（也称转化槽）。

（3）铁氧体制作槽。间歇式处理时，可将几次废水处理后的污泥集中排入铁氧体制作槽，成批制作铁氧体。据试验，混合反应后，经静止沉淀 40~60min，污泥体积约为处理水体积的 25%~30%。因此，宜设置污泥浓缩槽，或将几次污泥集中在铁氧体制作槽中时将该槽兼作浓缩，以缩小污泥体积，不至于使铁氧体制作槽过大。

（4）投试剂槽。投试剂槽一般采用塑料槽，其容积根据具体情况确定。

（5）污泥脱水。经制成的铁氧体污泥，可根据量的大小和具体条件选用脱水设备，脱水后的污泥应综合利用或经包装后堆置。

D 使用实例

现将国内部分工厂采用铁氧体处理法处理含铬或电镀混合废水的情况简介如下，供设计参考。

【实例1】 大连某造船厂含铬废水的主要来源于镀铬，每天 $1m^3$ 左右，含 Cr(Ⅵ) 浓度在 100mg/L 以上，与图 6-11 所示相同，为间歇式处理流程。

其操作步骤为：

(1) 分析废水中含 Cr(Ⅵ) 浓度；

(2) 按 Cr(Ⅵ) 浓度投加硫酸亚铁；

(3) 投加氢氧化钠调整废水 pH=8，溶液呈墨绿色；

(4) 沉淀后经分析 Cr(Ⅵ) 合格后排除上清液；

(5) 将污泥部分加热到 70℃ 左右；

(6) 通空气 10~20mm，气压 20kPa，空气量 $16m^3/h$，当污泥呈黑褐色后停止通气；

(7) 将铁氧体污泥脱水、洗钠、烘干。

【实例2】 国营 4110 厂采用溶气气浮法处理电镀混合废水，废水量为 $6m^3/h$。气浮槽直径 1.5m，高 2m，槽内混合室高为 1.2m，上口直径为 1.2m，下口直径为 0.4m，布置 3 个释放器，上浮速度控制在 2~3mm/s，废水在槽内停留时间为 5min。溶气罐直径 410mm，铁氧体制作槽容积为 2.5m。

电镀废水进入调节池后，由泵输送到气浮槽，在泵前投药，先投硫酸亚铁后投氢氧化钠。在这两个投放点间设置了反应罐，使投加硫酸亚铁后的废水经反应罐时速度变慢，让其充分反应，在反应罐后投碱控制 pH 值在 8~9。加试剂后废水再进入气浮槽，气浮槽内通入溶气水，溶气水水量为处理水量的 40% 左右，压力为 400kPa 左右。由气浮槽上浮的污泥聚集后溢出气浮槽，进入铁氧体制作槽，处理后水回车间复用（硫酸亚铁分两次投加）。处理后水情况见表 6-7。

表 6-7 国营 4110 厂混合废水处理情况

序号	项目	单位	Cr(Ⅵ)	Ni^{2+}	Cu^{2+}	Zn^{2+}	Fe^{2+}
1	处理前	mg/L	5.8~48.0	2.4~41.0	0.3~10.0	0.1~0.2	1.20
2	处理后	mg/L	0.001~0.05	0.01~0.12	0.01~0.12	0.01~0.17	0.22

6.3.1.2 亚硫酸盐还原处理法

亚硫酸盐还原处理法也是国内常用的处理电镀含铬废水的方法之一。它主要优点是处理后水能达到排放标准，并能回收利用氢氧化铬，设备和操作也较简单。但是，亚硫酸盐货源缺乏，国内有些地区不易取得，当铬污泥找不到综合利用出路而存放不妥时，会引起二次污染，另外，处理成本较高。

A 基本原理

用亚硫酸盐处理电镀废水，主要是在酸性条件下，使废水中的六价铬还原成三价铬，然后加碱调整废水 pH 值，使其形成氢氧化铬沉淀而除去，从而废水得到净化。常用的亚硫酸盐有亚硫酸氢钠、亚硫酸钠、焦亚硫酸钠等，其还原反应为：

$$2H_2Cr_2O_7 + 6NaHSO_3 + 3H_2SO_4 \longrightarrow 2Cr_2(SO_4)_3 + 3Na_2SO_4 + 8H_2O$$

$$H_2Cr_2O_7 + 3Na_2SO_3 + 3H_2SO_4 \longrightarrow Cr_2(SO_4)_3 + 3Na_2SO_4 + 4H_2O$$

$$2H_2Cr_2O_7 + 3Na_2S_2O_5 + 3H_2SO_4 \longrightarrow 2Cr_2(SO_4)_3 + 3Na_2SO_4 + 5H_2O$$

形成氢氧化铬沉淀反应为：

$$Cr_2(SO_4)_3 + 6NaOH \longrightarrow 2Cr(OH)_3\downarrow + 3Na_2SO_4$$

B　处理流程及技术条件和参数

处理流程：亚硫酸盐还原法处理含铬废水，一般采用间歇式处理流程，适用于小水量的处理。当用于处理水量较大的场合时，可采用连续式处理流程，但必须设置自动检测和投试剂装置，以保证处理水的质量。也有设计容积较大的两个调节池，交替使用，形成间歇式集水，连续式处理的流程。

图 6-12 为一般常用的间歇式处理流程。连续式处理流程可参照图 6-12。

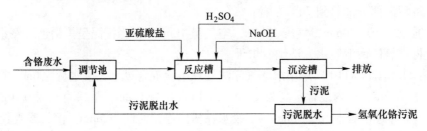

图 6-12　含铬废水间歇式处理流程

技术条件和参数：

（1）废水 pH 值。处理废水的酸化亚硫酸盐还原六价铬必须在酸性条件下进行，由前面的反应式可知，当酸度增加时，反应有利于朝生成三价铬方向进行。实测还原的反应速度，当 pH≤2.0 时，反应可在 5min 左右进行完毕；当 pH=2.5~3.0 时，反应时间在 20~30min；当 pH>3 时，反应速度就变得很慢。在实际生产中，一般控制废水 pH 值在 2.5~3.0，pH 值过低则耗酸过多。反应时间控制在 20~30min 为宜。

（2）亚硫酸盐投加量。表 6-8 为亚硫酸盐与六价铬的理论投药比与实际投量比的情况。由于废水中还存在其他杂质离子，又由于操作过程中的其他原因等，实际生产中的投放量一般高于理论计算量。

表 6-8　亚硫酸盐与六价铬的投量比

序号	亚硫酸盐种类	投量比（质量比）	
		理论值	实际值
1	Cr（Ⅵ）：NaHSO$_3$	1：3	1：(4~5)
2	Cr（Ⅵ）：Na$_2$SO$_3$	1：3.6	1：(4~5)
3	Cr（Ⅵ）：Na$_2$S$_2$O$_5$	1：2.74	1：(3.5~4)

（3）氢氧化铬沉淀的 pH 值。因氢氧化铬呈两性，pH 值过高时，生成的氢氧化铬会再度溶解，而 pH 值过低时，又不能生成沉淀。所以一般实际运用中，废水经酸化、还原反应后，加碱调整废水的 pH 值，使氢氧化铬沉淀，一般控制 pH 值为 7~8。其反应时间为 15~20min。

（4）沉淀剂的选择。用氢氧化钙、碳酸钠、氢氧化钠等均可使三价铬成为 Cr(OH)$_3$

沉淀。采用石灰，价格便宜，但反应慢，且生成泥渣多，泥渣难以回收。采用碳酸钠时，投料容易，但反应时会产生二氧化碳。氢氧化钠成本较高，但用量少，泥渣纯度高，容易回收。因此一般采用苛性钠（NaOH）作沉淀剂，浓度取20%。

C　处理设备、装置的设计和选用

（1）调节池。间歇处理时，调节池容积按平均每小时废水流量的3~4h计算；当废水量很小时可按8h计算以简化操作。连续式处理时可适当减小调节池容量。

（2）反应槽。一般反应槽容积和调节池容积相等，也可分成两格（或设两个）交替使用，但必须满足处理一次的周期时间。反应槽内的搅拌采用机械或水泵搅拌为宜，不宜采用空气搅拌，以免SO_2气体外逸扩散而影响环境。

反应槽一般设于地面，可用钢板衬耐腐蚀材料的衬里槽或用塑料槽，反应槽应加盖，并设通风装置。

（3）沉淀槽。当采用固液分离的沉淀设施时，水平沉淀池沉淀时间为1~1.5h；采用溶气气浮时，气浮槽表面负荷可采用5~6$m^3/(m^2 \cdot h)$，废水在气浮槽内停留时间30min左右，当含Cr（Ⅵ）浓度在50mg/L以下时，溶气水量为处理水量的40%左右，当含Cr（Ⅵ）浓度在50~100mg/L时，为45%~50%，溶气水压力为300~500kPa。

（4）污泥脱水和综合利用。经沉淀后的污泥可根据量的大小和具体条件选用浓缩、脱水设备，脱水后污泥应用塑料袋进行包装后存放或运出综合利用，防止因滴、漏和散落而污染环境。

目前有些工厂将氢氧化铬污泥作为皮革厂的鞣液使用，并取得了较好的效果。

（5）亚硫酸盐的保管和使用中的注意事项。存放亚硫酸盐的容器在保管和使用中要加盖密闭，避免敞口。因为亚硫酸盐与空气接触后会被风化而氧化，有二氧化硫气体逸出，污染环境，并会降低亚硫酸盐的含量。另外，投加亚硫酸盐后，在反应搅拌过程中也会有二氧化硫气体逸出。因此应考虑污水处理站的通风设施，或将反应槽加盖，防止气体外逸。

D　使用实例

【实例】　化学沉淀法处理含铬电镀废水。

上海某钢铁厂钢管分厂是生产合金、精密钢管的专业工厂，其不锈钢管的产量当时占全国总产量的40%左右。生产过程中要用内模，内模表面需有足够的硬度和耐磨性，因此要对内模进行镀硬铬处理。

废水性质：电镀后镀件的清洗是电镀含铬废水的主要来源。此外，当电镀液中阳极泥渣、难溶性的盐以及氢氧化物等杂质积累过多时，必须废弃，更换新液。废镀液的排放，使含铬废水量增大。

含铬废水的水质情况：Cr（Ⅵ）含量为100~300mg/L；Cr^{3+}含量为10~50mg/L；Ni^{2+}含量为0.0~0.5mg/L；Mn^{2+}为0.1~0.4mg/L；pH值为2~12。

处理工艺流程：

（1）作Cr^{3+}含量分析，加硫酸调节废水pH值至2，再加适量亚硫酸钠［加入量为Cr（Ⅵ）含量的4~6倍］，使其与废水中的六价铬发生反应而生成三价铬。

（2）加适量氢氧化钠，使废水pH值升至7~8，三价铬生成氢氧化铬沉淀。

（3）加已水解的聚丙烯酰胺混凝剂以加速沉淀。

（4）静置半小时后废水进入 PE 管过滤器作过滤处理。过滤出来的水进入废水处理槽，待测得 Cr(Ⅵ) 及 Cr^{3+} 含量达到排放标准后再予以排放。

处理效益：

（1）环境效益。该厂镀铬废水处理装置投入运行后，经有关环境检测站多次抽查，从未发现超标现象。表 6-9 所列为监测站测试报告。

表 6-9   化学法处理前后对比

名称	$Cr^{3+}/mg \cdot L^{-1}$	$Cr(Ⅵ)/mg \cdot L^{-1}$	pH 值
标准	2	0.5	6~9
处理前	58.25	262.44	3.41
处理后	0.988	0.009	7.27

（2）经济效益。采用上述废水处理系统后，铬酐耗用量由原来的 480kg/d 减至 301kg/d，用水量由 1252t/d 减至 831t/d，此外还减少了排污费支出。

6.3.1.3   槽内处理法

利用化学清洗液把镀件上带出的镀液洗去，并与化学清洗液反应生成无毒或低毒的物质，然后再经过水清洗，洗去镀件上带出的化学清洗液，使清洗水达到排放标准后排放。化学清洗液失效后，经处理后排放或循环使用。这种处理方法具有处理效果稳定、操作简单、污泥量少、回收污泥的纯度较高以及投资低等优点；但它占用了生产面积，增加了生产操作工序，在手工操作槽上使用时，加大了工人的劳动强度。

A   基本原理

槽内处理法处理电镀含铬废水，主要是利用化学清洗液中的还原剂，使六价铬还原成三价铬。当化学清洗液失效后，加碱生成氢氧化铬沉淀，一般常用的还原剂为亚硫酸氢钠，水合肼 ($N_2H_4 \cdot H_2O$) 等。

（1）以亚硫酸氢钠的水溶液作为化学清洗液。以亚硫酸氢钠水溶液作为化学清洗液时的反应原理与亚硫酸盐还原处理法一样，见前述。

（2）以水合肼的水溶液作为化学清洗液。水合肼为无色溶液，呈强碱性，有强烈的还原作用。在酸性（pH<3）和碱性（pH=8~8.5）条件下，都能使六价铬还原成三价铬。但在酸性条件下呈肼离子状态较稳定，碱性条件下的水合肼不稳定易分解，其反应式为：

在酸性条件下：

$$N_2H_4 \cdot H_2O + H^+ \longrightarrow N_2H_5^+ + H_2O$$

$$2Cr_2O_7^{2-} + 3N_2H_5^+ + 13H^+ \longrightarrow 4Cr^{3+} + 14H_2O + 3N_2 \uparrow$$

$$Cr^{3+} + 3OH^- \longrightarrow Cr(OH)_3 \downarrow$$

在碱性条件下：

$$N_2H_4 \cdot H_2O + 2H_2Cr_2O_4 \longrightarrow 2Cr(OH)_3 \downarrow + 5H_2O + 3N_2 \uparrow + 3H_2 \uparrow$$

B   处理流程及技术条件和参数

处理流程见图 6-13。

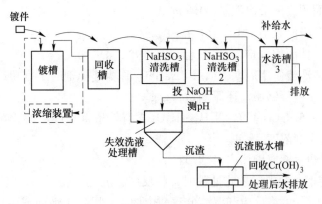

图 6-13 亚硫酸氢钠槽内处理含铬废水工艺流程

技术条件和参数:

槽内处理法处理电镀含铬废水时,化学清洗槽的技术条件和参数见表 6-10。

表 6-10 槽内处理法处理电镀含铬废水时化学清洗槽的技术条件和参数

序号	项目		单位	技术条件和参数		备 注
				用于镀铬、装饰铝、黑铬	用于钝化	
1	用 NaHSO$_3$ 时	浓度	g/L	3.0		
		pH 值		2.5~3.0		
2	用 Na$_2$SO$_3$ 时	浓度	g/L	2~3		
		pH 值		2.5~3.0		
3	用 N$_2$H$_4 \cdot$ H$_2$O 时	浓度	g/L	0.5~1.0	0.5~1.0	市售水合肼中含 N$_2$H$_4 \cdot$ H$_2$O 浓度为 40% 左右;相对密度为 1.03
		pH 值		2.5~3.0	8~9	
4	镀件在清洗槽内清洗时间		s	3~5	3~5	

当处理酸性失效清洗液时,在反应沉淀槽内,投碱调整 pH 值到 8~9,反应时间 15~20min,反应时用水泵搅拌。中和剂用氢氧化钠,当废水含六价铬浓度为 50~100mg/L 时,经 24h 沉淀后产生的氢氧化铬污泥体积约为处理水量的 16%~20%。

C 处理设备、装置的设计和选用

(1) 回收槽。回收槽级数根据生产情况确定,一般不超过 2 级,第 1 级回收槽的回收液可作为镀铬槽蒸发损失量的补充液,第 2 级回收槽液向第 1 级回收槽递补,然后补充除盐水。

(2) 化学清洗槽。化学清洗槽设置的级数可根据镀件形状的复杂程度、重量、批量等生产条件确定,一般手工操作槽为 1~2 级,自动生产线宜采用 2 级。

化学清洗槽容积可按下式进行计算,并应满足挂具和最大镀件进入略有余量。

$$V = \frac{dC_0 FTm}{C_R} \tag{6-1}$$

式中 V——化学清洗槽有效容积,L;

　　d——单位面积镀件带出液量，L/dm^2；

　　C_0——最后一级回收槽含 $Cr(Ⅵ)$ 浓度，g/L；

　　F——清洗镀件面积（应包括挂具面积在内），dm^2/dm^3；

　　T——化学清洗液使用周期，h，以 $NaHSO_3$ 作为还原剂时不宜超过 72h；

　　m——还原 1g 六价铬所需还原剂量，g/g。

　　$NaHSO_3$ 为 $3\sim3.5g/gCr(Ⅵ)$；$N_2H_4 \cdot H_2O$（含有效量 40% 计）$2\sim2.5g/gCr(Ⅵ)$；C_R 为化学清洗液中含还原剂浓度，g/L。

　　槽体一般采用塑料槽或钢槽内衬软塑料。

　　（3）反应沉淀槽。一般间歇式处理时，将反应、沉淀合成一个处理设备；当处理量较大时或连续式处理时，可将反应和沉淀分建两个槽，一般建于地面或半地下坑内。槽体可采用塑料板制作，水量大时用钢槽，但应设防腐蚀措施。

　　（4）清洗槽。采用普通清洗槽。当采用静止水浸洗时，待清洗达到控制浓度后，定期排入反应沉淀槽中，处理到达标后排放。

　　D　操作管理注意事项

　　（1）新配化学清洗液无色，当镀件上带入的镀铬液滴入时，滴入液呈棕红色，但颜色立即消失，表明铬酸已与化学清洗液起了反应。使用一定时间后，镀铬液滴入时的颜色消失逐渐变慢，甚至不消失，这时需通过检测分析，及时更新失效液。

　　（2）为减少镀件的带出液量，延长化学清洗液使用周期，挂具宜采用浸塑挂具。

　　（3）调整化学清洗液 pH 值，一般用 2.3mol/L 左右的硫酸或 5.8mol/L 左右的氢氧化钠。

　　在选用还原剂时，不要选择易挥发、有异味的试剂。如连二亚硫酸钠（$Na_2S_2O_4$）的水溶液很不稳定，容易分解为亚硫酸和硫代硫酸根离子，反应式为：

$$2S_2O_4^{2-} + H_2O \longrightarrow S_2O_3^{2-} + 2HSO_3^-$$

　　连二亚硫酸钠溶液逸出的气味会污染环境，因此，在选用还原剂时，除要结合当地货源、价格等，对试剂的性质也要加以注意。

　　（4）用水合肼作为还原剂时，在化学清洗槽内，镀件进行清洗的过程中有气泡逸出，水合肼是否会随气泡进入大气而污染环境的问题也应给予足够重视。在槽上取样经有关部门检测，未检出或仅检出痕量时，在生产过程中仍需引起注意并加强管理。

　　E　国内使用概况

　　槽内处理法处理电镀含铬废水，在国内推广使用的时间较长，尤其在小型镀槽、产量不大的小电镀点以及乡镇企业中的小电镀点中使用最多。

　　6.3.1.4　铁屑（铁粉）内电解处理法

　　铁屑（铁粉）不但能处理含铬废水，对锌、铜、银等重金属也有去除作用。

　　A　工作原理

　　铁屑内电解法的原理主要为：当含 $Cr(Ⅵ)$ 废水通过铁屑时，在一定的 pH 值下，铁屑内发生了原电池反应。

　　阳极反应：

$$Fe - 2e \longrightarrow Fe^{2+}$$

$$Cr_2O_7^{2-} + 6Fe^{2+} + 14H^+ \longrightarrow 2Cr^{3+} + 6Fe^{3+} + 7H_2O$$
$$CrO_4^{2-} + 3Fe^{2+} + 8H^+ \longrightarrow Cr^{3+} + 3Fe^{3+} + 4H_2O$$

阴极反应：

$$2H^+ + 2e \longrightarrow H_2\uparrow$$
$$Cr_2O_7^{2-} + 6e + 14H^+ \longrightarrow 2Cr^{3+} + 7H_2O$$
$$CrO_4^{2-} + 3e + 8H^+ \longrightarrow Cr^{3+} + 4H_2O$$

其中，CrO_4^{2-} 还原为 Cr^{3+} 的反应主要在阳极进行。

随着反应的进行，氢离子浓度逐渐减小，pH 值则逐渐升高，使得溶液中的 Fe^{3+}、Cr^{3+} 生成氢氧化物沉淀。

$$Cr^{3+} + 3OH^- \longrightarrow Cr(OH)_3\downarrow$$
$$Fe^{3+} + 3OH^- \longrightarrow Fe(OH)_3\downarrow$$

B 主要设备

电镀废水处理机是进行反应的主要设备，可根据需要处理的废水量的大小选择适当的型号，废水处理机内装有铁屑。另一重要设备是斜板沉淀池，用于固液分离。其他设备还有水泵、流量计、空气压缩机等。

C 工艺流程

水处理机运行一段时间后，铁屑孔隙中吸附了 $Fe(OH)_3$ 及 $Cr(OH)_3$ 至饱和，就会使其还原能力降低，出水 $Cr(Ⅵ)$ 超标，需要进行反冲洗。控制适宜的气量和水量进行反冲洗，直至把设备内的沉淀物冲洗干净，使铁屑获得再生。反冲洗后的出水经过一次水池沉降后，也流向斜板沉淀池（图6-14）。

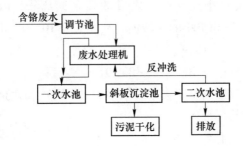

图6-14 铁屑内电解法处理含铬废水工艺流程

D 影响处理效果的因素

（1）进水酸度。进水酸度是影响六价铬还原过程及速度的重要因素，因此要严格控制。

（2）铁屑（铁粉）性状。铁屑只能是普通碳素钢铁屑，而不能用不锈钢的铁屑。

用铁粉处理时，要求铁粉比表面积大，最好为多孔的还原铁粉（如粉末冶金用的铁粉），制钛时产生的副产品磁性铁粉也可用。要求不高时，用电解铁粉或铸铁粉也可。

（3）表面状态的影响。在含有铬酸的废水中，铁的表面容易钝化。一旦产生钝化膜，会减慢铁的溶解，严重时反应停止。为了使在废水中存在活化剂，目前效果好而又容易获得的是 Cl^-，所以在酸化时最好采用盐酸而不用硫酸，强腐蚀的废盐酸最好。

（4）腐蚀产物的影响。在还原反应时，不断生成 Cr^{3+} 和 Fe^{3+}。当 pH>2.2 时，Fe^{3+} 就会生成不溶性的 $Fe(OH)_3$。当它吸附在铁的表面而未及时清除时，会影响还原反应的继续进行。为解决这一问题，可从两方面着手：一是提高酸度，防止生成氢氧化物沉淀；二是加强搅拌，及时用机械力从铁表面除去产物。

E　处理效果

北京某厂采用铁屑内电解法处理含铬废水。其主要参数为：

废水流量：$1m^3/h$；反应时间：30min；进水 pH 值：2~2.1；铁屑加入量：$100kg/m^3$；进水 Cr(Ⅵ)浓度：35~40mg/L；出水 pH 值：2.5~3.0；中和后出水 pH 值：8；处理槽出水 Cr(Ⅵ)浓度：小于 0.5mg/L；废盐酸酸化时 Cr(Ⅵ)去除量：20~30mg/L；处理槽 Cr(Ⅵ)去除量：约 40mg/L；中和后出水总铁量：0.2~0.8mg/L；中和后出水总铬量：0.8~1.7mg/L。

由于铁屑法需酸量大，宜于废水量较小、废酸量能满足需要的单位使用。

6.3.1.5　钡盐法

用钡盐法处理电镀含铬废水，主要的优点是比化学还原法简单，不受车间自来水中含铬浓度变化的影响，污泥的清除周期较长，出水水质较好。但由于钡盐货源问题、沉淀物分离以及污泥的二次污染等问题尚须进一步解决，影响了这种方法的推广使用。

A　基本原理

钡盐法处理含铬废水是利用固相碳酸钡与废水中的铬酸接触反应，形成溶度积比碳酸钡（$K_{sp}=5.1\times10^{-9}$）小的铬酸钡（$K_{sp}=1.2\times10^{-10}$），以此除去废水中的六价铬，其反应为：

$$BaCO_3 + H_2CrO_4 \longrightarrow BaCrO_4\downarrow + CO_2\uparrow + H_2O$$

经碳酸钡处理后的废水中还含有一定量的残余钡离子，因此，用石膏（$CaSO_4 \cdot 2H_2O$）进行除钡，生成溶度积更小的硫酸钡（$K_{sp}=1.1\times10^{-10}$），其反应为：

$$CaSO_4 \longrightarrow Ca^{2+} + SO_4^{2-}$$

$$SO_4^{2-} + Ba^{2+} \longrightarrow BaSO_4$$

含铬废水经上述两个反应后，除去了废水中的 Cr(Ⅵ)和残余 Ba^{2+}，处理后水可回用于生产，同时也能达到排放标准。

B　处理流程及技术条件和参数

处理流程：

一般采用间歇式处理，其流程见图 6-15。

除铬反应池一般采用两个交替使用，处理水量很小时可采用单池。

技术条件和参数：

（1）采用钡盐及其投加量。一般采用碳酸钡，也可采用氯化钡。碳酸钡不易溶于水，可一次向反应池中投加较多的碳酸钡，其后陆续补加直至不能使用时全部更新。其理论投量比为 Cr(Ⅵ)：$BaCO_3=1:3.8$(质量比)，实际采用为 1：(10~15)。氯化钡易溶于水，反应速度比碳酸钡快，为液相反应，其理论投药比为 Cr(Ⅵ)：$BaCl_2=1:4.7$(质量比)，实际采用为 1：(7~9)。

（2）搅拌和反应时间由于用碳酸钡为试剂除铬和用石膏除残钡时的反应均为液相与固相反应，因此，搅拌是很重要的一个因素，一般采用空气或机械进行搅拌。反应时间宜在

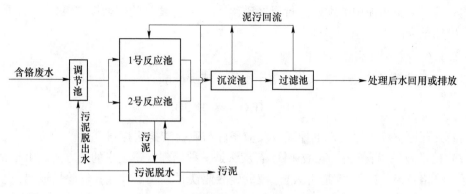

图 6-15 钡盐法处理含铬废水流程

15~20min。采用氯化钡时为 10min 左右。

（3）废水 pH 值。对钡盐除铬的影响用碳酸钡为试剂时，反应时废水的 pH 值一般控制在 4~5。表 6-11 为不同 pH 值时碳酸钡除铬的试验情况。

表 6-11　不同 pH 值时碳酸钡除铬的试验情况

废水反应时的 pH 值	3	4	5	6	8
进水含 Cr（Ⅵ）浓度/mg·L⁻¹	45	45	45	45	45
处理后水含 Cr（Ⅵ）浓度/mg·L⁻¹	约 0	约 0	0.5	0.8	43

用氯化钡时，反应时废水的 pH 值一般控制在 6.5~7，由于反应过程中产生盐酸，而额外的酸会抑制反应的正向进行，降低了除铬效果。

$$BaCl_2 + H_2CrO_4 \longrightarrow BaCrO_4\downarrow + 2HCl$$

表 6-12 为不同 pH 值时氯化钡除铬的试验情况。

表 6-12　不同 pH 值时氯化钡除铬的试验情况

废水反应时的 pH 值	4	5	6	6.5	7	7.5	8	8.5	9
进水含 Cr(Ⅵ)浓度/mg·L⁻¹	56.8	56.8	56.8	56.8	76.3	76.3	76.3	76.3	76.3
处理后水含 Cr(Ⅵ)浓度/mg·L⁻¹	>0.1	>0.1	>0.1	<0.1	0.03	0.03	0.03	0.04	0.08

与氯化钡反应生成的铬酸钡沉淀，宜在中性条件下进行，否则会使沉淀不完全，得不到预期的效果。

（4）反应生成 BaCrO₄ 的沉淀和过滤措施。由于反应生成的 BaCrO₄ 颗粒小，不易沉淀，采用硬聚乙烯微孔管进行过滤。经试验，微孔管水平安装时堵塞周期短，堵塞后的微孔管用静止酸浸泡效果不佳，最好采用压力流动反洗，酸加压循环。一般用盐酸，从易于洗净的角度看用醋酸较好。

（5）除残钡和处理后水的回用。除残钡用粒径 20~80mm 的石膏块，用逆向过滤，上升滤速为 25~40m³/dm³，接触时间 2min 左右，处理后出水中钡小于 4mg/L。

当进水中有钝化清洗水时，因处理后水中有硝酸根，故不宜回用于镀铬，只能作为钝化清洗使用。若为单一镀铬废水时，处理后水可循环使用。

（6）污泥处置。由于碳酸钡在反应过程中有"包藏"作用，因此，不能百分之百得到利用。将排放出污泥中的钡盐进行研磨破碎,使"包藏"的碳酸钡"暴露"后再利用,但这会增加很大的工作量,很难实现。

6.3.1.6　其他还原法

(1) 二氧化硫还原法。二氧化硫溶于水后生成亚硫酸:

$$SO_2 + H_2O \Longrightarrow H_2SO_3$$

因而其还原沉淀含铬废水的原理及反应条件与亚硫酸盐法相同。

(2) 硫酸亚铁-石灰法。硫酸亚铁-石灰法是一种处理含铬废水的老方法。由于试剂来源广泛,除铬效果较好。当使用酸洗废液的硫酸亚铁时,成本较低,经验较成熟,至今仍有单位采用。但此法产生的污泥约为亚硫酸氢钠法的 4 倍,占地面积大,出水色度较高。

6.3.2　离子交换法

离子交换法处理镀铬和钝化清洗水是国内使用较为普遍的处理方法之一,经处理后水能达到排放标准,且出水水质较好,一般能循环使用。阴离子交换树脂交换吸附饱和后的再生洗脱液,经脱钠和净化或浓缩后,能回用于镀槽或用于钝化及其他需用铬酸的工艺槽。除了阳离子交换树脂的再生废液等需处理达标排放外,基本上能实现闭路循环系统。

6.3.2.1　基本原理

电镀含铬废水由于电镀工艺的不同,废水中的六价铬浓度不同,其他金属离子和各种阴离子等的成分和含量也有所不同。废水中的六价铬,在接近中性条件下主要以 CrO_4^{2-} 存在,而在酸性条件下主要以 $Cr_2O_7^{2-}$ 存在,两者有如下关系:

$$2CrO_4^{2-} + 2H^+ \Longrightarrow Cr_2O_7^{2-} + H_2O$$

$$Cr_2O_7^{2-} + 2OH^- \Longrightarrow 2CrO_4^{2-} + H_2O$$

由于废水中六价铬以阴离子状态存在,因此,可用 OH 型阴离子交换树脂除去,其反应为:

$$2ROH + CrO_4^{2-} \Longrightarrow R_2CrO_4 + 2OH^-$$

$$2ROH + Cr_2O_7^{2-} \Longrightarrow R_2Cr_2O_7 + 2OH^-$$

由反应可见,用相同量的树脂处理六价铬时,按 $Cr_2O_7^{2-}$ 交换的容量为按 CrO_4^{2-} 交换容量的两倍。

另一方面需要注意的是废水中的阴离子除了 CrO_4^{2-}、$Cr_2O_7^{2-}$ 外,还存在 SO_4^{2-}、Cl^- 等其他阴离子,某些钝化清洗水中还存在 NO_3^- 等阴离子,这些阴离子也同样能与阴离子交换树脂起交换作用。根据实验,如果废水中的六价铬以 $Cr_2O_7^{2-}$ 的形态存在时,对苯乙烯型阴离子交换树脂有很强的亲和力,交换吸附容量大。苯乙烯型阴离子交换树脂对电镀含铬废水中主要阴离子来说,其交换过程中交换顺序如下:

$$Cr_2O_7^{2-} > SO_4^{2-} > NO_3^- > CrO_4^{2-} > Cl^- > OH^-$$

大孔型弱碱阴离子交换树脂在交换过程中,各种阴离子的交换顺序如下:

$$OH^- > Cr_2O_7^{2-} > SO_4^{2-} > NO_3^- > CrO_4^{2-} > Cl^-$$

OH 型树脂交换吸附饱和失效后,可用氢氧化钠溶液再生,恢复其交换能力,其反

应为:

$$R_2CrO_4 + 2NaOH \Longrightarrow 2ROH + Na_2CrO_4$$

$$R_2Cr_2O_7 + 4NaOH \Longrightarrow 2ROH + 2Na_2CrO_4 + H_2O$$

废水中的其他金属离子,如 Ni^{2+}、Ca^{2+}、Cu^{2+}、Cr^{3+} 等可用 H 型阳离子交换树脂除去,其反应为:

$$2RH + Ni^{2+} \Longrightarrow R_2Ni + 2H^+$$

$$2RH + Ca^{2+} \Longrightarrow R_2Ca + 2H^+$$

$$2RH + Cu^{2+} \Longrightarrow R_2Cu + 2H^+$$

$$3RH + Cr^{3+} \Longrightarrow R_3Cr + 3H^+$$

H 型树脂交换吸附失效后,可用盐酸(或硫酸)再生,恢复其交换能力,其反应为:

$$2RH + Ni^{2+} \Longrightarrow R_2Ni + 2H^+$$

$$2RH + Ca^{2+} \Longrightarrow R_2Ca + 2H^+$$

$$2RH + Cu^{2+} \Longrightarrow R_2Cu + 2H^+$$

$$3RH + Cr^{3+} \Longrightarrow R_3Cr + 3H^+$$

一般通过 H 型强酸阳离子交换树脂去除钠,其反应为:

$$4RH + 2Na_2CrO_4 \Longrightarrow 4RNa + H_2Cr_2O_7 + H_2O$$

H 型强酸阳离子交换树脂失效后,用盐酸(或硫酸)再生,恢复其交换能力,其反应为:

$$RNa + HCl \Longrightarrow RH + NaCl$$

6.3.2.2 处理流程及技术条件和参数

处理流程的选择:

根据试验和生产实践的结果,认为要实现铬酸的回槽利用和水的循环使用,在确定处理流程时,关键要使废水中的六价铬以 $Cr_2O_7^{2-}$ 的形态存在。因此,废水在进入阴柱前,如前所述,必须调整 pH 值为 3~3.5;其次,阴离子交换树脂必须以 $Cr_2O_7^{2-}$ 基本达到动态平衡为交换终点,使树脂对 $Cr_2O_7^{2-}$ 达到全饱和;第三,增设除酸阴柱来调整回用水的 pH 值。根据以上三个原则,处理流程一般采用酸性条件下的三阴柱串联、全饱和及除盐水循环的处理流程。

其中除铬阴柱分为固定床和移动床两种处理方式。酸性条件下三阴柱串联、全饱和及除盐水循环处理的固定床流程见图 6-16。酸性条件下饱和阴离子交换树脂移出体外再生的除铬阴柱移动床流程见图 6-17。

废水经调节池,又经过滤柱,去除悬浮物后进入酸性阳柱以达到两个目的:一是去除废水中的重金属离子及其他阳离子,纯化出水水质;二是在阳离子交换树脂交换过程中,置换出氢离子,调整废水 pH 值达到 3~3.5,使废水中的六价铬离子转化成 $Cr_2O_7^{2-}$,为提高阴离子交换树脂的交换容量和回收铬酸的纯度创造条件。

技术条件和参数:

(1)阴离子交换树脂的选择及其饱和工作交换容量。含镀铬废水处理的阴离子交换树脂一般采用大孔型弱碱阴离子交换树脂,也可采用凝胶型强碱阴离子交换树脂,但处理钝化废水时,一般不宜采用凝胶型强碱阴离子交换树脂。

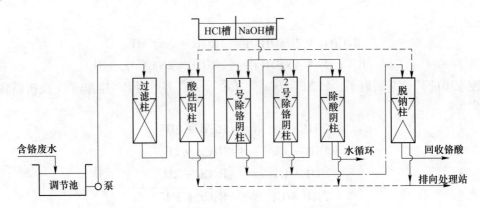

图 6-16　离子交换法处理含铬废水基本流程（固定床）

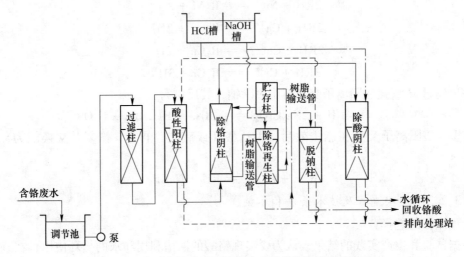

图 6-17　离子交换法处理含铬废水除铬阴柱移动床流程

（2）阳离子交换树脂的选择及其工作交换容量。阳离子交换树脂一般采用强酸阳离子交换树脂。表 6-13 为离子交换法处理电镀含铬废水，酸性阳柱采用 732 强酸阳离子交换树脂的工作交换容量的实测例。

表 6-13　离子交换法处理电镀含铬废水时阴离子交换树脂饱和工作交换容量

序号	工厂	废水性质	废水含 $Cr(VI)$ 浓度/$mg \cdot L^{-1}$	废水中含阳离子浓度/$meq \cdot dm^{-3}$ 自来水中的阳离子含量	废水中的中的阳离子含量	合计	HCl 再生液 浓度 /$mol \cdot L^{-1}$	用量（树脂体积倍数）	732 强酸阳离子交换树脂工作交换容量/$meq \cdot dm^{-3}$
1	北京某木材厂	镀铬	50~150				1.0	2	1200
2	上海电镀厂	镀铬	20~100		0.7	0.7	2.0	2	750~1320
3	上海某纺织厂		30~150				2.0	2	1190~1240
4	某机械厂	铜钝化	45~207	3.84	2.65	6.49	1.0	2	1150~1320
5	某化学材料厂	锌钝化	8~74	4.90	0.82	5.72	2.9	2	1530
6	某仪表厂	混合电镀废水	1.5~33	0.7		0.7	2.3~3.2	2（其中 1 复用）	1250~1470
7	某仪表厂	混合电镀废水	7.6~83	7.53		7.53	17~2.3	2（其中 1 复用）	1310

从表 6-13 可以看出，对 732 强酸阳离子交换树脂的工作交换容量可采用 1260 ~ 1300meq/dm³。

但在计算阳离子树脂的工作交换容量时，还需知道废水中阳离子的总含量，这个数据是根据实际生产情况测得，但一般情况不易取到。为此，为简化计算可采用阳、阴树脂再生次数的比值来计算阳树脂的用量。

综合表 6-14 情况，认为在阳、阴离子交换树脂用量相同的条件下，阳、阴离子交换树脂的再生次数的比值可采用下列数据：

处理镀铬废水时，阳离子交换树脂：阴离子交换树脂＝1：1(再生比值)。处理钝化废水和混合含铬废水时，阳离子交换树脂：阴离子交换树脂＝1：4(再生比值)，但这样会使再生次数过于频繁，因此，应采用增加阳离子交换树脂用量的办法来解决，在钝化和混合含铬废水设计中，可采用阳离子交换树脂：阴离子交换树脂＝2：1(体积用量比)，也就是在生产运行中，除铬阴柱再生 1 次，酸性阳柱则再生 2 次，这样对操作管理来说还是可行的。在生产不允许间断时，也可采用 2 根阳柱交替使用。对镀铬废水采用阳离子交换树脂：阴离子交换树脂＝1：1(体积比)。

表 6-14　阴阳离子交换树脂再生次数比值

序号	工厂	废水性质	阴离子交换树脂牌号	废水中含阴离子浓度/meq·dm⁻³	阳柱交换终点控制出水的 pH 值	阴阳柱再生次数/次		备注
						阴离子交换树脂	阳离子交换树脂	
1	某机械厂	铜钝化	717	6.49	≤3		3	
2	某化学材料厂	锌钝化	301	5.72	≤3.5		4	
3	某仪表厂	混合含铬废水	717		4.5	1	4.2	水回用
							3.7	水不回用
4	北京某皮革五金厂	镀铬	717		≤3.5		1~1.1	
			710				1.3~1.5	
5	航天部第四设计研究院小试	混合含铬废水		1.4	3.5		0.6~0.9	
				4			1.6~2.7	
				8.1			3~3.5	

（3）酸性阳柱交换终点的控制。当阳柱运行接近失效时，一般出水 pH 值迅速上升，直至与进水 pH 值相等，这表明树脂上的氢型交换基已基本置换完了。经生产实践证明，采用离子交换法处理含铬废水的酸性阳柱，其交换终点用其出水的 pH 值来控制，一般情况下是可行的。

表 6-15、表 6-16 为酸性阳柱出水 pH 值和出水中重金属离子泄漏量的两个实测例。从表 6-15、表 6-16 实测情况分析，一般情况下，酸性阳柱以出水 pH 值控制其交换终点时，pH 值最佳值为 3~3.5。

当工厂所在地区采用的自来水含盐量很低，或处理流程中设置除酸阴柱而又采用除盐水循环时，一般酸性阳柱正常出水的 pH 值范围就在 3~3.5 之间。

除了用阳柱出水的 pH 值进行控制交换终点外，也可用出水的电阻率进行控制，其控制数值可采用 ≥2×10⁴Ω·cm，但同时要满足酸性阳柱的进水 pH 值大于 4。

表 6-15 酸性阳柱出水 pH 值和出水中重金属离子泄漏量实测例一（铜钝化废水）

项　目		重金属离子										
		三价铬				铜				锌			
出水控制 pH 值		≤3		>3~3.5		≤3		>3~3.5		≤3		>3~3.5	
出水浓度/mg·L⁻¹		≤2	>2	≤2	>2	≤1	>1	≤1	>1	≤5	>5	≤5	>5
测定水样	总数	83		80		115		129		116		130	
次数/次	各占次数	41	42	26	54	103	12	19	110	113	3	32	98
各占测定水样次数的百分率/%		49.4	50.6	32.5	67.5	89.6	10.4	14.7	85.3	97.3	2.6	24.6	75.4

表 6-16 酸性阳柱出水 pH 值和出水中重金属离子泄漏量实测例二（锌钝化废水）

项　目		重金属离子						
		三价铬		铜			锌	
出水控制 pH 值		≤3.5						
出水控制电阻率/Ω·cm		$(2\sim3)\times10^4$						
出水浓度/mg·L⁻¹		62	>2	≤1	1~5	>5	≤2	>2
测定水样	总数	79		85			100	
次数/次	各占次数	64	15	76	8	1	100	0
各占测定水样次数的百分率/%		81	19	89.4	9.4	1.2	100	0

6.3.2.3 处理设备、装置的设计和选用

A 废水的预处理

调节池：调节池主要作用是均化废水浓度和调节水量，同时也能起到初沉淀作用，去除一部分机械杂质和悬浮物。调节池容积一般按 2~4h 平均小时流量计算。当废水流量较小时（小于 1m³/h），也可采用 8h 平均小时流量计算。

调节池一般采用地下式、钢筋混凝土结构，并应防腐和防渗漏。防腐措施一般涂刷环氧树脂、过氯乙烯漆或贴玻璃钢。

过滤柱：当废水经调节池初沉淀去除部分悬浮物后，其含量仍超过 10mg/L 时，应设过滤柱，一般采用压力过滤。过滤介质可采用粒径为 0.7~1.2mm 的废阳离子树脂或聚苯乙烯树脂白球，滤料层厚度为 0.7~1.0m，滤速小于 20m/h。冲洗水强度一般为 10~15dm³/(m²·s)，冲洗时间 10min 左右。过滤柱一般为塑料柱或钢柱内衬防腐材料。

B 离子交换除铬系统

离子交换除铬系统，主要包括酸性阳柱、除铬阴柱、除酸阴柱、脱钠阳柱、水泵、水箱等。

除铬阴柱的设计：除铬阴柱是离子交换除铬系统中的一个主要装置，其他装置一般均以它为依据进行考虑，故在设计计算时，对各项技术条件和参数要统筹考虑合理选用。

在设计计算中，树脂饱和工作周期（T）是决定系统一次投资的大小和操作管理是否合理等的一个主要因素，它也与工厂的管理水平等有关，一般按下列情况选用 T 值：

（1）当废水含 Cr(Ⅵ) 浓度为 200~100mg/L 时，T 选用 36h；

（2）当废水含 Cr(Ⅵ) 浓度为 100~50mg/L 时，T 选用 36~48h；

（3）当废水含 Cr(Ⅵ) 浓度小于 50mg/L 时，用 $v = 30dm^3/(dm^3R \cdot h)$ 计算 T 值。

除酸阴柱和酸性阳柱的设计：除酸阴柱和酸性阳柱的树脂用量和交换柱直径计算原则为：当处理镀铬废水时，与除铬阴柱相同，当处理钝化或混合含铬废水时，酸性阳柱应按废水中阳离子等含量进行计算。

C　再生系统

酸性阳柱和脱钠阳柱的再生：阳柱再生剂一般用工业盐酸，酸性阳柱可用自来水配制再生液，脱钠阳柱要用除盐水配制再生液，配制浓度为 1.0~2.0mol/L（3.5%~7.0%）。

除铬阴柱和除酸阴柱的再生：阴柱再生剂一般用工业氢氧化钠，但为了使除铬阴柱能得到纯度较高的回收液，故最好能用低氯氢氧化钠，应用除盐水配制再生液；由于凝胶 S 强碱阴离子交换树脂洗脱困难，故再生液浓度要高些，一般为 2.8~3.4mol/L（10%~12%）。

再生方式：大孔型弱碱阴离子交换树脂由于洗脱容易，一般采用顺流再生。凝胶型强碱阴离子交换树脂洗脱较困难，最好用逆流再生。

再生液的配制、贮存和输送方法很多，一般有以下几种方法：

（1）高位再生槽。先在地面酸（碱）槽内配成需要浓度的再生液后，用泵提升到高位槽，然后利用位差将再生液自流入交换柱进行再生。这种方法管理方便，流量易于控制，设备较简单，但需建高位平台。虽增加了投资，但仍是常用的方法之一。

（2）用泵直接输送。再生液将配制的酸（碱）溶液直接抽吸后，输送到交换柱进行再生，这种方法主要问题是流量不易控制。

（3）用水射器输送再生液。利用泵或自来水压力作为动力，一般压力不低于 350kPa。

（4）对浓酸的输送一般采用负压系统，氢氧化钠一般为固体原料，因此，需设置溶碱槽，并需加温以加速溶解。

（5）再生槽容积一般按 1~2 次再生液用量进行计算。

酸性阳柱和脱钠阳柱再生洗脱液的处理：酸性阳柱和脱钠阳柱的再生洗脱液中含有各种重金属离子和剩余酸，其浓度和组分随镀种、工艺条件、再生方法等不同而异。表 6-17 为部分企业的酸性阳柱再生洗脱液中成分的实测值，供设计参考。

表 6-17　酸性阳柱再生洗脱液中各种重金属离子组分和浓度

序号	工厂	镀种	再生液中盐酸浓度［再生液用量（树脂体积倍数）］	洗脱液中余酸浓度/mol·L⁻¹	洗脱液中重金属离子浓度/g·dm⁻³			
					Cr^{3+}	Cu^{2+}	Fe^{3+}	Zn^{2+}
1	上海某电镀厂		2mol HCl/dm³（2）	0.7~1.2	0.49	0.23	0.14	2.09
2	上海某自动化仪表厂	镀铬	2.3~2.9mol HCl/dm³（2~3）	0.7~0.8	0.08	0.25	0.28	
3	上海某纺织专件厂		2mol HCl/dm³（2）	—	0.31	0.06	0.12	0.01
4	上海某电熨斗厂			1.0	0.36	0.12	0.14	0.21
5	某机械厂	铜钝化	1.5mol HCl/dm³（2）	0.01~1.35	1.73~3.69	2.72~5.40	0.09~0.44	

为了解决传统使用再生剂再生的方法，利用电渗析再生离子交换树脂，把离子交换和电渗析结合起来，达到了闭路循环，电流效率也得到进一步提高。

D 铬酸的回收系统

脱钠方式为：用泵将铬酸钠溶液提升到高位槽，然后定量流入脱钠阳柱进行脱钠，回收的稀铬酸流入贮槽待用。这种方法操作简便，易于控制，但需要较多的贮槽，是目前常用的方法之一，也有用泵直接将铬酸钠溶液输送入脱钠阳柱进行脱钠，但流量不易控制。另外的方法是将除铬阴柱排出的铬酸钠溶液直接与脱钠阳柱串联，无中间转运系统。

E 交换柱等设备的材质选择和防腐措施

交换柱的材质选择和防腐措施：中型或大型交换柱一般采用钢板衬胶或衬软塑料等柱体，机械强度高，耐腐蚀好，但价格贵，损坏后维修困难。

其他设备的材质选择和防腐措施：酸（碱）梢、铬酸槽、贮水槽等一般均采用硬聚氯乙烯板焊制，大型贮槽用钢板焊制后内刷防腐涂料或内衬软塑料。

6.3.2.4 回收铬酸的净化

除铬阴柱的再生洗脱液，往往由于回收液中的氯离子浓度过高，影响回用于镀铬槽。解决的办法一是将回收液进行净化脱氯，或是降级回用于钝化、去锈等工艺槽作为补充液用。其反应如下。

阳极：

$$4OH^- - 4e \longrightarrow 2H_2O + O_2 \uparrow$$
$$2Cl^- - 2e \longrightarrow Cl_2 \uparrow$$

阴极：

$$2H^+ + 2e \longrightarrow H_2 \uparrow$$
$$Cr_2O_7^{2-} + 14H^+ + 6e \longrightarrow 2Cr^{3+} + 7H_2O$$

铬酸中的氯离子在阳极氧化形成 Cl_2 逸出，从而达到铬酸中去除氯离子目的。一般经电解处理后，Cl^- 浓度为 $0.1mg/dm^3$ 或更低。

电解脱氯一般采用间歇式处理，有静态和动态两种形式。

静态处理的无隔膜电解槽的计算如下。

电解槽的有效容积可按下式计算：

$$W = \frac{K_{el}It\eta}{C_0 - C} \tag{6-2}$$

式中，W 为电解槽的有效容积，dm^3；K_{el} 为电化当量，为 $1.323g/(A \cdot h)$；I 为总电流，A；t 为电解时间，h；η 为电流效率；C_0 为电解前铬酸中含氯离子浓度，g/dm^3；C 为电解后铬酸中含氯离子浓度，可采用 $0.2g/dm^3$。

阳极和阴极的面积可按下式计算：

$$F_{阳} = \frac{I}{i_{阳}} = W\lambda \qquad F_{阴} = \frac{F_{阳}}{M} \tag{6-3}$$

式中，$F_{阳}$ 为阳极板总面积，dm^2；$i_{阳}$ 为阳极电流密度，A/dm^2；λ 为阳极板的极水比，dm^2/dm^3 溶液；$F_{阴}$ 为阴极板总面积，dm^2；M 为阳极板与阴极板面积比。

上列计算公式中的有关设计参数可参照表6-18选用。

表 6-18 无隔膜电解脱氧设备设计参数

序号	项目		单位	含氧离子浓度 <2g/dm³	含氧离子浓度 3~5g/dm³	含氧离子浓度 >5g/dm³
1	阳极电流密度，$I_阳$		A/dm²		2.5	
2	阳极板的极水比，λ		dm²/dm³		0.3~0.4	0.6~0.8
3	电解时间，t		h	12~15	18~23	7~10
4	电压	铬酐浓度 40~100g/dm³	V		8~12	
		铬酐浓度 100~200g/dm³			6~8	
		铬酐浓度 200~350g/dm³			4~6	
5	电流效率，η		%	8~15	15~20	15~21
6	阳极板与阴极板面积比，M				10~20	20~25
7	电解时溶液温度		℃		60~80	
8	脱氯指数		gCl⁻/(kW·h)	20~30	37~50	35~45
9	阳极板材料				铅-锑合金板	
10	阴极板材料				铜棒	

在运行中需注意为保持电极表面活化，要及时对钝化极板洗刷和进行活化处理。

动态处理的无隔膜电解脱氯槽：所谓动态就是被处理的铬酸溶液在电解槽内用泵进行循环处理，其优点是脱氯效果较好，可用泵输送进料和出料，减轻了劳动强度。当铬酸溶液的pH值在0.45~1.0范围内，均能取得良好的脱氯效果，并能控制三价铬浓度恒定。

6.3.2.5 操作管理注意事项

加强管理是保证离子交换设备正常运行和提高经济效益的重要环节之一。因此，必须制定操作规程和维修制度有关条例，并应严格执行。设计中若为单独设置处理站时，应添置必要的检测仪器等分析手段为管理工作创造条件。

含铬废水系统应分质设计，对其他镀种废水、冲刷地坪等废水不应混入。在运行中也要防止其他因"跑、冒、滴、漏"的废水混入。

树脂管理的注意事项：

（1）新树脂的预处理。新使用的树脂由于产品出厂时残留有较多的有机溶剂、低分子聚合物及一些无机杂质，大孔型树脂还残留有未除尽的有机致孔剂等，如在使用前不除去，则将在使用中以各种方式造成树脂的污染。一般预处理方法为：

1）阳离子交换树脂的预处理：

①用1.8mol/dm³ NaCl溶液浸泡一昼夜，使树脂充分缓和膨胀，然后用自来水洗净。

②用0.55~1.1mol/dm³ HCl以2~4倍树脂体积的用量洗去树脂上溶解于酸的杂质，然后用除盐水清洗至pH=5~6。

③用0.5~1.0mol/dm³ NaOH以2倍树脂体积的用量洗去树脂上溶解于碱的杂质，然后用除盐水清洗至pH=7~8。

④用0.55~1.1mol/dm³ HCl以2倍树脂体积的用量，空间流速为1~2 dm³/(dm³R·h)，

使树脂转化成 H 型，然后用除盐水洗至 pH=5~6 待用。

2）阴离子交换树脂的预处理：

①~③同阳离子交换树脂预处理的①~③。

④用 0.5~1.0mol/dm³ NaOH 以 2 倍树脂体积的用量，以空间流速 1~2 dm³/(dm³R·h)，使树脂转化成 OH 型，用除盐水清洗至 pH=7~8 待用。

（2）污染树脂的活化。用离子交换法处理含铬废水时，尤其在处理钝化或混合含铬废水时，由于含有如铜、锌、铁等杂质离子，当使用若干周期后都会有交换容量下降或树脂层出现绿色等现象，其主要是由于再生不完全时，一部分未被洗脱下来的金属离子积累过多造成的；另一方面是由于铬酸对树脂的氧化作用，使树脂层中积聚了过多的三价铬，影响交换的正常进行。不论阳树脂还是阴树脂都会产生这样的情况。

1）阳离子交换树脂的活化处理可在交换柱内进行，用 2 倍树脂体积的 3.0mol/dm³ 左右的盐酸，以 1.2~4m/h 流速通过树脂层，再用 1~2 倍树脂体积用量，浓度为 2.0~2.5mol/dm³ 的硫酸浸泡 3h 以上。也可用 3.0mol/dm³ 左右的盐酸浸泡一昼夜后，再用 2 倍树脂体积的 3.0mol/dm³ 左右的盐酸淋洗，然后用水将树脂洗净待用。

2）阴离子交换树脂的活化处理，一般在交换柱外进行，但若交换柱材质强度够和密闭性能好并能及时排气时，也可在交换柱内进行活化处理。

（3）树脂的维护保养。在运行过程中，为防止树脂受含铬废水的氧化，每当设备停止运行时，应将交换柱内含铬废水排回调节池，代之以自来水或净化后的水浸泡树脂。树脂交换达到饱和后要及时再生，树脂再生后以及脱钠阳柱回收稀铬酸后，不宜长期在原液中浸泡停放，应及时淋洗干净，在运行过程中要防止空气进入，若树脂层中夹带气泡后会影响正常交换的进行，停止运行时，交换柱内不准脱水。维护保养好树脂能延长树脂的使用寿命，并能保证工作参数的稳定可靠。

6.3.3　电解处理法

电解法除铬是由于在电解过程中铁阳极不断溶解，产生亚铁离子，使废水中的六价铬还原成三价铬，同时亚铁离子被氧化成三价铁离子，并与水中的 OH^- 形成氢氧化铁起到了凝聚和吸附作用。

电解法处理电镀含铬废水，一般适用于中小型电镀车间或电镀厂。废水中含六价铬浓度不宜大于 100mg/dm³。

6.3.3.1　基本原理

电解法处理含铬废水，一般采用铁板做阳极和阴极，在直流电作用下，铁阳极不断溶解，产生的亚铁离子在酸性条件下将六价铬还原成三价铬，其主要反应如下。

阳极反应：

$$Fe - 2e \longrightarrow Fe^{2+}$$
$$Cr_2O_7^{2-} + 6Fe^{2+} + 14H^+ \longrightarrow 2Cr^{3+} + 6Fe^{3+} + 7H_2O$$
$$CrO_4^{2-} + 3Fe^{2+} + 8H^+ \longrightarrow Cr^{3+} + 3Fe^{3+} + 4H_2O$$

阴极反应：

$$2H^+ + 2e \longrightarrow H_2 \uparrow$$

另外，有少量六价铬在阴极上直接还原：

$$Cr_2O_7^{2-} + 6e + 14H^+ \longrightarrow 2Cr^{3+} + 7H_2O$$

$$CrO_4^{2-} + 3e + 8H^+ \longrightarrow Cr^{3+} + 4H_2O$$

从电极反应可知，随反应的进行，氢离子（H^+）浓度逐渐减小，pH 值则逐渐升高。使溶液从酸性转变为碱性，使溶液中的 Cr^{3+} 生成氢氧化物沉淀，其反应为：

$$Cr^{3+} + 3OH^- \longrightarrow Cr(OH)_3 \downarrow$$

$$Fe^{3+} + 3OH^- \longrightarrow Fe(OH)_3 \downarrow$$

由铁阳极溶解产生的亚铁离子除了还原作用外，同时还起到了使氢氧化铬凝聚和吸附的作用，加快了废水的固液分离。

6.3.3.2 处理流程及技术条件和参数

处理流程应根据现场具体条件、处理方式以及维护管理水平等因素综合考虑，一般可采用如图 6-18 所示的处理流程。

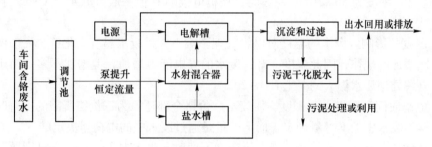

图 6-18 电解法处理含铬废水工艺流程

技术条件和参数：

（1）废水的 pH 值。电解后含铬废水 pH 值的提高程度与电解前废水中 Cr(Ⅵ) 浓度和废水中离子的组分有关。Cr(Ⅵ) 浓度越高，pH 值提高得越多，一般电解后 pH 值提高 1~4。经验证明，当原水中 Cr(Ⅵ) 浓度在 20mg/dm³ 以下时，如原水 pH 值在 4.5~5 范围内，电解后废水的 pH 值大于 6，则 $Cr(OH)_3$ 沉淀较为完全。

实践表明，原水 pH 值低虽对电解有利，但对氢氧化物的沉淀不利。一般电镀厂的含铬废水的 pH 值为 4~6.5，电解后为 6~8，因此电解法处理含铬废水一般不需调整废水的 pH 值。

（2）极距。电解除铬装置的电解槽极板间距多数为 10mm，也有采用 5mm 或 20mm 的。减少极板间净距能降低极距间的电阻，使电能消耗降低，并可不用食盐。但考虑到安装极板的方便，极距（净距）一般采用 10mm。如果安装水平较高时，可采用 5mm。

（3）阳极钝化和极板消耗。由于电极采用普通碳素钢板，在酸性介质的电解过程中，不仅废水中所含的铬酸根、硝酸根和磷酸根等离子能引起极板表面发生钝化现象，而且因电化学氧化和化学氧化的作用也会产生钝化现象。电极表面钝化与废水中的含铬浓度、电流密度、电压等因素有关，含铬浓度越高，钝化形成越快。电流密度与电压越高，钝化形成也越快。

（4）投加食盐。电解除铬时在水中投加食盐能增加水的电导率，使电压降低，电能消耗也相应减少，并利用食盐中的氯离子的吸附性质活化铁阳极，减少阳极表面的钝化。当废水成分复杂时，铁阳极容易钝化，电流换向效果不好，投加适量食盐可取得一定效果。

但投加食盐后会使水中的氯离子增多,影响出水水质,不利于水的回用。若需要投加食盐时,其投量一般不大于 $0.5g/dm^3$,这样对电能降低作用不大。但如果采用了小极距电解槽后,一般可不投加食盐。

(5) 空气搅拌。空气搅拌一方面可以加快离子的扩散,可减少电解过程中的浓差极化,缩短电解时间;另一方面可以防止沉淀物在电解槽内沉积和防止沉淀物吸附在极板上。由于空气中的氧将 Fe^{2+} 氧化为 Fe^{3+},降低电解效率,增加耗电量,而且空气的导电性差,导致电极间的电压升高,因此电解槽工作时压缩空气不宜太大,以不使沉淀物在电解槽内沉淀为准。

(6) 单位耗电量。为了保证一定的除铬效果,必须供给足够的电量,还原1g铬所需的电荷量 Q 理论上为 $3.09A \cdot h$。但在实际生产和试验中,Q 值往往大于理论值。

Q 值与电解槽特性、废水性质等因素有关,应通过试验确定。在缺乏试验资料时,废水中含 Cr(Ⅵ) 浓度为 $50mg/dm^3$ 左右时,铁板电极的 Q 值一般可取 $4 \sim 5A \cdot h$。食盐投量对 Q 值并无影响。

(7) 温度的影响。废水的温度对电解处理影响不大,废水温度变化符合一般温度升高离子活动性增加的规律,因此温度上升,废水的导电能力增加,但增加不多。由于焦耳热的影响,电解处理后水温大约可上升 $1 \sim 2℃$。

(8) 电解时间和阳极电流密度。使废水六价铬全部还原为三价铬所需的电解时间,由铁阳极溶解到废水中的 Fe^{2+} 量确定,而 Fe^{2+} 量是通过废水中的电荷量决定的。

电解时间和电流成反比关系。当电流密度不变时,废水中含铬浓度高时则所需的电解时间长,反之则短。阳极电流密度与废水中 Cr(Ⅵ) 的浓度、极距、电解时间的关系见表6-19。在电解过程中,极板逐渐消耗,阳极面积减小,因此在设计中应考虑阳极面积减少系数,一般采用0.8。

表6-19　电解除铬浓度与电解时间及阳极电流密度的关系

工厂编号	食盐投加量 /g·dm⁻³	废水中 Cr(Ⅵ) 浓度 /mg·dm⁻³	极距/mm	电解时间/min	阳极电流密度 /A·dm⁻²
1	0	35	20	18	0.16~0.17
2	0	100	10	13	0.1
3	0	60~80	10	18	0.15~0.16
4	0	50	5	8~10	0.1~0.2
5	0	50	5	5	0.1~0.17
6	0.5~1	48	10	4.5	0.35
7	0.25~0.5	10~50	铁屑电极	3~6	0.14~0.58

根据上述实测情况,当极板净距为5mm(或10mm),进水六价铬浓度为 $50mg/dm^3$ 时,电解时间宜采用5min(或10min),电流密度宜采用 $0.15A/dm^2$(或 $0.2A/dm^2$)。

(9) 极间电压和安全电压。极间电压由废水的导电性能和所选用的电流密度确定。在实用范围内,极间电压与电流密度近似地呈直线关系,一般可用下式表示:

$$U = a + bi$$

式中,U 为极间电压,V;i 为阳极电流密度,A/dm^2;a 为表面分解电压,V;b 为系数。

a、b 值根据试验确定。国内测定结果列于表 6-20。经验证明，当缺乏试验数据而条件相似时，可以采用表中的 a、b 值。

表 6-20 电解除铬极间电压与电流密度的关系

极距/mm	食盐投加量/g·dm⁻³	水温/℃	a/V	b	关系式 $V=a+bi$
10	0.5	10~15	1	10.5	$V=1+10.5i$
15	0.5	10~15	1	12.5	$V=1+12.5i$
20	0.5	10~15	1	15.7	$V=1+15.7i$
20	0.5	10~15	0.54	13	$V=1+0.954i$

（10）单位电耗与电源功率。采用电解法处理含铬废水时单位电耗见表 6-21。

表 6-21 电解除铬的单位电耗

废水中 Cr(Ⅵ) 浓度/mg·dm⁻³	极距/mm	食盐投加量/g·dm⁻³	单位电耗/kW·h·m⁻¹
16~20	20	0	0.4~0.5
35	20	0	0.9
50	10	0	1.0
100	10	0	2.1
200	10	0	4.5

（11）用废铁屑代替极板。铁屑电极比钢板具有更大的比表面积，易放电且不易钝化，同时节省大量钢板，降低处理成本。采用铁屑电极可以不投加食盐，不用空气搅拌，既降低了工程投资，也为水的回用创造了条件。

铁屑电极电解法处理含铬废水工艺流程见图 6-19，铁屑作阳极处理电镀含铬废水的技术条件和参数见表 6-22。

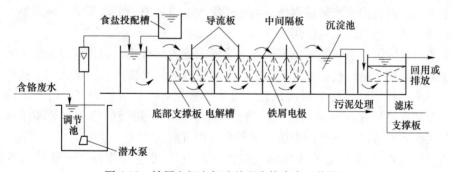

图 6-19 铁屑电极电解法处理含铬废水工艺流程

表 6-22 铁屑作阳极处理电镀含铬废水的技术条件和参数

序号	项目	符号	单位	技术条件和参数	备注
1	处理流量	Q	m³/h	不宜大于 10	当废水流量较大时，可采用多个电解槽
2	进水 Cr(Ⅵ) 浓度	C_0	mg/dm³	<100	当进水 pH 值小于 4 时，浓度可提高
	进水 pH 值			≤6.5	

续表 6-22

序号	项目	符号	单位	技术条件和参数	备 注
3	调节池容积			按 2~8h 平均流量计算	
4	电解槽电极材料			粗车碳钢屑	含其他金属离子的铁屑不能用
	电极间距		mm	30~200	
	供电线与极板连接方式			单极式或双极式	视铁屑电极间距而定
	还原 1g 六价铬为三价铬所需铁屑量		g/gCr(Ⅵ)	4~5	理论值为 3.22
	还原 1g 六价铬为三价铬所需直流电量	K_{Cr}	A·h/gCr(Ⅵ)	≤4.5	
	电压	U	V	<60	应符合国家安全电压规定
	电流密度	i_p	A/dm²	≤2	
	电解时间	t		15~60	
5	电解后出水 Cr(Ⅵ)浓度		mg/dm³	≤0.5	
	电解后出水 pH 值			6~8	

6.3.3.3 处理设备、装置的设计和选用

调节池：调节池的主要作用为调节流量、均化水质，同时还可去除由车间排水所带出的机械杂质、悬浮物和油类等物质。

调节池的容积一般采用 2~4h 平均流量计算，当生产规模较小或流量较少（一般 <1m³/h）时，可采用 4~8h 平均流量。

调节池一般设置两个或分成两格，间歇式集水，当其中一个调节池充满水后，连续进行电解处理，另一格与之交替使用。

电解槽：目前国内所使用的电解槽按水流形式分为回流式、翻腾式以及竖流式三种类型。回流式电解槽的电极板与电解槽的进水方向垂直坐装于槽内。回流式的主要优点是水力条件好、水流流程长、接触时间也长，离子扩散充分，对流能力好，电解槽的利用率高。其主要缺点是槽底容易淤积污泥，当采用小极距时，极板的施工安装和维修均较困难。因此回流式电解槽已逐渐被淘汰，由新型结构所取代。

极板与直流电源的连接方式有单极式连接和双极式连接两种，一般采用双极式的较多。

单极式接线是以每块极板和直流电源的正极或负极相连接，极板的两侧都是相同的极性。目前使用单极式电极的比较少，逐渐被双极式电极所取代。

双极式电极的接线是在每一组极板的第一块极板和最后一块极板与直流电源相连接，第一块和最后一块与电源连接的电极为单性电极，其中间的电极被感应成为双极电极。双极电极中电流从阳极流出而进入阴极，电流流出的地方发生阳极反应，电流流入的地方发生阴极反应。这种阴、阳两极反应发生在同一极板上的现象称为双性电极现象。

单性极板和双性极板的阴极和阳极界面上的电极反应相同，即阳极为氧化反应，阴极为还原反应，极板上电解析出的物质符合法拉第定律。

电解槽的设计和计算如下。

电流计算：

$$I = \frac{K_{Cr} Q C_0}{n} \tag{6-4}$$

式中，I 为计算电流，A；K_{Cr} 为还原 1g 六价铬为三价铬所需电量，A·h/gCr(Ⅵ)，一般按试验资料确定，当无条件时可采用 $4 \sim 5$A·h/gCr(Ⅵ)；Q 为设计废水流量，m^3/h；C_0 为废水含 Cr(Ⅵ) 浓度，g/m^3；n 为电极串联次数，等于串联极板数减 1。

极板计算：

$$F = \frac{1}{0.8 m_1 m_2 i_F} \tag{6-5}$$

式中，F 为单块极板面积，dm^2；m_1 为并联极板组数（若干段为 1 组）；m_2 为并联极板段数（每一串联极板单元为 1 段）；i_F 为极板电流密度，A/dm^2，可采用 $0.15 \sim 0.3A/dm^2$；0.8 为极板面积减少系数。

电压计算：

$$U = n U_1 + U_2 \tag{6-6}$$

式中，U 为计算电压，V；U_1 为极间电压降，V，一般为 $3 \sim 5$V；U_2 为导线电压降，V。

电能消耗计算：

$$N = \frac{IU}{1000 Q \eta} \tag{6-7}$$

式中，N 为电能消耗，$kW·h/m^3$ 废水；η 为整流器效率，无实测数值时，可采用 $0.7 \sim 0.8$。

电解槽有效容积计算：

$$W = \frac{Qt}{60} \tag{6-8}$$

式中，W 为电解槽有效容积，m^3；t 为电解时间。

电解槽一般采用硬聚氯乙烯塑料槽或钢筋混凝土槽。硬聚氯乙烯塑料槽内极板的安装，一般采用插入式，钢筋混凝土槽内的极板安装一般采用悬挂式固定。极板与导线的连接，可采用螺栓固定，并在螺栓周围及表面上涂过氯乙烯磁漆一道，过氯乙烯清漆二道防腐。

目前国内使用的电解槽电源有直流发电机组、硅整流器和可控硅整流器等。电解槽的电源宜单独设置，不应与其他生产设备合用，以免互相干扰影响使用。在确定电源容量时，可按计算值加大 $30\% \sim 50\%$ 选用。

固液分离设备：

(1) 平流式沉淀池。平流式沉淀池的沉淀时间一般为 $1.5 \sim 2.0$h。平均水平流速不宜大于 3.6m/h，据武汉仪表厂使用经验，集泥坑的排泥周期不宜超过 3 天。

沉淀池一般要求长宽比不小于 4，池深不大于 3m，池底纵坡不小于 $0.02 \sim 0.05$，横坡不小于 0.05，为了改善水流条件，在池内应设置稳流的进、出水装置。

(2) 斜板（管）沉淀池。在需要挖掘原有沉淀池潜力或减少沉淀池的占地面积时，通过技术经济比较，可采用斜板（管）沉淀池，见表 6-23。设计斜板（管）沉淀池时，可采用下列参数进行：1）斜板垂直净距一般为 30~50mm；2）斜板倾角一般为 60%；3）斜板水流上升速度，一般为 1~2mm/s，斜板上部水深和底部缓冲层高度可根据具体条件确定。

表 6-23　斜板（管）沉淀池沉淀效果测定情况

序号	测定次数	表面负荷率 /$m^3 \cdot (m^2 \cdot h)^{-1}$	废水 pH 值	平均悬浮物浓度/$mg \cdot L^{-1}$	
				进水	出水
1	1	4	5.5		50
2	2	6	6	700	23
3	1	4	6.5	500	12
4	1	6	6.6	400	17
5	1	7.3	6.5	440	12
6	5	6	7	580	8
7	1	7.3	7.5	400	8.5
8	3	6	8.5	520	7

（3）气浮槽。空气用量可以注入量或释放量表示，但直接起气浮作用的是在气浮槽中释放出来的空气量，注入量和释放量之间的比值不是常数，因此在计算中用释放量估计注入量较为合理。

（4）过滤装置。当废水中多种金属离子形成氢氧化物经沉淀或气浮分离后，六价铬、铜、锌、铅、镍等金属离子一般都能达到排放标准，而镉离子达不到排放标准，此时应进行过滤处理，如果要求水回用时，也需进行过滤处理。

6.4　镀铜废水处理

目前，对于含铜电镀废水的处理主要采用离子交换法、电解处理法、膜分离法、吸附法、生物法等，这些方法也是处理其他重金属废水常用的方法。

6.4.1　离子交换法

氰化镀铜锡合金的清洗废水主要含有氰化物和重金属离子两种有害物质。氰化物在废水中有两种形态存在，一种是游离氰离子（CN^-），另一种是铜氰配离子（$[Cu(CN)_2]^-$、$[Cu(CN)_3]^{2-}$、$[Cu(CN)_4]^{3-}$），一般认为废水中铜氰配离子主要以$[Cu(CN)_3]^{2-}$状态存在，铜氰配离子的不稳定常数见表 6-24。

表 6-24　铜氰配离子的不稳定常数

配离子	温度/℃	不稳定常数 K	反对数 pK
$[Cu(CN)_2]^-$	25	1×10^{-24}	24.0
$[Cu(CN)_3]^{2-}$	25	2.6×10^{-20}	28.6
$[Cu(CN)_4]^{3-}$	25	5.0×10^{-32}	30.3

6.4.1.1　基本原理

据试验研究认为，采用$[CuCl_3]^{2-}$配离子型强碱阴离子交换树脂能有效地将废水中的游离氰和铜氰配离子去除，它比 Cl 型强碱阴离子交换树脂处理含氰废水好。因为 Cl 型强碱阴离子交换树脂对废水中游离氰离子的亲和力很弱，因此，很难除去。$[CuCl_3]^{2-}$型阴离子交换树脂活性基团的可交换离子$[CuCl_3]^{2-}$既可与废水中的铜氰配离子交换反应，也可与游离氰离子发生反应。

$$(R \equiv N)_2(CuCl_3) + [Cu(CN)_3]^{2-} \rightleftharpoons (R \equiv N)_2[Cu(CN)_3] + [(CuCl_3)]^{2-}$$

$$(R \equiv N)_2(CuCl_3) + 3CN^- \rightleftharpoons (R \equiv N)_2[Cu(CN)_3] + 3Cl^-$$

上述反应实质上是CN^-、Cl^-与铜离子的竞争配合反应，由于$[Cu(CN)_3]^{2-}$的不稳定常数小于$[CuCl_3]^{2-}$的，说明CN^-与Cu^+的配位能力远大于Cl^-，结果CN^-取代Cl^-形成的$[Cu(CN)_3]^{2-}$被阴树脂交换吸附，达到了除氰的目的。

另外，铜氰配离子被分解为Cu^+和Cl^-，由于一价铜离子在水溶液中会自发地发生歧化反应成为二价铜离子，其反应为：

$$[(CuCl_3)]^{2-} \rightleftharpoons Cu^+ + 3Cl^-$$

$$2Cu^+(H_2O) \longrightarrow Cu^+ + Cu^{2+} + 2H_2O$$

废水中的铜离子经 Na 型弱酸阳离子交换树脂除去，其反应为：

$$2R{-}COONa + Cu^{2+} \rightleftharpoons (R{-}COO)_2Cu + 2Na^+$$

当树脂互换饱和后，阴离子交换树脂采用盐酸再生，其反应为：

$$(R \equiv N)_2(Cu(CN)_3) + 3HCl \rightleftharpoons (R \equiv N)_2(CuCl_3) + 3HCN\uparrow$$

$$HCN + NaOH \longrightarrow NaCN + H_2O$$

将再生后得到的 NaCN 用于饱和后的阳离子交换树脂的再生，回收的铜氰化钠返回镀槽使用。

6.4.1.2 处理流程

A 废水处理流程

离子交换法处理氰化镀铜锡合金废水一般有两种流程，见图 6-20 和图 6-21。

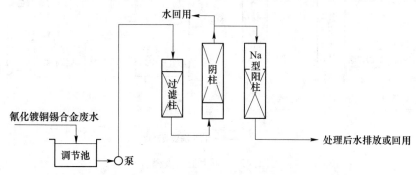

图 6-20 离子交换法处理氰化镀铜锡合金废水流程 I

流程 I 是将氰化镀铜锡合金废水汇集于调节池，用泵提升送入过滤柱后经阴离子交换柱除氰然后再经阳离子交换柱除铜，经处理后水可循环使用或排放。阴离子交换柱一般采用树脂体外再生的移动床，阳离子交换柱一般为固定床。

这种流程的主要缺点是当废水中含钙、镁离子浓度较高或有有机添加剂污染时，有时会使阳离子交换树脂产生"结块"现象，需经常反洗或进行酸洗。因此，当废水含钙、镁离子浓度较高时，可在阴离子交换柱前增设 H 型弱酸阳离子交换柱，先去除废水中的钙、

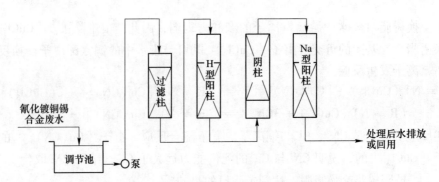

图 6-21　离子交换法处理氰化镀铜锡合金废水流程 Ⅱ

镁离子，一方面防止了阳树脂的结块，另一方面也可减轻除铜阳柱的负担。

但若处理后水循环使用或将循环水和补充水采用除盐水时，以上流程也可不设 H 型阳离子交换柱。

B　再生工艺流程

阴、阳离子交换柱的再生均在负压条件下进行。负压一般不小于 20～27kPa（150～200mmHg）。

阴离子交换柱再生系统由阴树脂再生柱、碱液吸收罐、破氰反应罐和盐酸再生液槽组成，阴阳离子交换树脂的再生工艺流程见图 6-22。

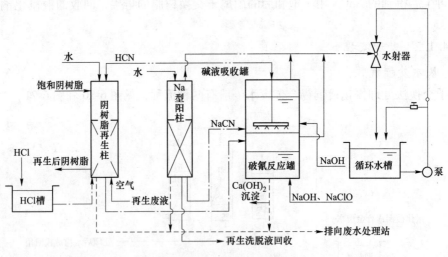

图 6-22　再生工艺流程

阴离子交换树脂再生工序：

（1）将阴柱内饱和的阴离子交换树脂（约为阴树脂总量的 1/3）移入阴树脂再生柱，树脂一般采用水力输送；

（2）启动负压系统；

（3）碱液吸收罐抽成负压并吸入树脂体积 1～1.5 倍的 2.8～4.4mol/dm³ 的氢氧化钠溶液；

（4）吸酸阴树脂再生柱抽成负压并吸入 1/2 树脂体积的 6.0mol/L 的盐酸；

（5）再生阴树脂再生柱吸入空气搅拌 3h 左右，产生的氯化氢气体进入碱液吸收罐被碱液吸收；

（6）淋洗再生后树脂可用自来水淋洗，淋洗后水应返回调节池或经处理合格后排放；

（7）再生后树脂输送回阴离子交换柱继续使用；

（8）再生废液处理：将再生废液吸入破氰反应罐并吸入次氯酸钠溶液破氰后，再吸入氢氧化钠溶液进行中和，生成氢氧化铜沉淀，再经过滤后用回收的氰化钠溶液溶解沉淀物，可回镀槽使用。

Na 型阳离子交换树脂在柱内再生，利用负压将阳柱抽真空吸入阴离子交换树脂，再生时回收得到的氰化钠溶液，从碱液吸收罐进入阳柱，然后吸入空气搅拌 30min 左右；再生洗脱液为铜氰化钠和氰化钠，混合液可返回镀槽使用。再生后可用自来水淋洗，淋洗后水应处理合格后排放。

H 型阳离子交换树脂的再生与一般阳离子交换树脂再生相同，但再生洗脱液、反洗水、淋洗水等均应处理合格后排放。

6.4.1.3 设计、运行技术条件和参数（见表 6-25）

表 6-25 离子交换法处理氰化镀铜和铜锡合金废水的设计、运行技术条件和参数

工序	项 目	单位	技术条件和参数	备 注
进水	总氰浓度	mg/dm³	<100	以 CN⁻ 计
	Cu²⁺ 浓度	mg/dm³	<60	
	SS 浓度	mg/dm³	<15	
	pH 值		8~10	
交换 **除氰阴柱** （移动床）	强碱阴离子交换树脂饱和工作交换容量，E	gCN⁻/dm³R	27.0	717、201 树脂阴离子交换树脂以铜氰配离子 $[CuCl_3]^{2-}$ 型投入运行
	交换空间流速，v	dm³/(dm³R·h)	$C_0<50$mgCN⁻/dm³ 时，20；$50\leqslant C_0\leqslant 75$mgCN⁻/dm³ 时，15；$75\leqslant C_0<100$mgCN⁻/dm³ 时，10	$v<30$m/h
	树脂层高度	m	1.5~1.8	交换柱有效高度为 1.1H
	控制出水终点指标	mg/dm³	出水 CN⁻≤0.5mg/dm³	
Na 型阳柱	弱酸阳离子交换树脂工作交换容量	gCu²⁺/dm³R	10~14	116 树脂
	与除氰阴离子交换树脂的体积比		1：0.5	
	交换空间流速，u	dm³/(dm³R·h)	10~20	$v<30$m/h
	树脂层高度，H_1 树脂工作周期，T	m h	0.6~0.8 与除氰阴柱同步再生	交换柱有效高度宜为 2H
	控制出水终点指标		出水 Cu²⁺≤1mg/dm³	
H 型阳柱	弱酸阳离子交换树脂与除氰阴离子交换树脂的体积比		1：0.5	116 树脂

续表6-25

工序	项 目	单位	技术条件和参数	备 注
再生	阴树脂再生柱，碱吸收罐和破氰反应罐			
	每次从除氰阴柱移出体外再生的树脂量		为除阴离子交换树脂总量的 1/3	
	阴树脂再生柱树脂层高度，H_2	m	0.5~0.6	再生柱直径可与除氰阴交换柱相同，再生柱有效高度宜为 $2H$
	树脂工作周期，T	h	$C_0 = 100 \sim 150\text{mgCN}^-/\text{dm}^3$ 时，9~12；$C_0 < 50\text{mgCN}^-/\text{dm}^3$ 时，按 $v = 20\text{dm}^3/(\text{dm}^3\text{R} \cdot \text{h})$ 进行计算	
	再生液用量	树脂体积倍数	0.5	
	再生液浓度（HCl）	mol/dm³	6.0	用自来水配制，可用工业盐酸
	再生时间	h	3	吸入空气搅拌
	碱吸收罐容积		1.5	罐上都要留有 0.3~0.4 空间
	碱吸收液用量		1~1.5	碱吸收液可连续使用 2 次再生过程中产生的氰化氧气体必须吸入碱吸收罐
	碱吸收液浓度（NaOH）		2.8~4.4	
	破氰反应罐容积		可按再生洗脱液量的 2~3 倍计算	
	再生操作条件		在负压下进行	负压真空度为 20~27kPa
	Na 型阳柱			
	再生液用量	树脂体积倍数	0.5~0.8	用碱液吸收罐回收的氰化钠溶液作为再生液
	再生液浓度	gCN⁻/dm³	25	
	再生时间	min	30	吸入空气搅拌
	再生后回收液中含 Cu^{2+} 浓度	g/dm³	20~25	可回镀槽使用
	再生操作条件		在负压下进行	负压真空度为 20~27kPa
	H 型阳柱			
	再生液用量	树脂体积倍数	2	
	再生液浓度（HCl）	mol/dm³	1.2	用自来水配制，可用工业盐酸
	再生空间流速	dm³/(dm³R · h)	4	

工序	项目		单位	技术条件和参数	备　注
淋洗	阴树脂再生柱	淋洗水量	树脂体积倍数	6~9	用自来水，淋洗水返回调节池
		淋洗空间流速	dm³/(dm³R·h)	10~30	
		淋洗终点指标		出水 pH 值=5	
	Na 型阳柱	淋洗水量	树脂体积倍数	6~9	用自来水，淋洗水返回调节池
		淋洗空间流速	dm³/(dm³R·h)	10~30	
		淋洗终点指标		出水 CN^- ≤0.5mg/L	
	H 型阳柱	淋洗水量	树脂体积倍数	4~6	用自来水，淋洗水应处理达标后排放
		淋洗流速		开始用再生流速，逐渐增大到交换流速	
		淋洗终点指标		出水 pH 值=4~5	

6.4.1.4　处理设备、装置的设计和选用

废水的预处理：

（1）调节池一般为地下式钢筋混凝土结构水池，并应有防渗漏和防腐蚀措施。

（2）过滤一般采用压力过滤柱，过滤介质采用树脂白球，滤料层厚度为 0.7~1.0m，滤速与交换柱交换流速相同，冲洗强度为 $10~15dm/(m^2·h)$ 左右，冲洗时间为 10min 左右。过滤柱一般采用硬聚乙烯板（管）焊制或钢柱内衬胶或软塑料制作。

（3）冲洗水返回调节池或排入含氰废水处理系统中，处理达标后排放。

除氰阴离子交换柱：

（1）除氰阴离子交换树脂一般采用强碱阴离子交换树脂，如 717、强碱 201 等阴树脂。其饱和工作交换容量为 $27gCN^-/dm^3R$。

（2）设计处理流量一般不宜大于 $4.0m^3/h$，大于 $4.0m^3/h$ 时，以设计成 2 套装置为宜。

（3）除氰阴离子交换柱一般采用移动床，由柱底部进水，其结构基本上与固定床相同，所不同的是要考虑树脂输送时的进、出口，操作时要防止树脂的乱层。每次饱和树脂移出再生量一般为除氰阴离子交换树脂总量的 1/3 左右。

交换柱有效高度按树脂层高度（H）的 1.1 倍计算。

阴树脂再生柱：阴树脂再生柱直径一般与除氰阴柱相同，树脂层高度为 0.5~0.6m，再生柱有效高度应为 2 倍树脂层高度。

除铜 Na 型阳离子交换柱：树脂一般采用弱酸阳离子交换树脂如 116 树脂，其工作交换容量为 $10~14gCu^{2+}/dm^3R$。阳离子交换柱采用固定床，树脂层高度为 0.6~0.8m；交换柱有效高度为树脂层高度的 2 倍。柱体设计应满足负压工作要求。

6.4.1.5　其他型号离子交换树脂

A　基本原理

用 H 型强酸阳离子交换树脂处理含硫酸铜废水时，废水中的铜离子与树脂上的氢离子

进行交换，树脂饱和后用硫酸再生，其反应为：

交换：　　　　　$2R—SO_3H + CuSO_4 \rightleftharpoons (R—SO_3)_2Cu + H_2SO_4$

再生：　　　$(R—SO_3)_2Cu + H_2SO_4 \rightleftharpoons 2R—SO_3H + CuSO_4$

用 Na 型强酸阳离子交换树脂处理含硫酸铜废水时，废水中的铜离子与树脂上的钠离子进行交换，树脂饱和后用硫酸钠再生，其反应为：

交换：　　　　$2R—SO_3Na + CuSO_4 \rightleftharpoons (R—SO_3)_2Cu + Na_2SO_4$

再生：　　$(R—SO_3)_2Cu + Na_2SO_4 \rightleftharpoons 2R—SO_3Na + CuSO_4$

当采用 Na 型弱酸阳离子交换树脂时，再生用硫酸，并用氢氧化钠转型，其反应为：

交换：　　　$2R—COONa + CuSO_4 \rightleftharpoons (R—COO)_2Cu + Na_2SO_4$

再生：　　$(R—COO)_2Cu + Na_2SO_4 \rightleftharpoons 2R—COONa + CuSO_4$

转型：　　　　$R—COOH + NaOH \rightleftharpoons R—COONa + H_2O$

B　处理流程

离子交换法处理硫酸铜镀铜废水流程见图 6-23，交换柱的再生洗脱液，一部分直接返回镀槽作为补充液。其不平衡部分的量定期进行电解回收金属铜。

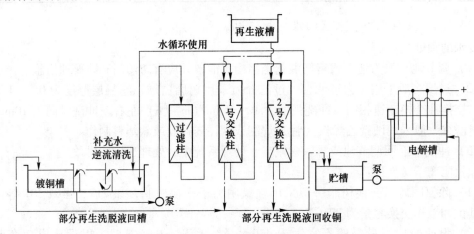

图 6-23　离子交换法处理硫酸铜镀铜废水流程

处理系统应设计为分质系统，不能将其他镀种清洗水或冲刷地坪等排水混入，循环水的补充水用除盐水。

C　离子交换法处理硫酸铜镀铜清洗水的设计、运行技术条件和参数

（1）H 型（或 Na 型）强酸阳离子交换树脂：采用 H 型（或 Na 型）强酸阳离子交换树脂处理硫酸铜镀铜清洗水设计、运行的技术条件和参数见表 6-26。

进水悬浮物浓度超 10mg/L 时，应设过滤柱，过滤柱设计要求与含铬废水相同。

由于硫酸铜镀铜为常温槽，回用液直接回镀槽的回用量不多，因此一般将剩余部分回收液采用电解法回收金属铜。交换柱、过滤柱、再生液槽等大多采用硬聚氯乙烯板（管）制作。

（2）Na 型弱酸阳离子交换树脂：处理硫酸铜镀铜清洗水一般采用 Na 型 116、111×22 和 116B 等弱酸阳离子交换树脂，采用双阳柱全饱和处理流程，处理后出水含 Cu^{2+} 浓度可达 $1mg/dm^3$ 以下，pH 值为 6~7，交换流速一般为 7~15m/h。再生用 2 倍树脂体积的

$1.5 \mathrm{mol/dm^3}$ 的硫酸，其中 1 倍树脂体积量的再生洗脱液可复用 1 次，再生洗脱液中，Cu^{2+} 浓度可达 $50 \mathrm{g/dm^3}$ 左右。镀槽使用，可用电解法回收金和铜。循环水及补充水宜用除盐水。

表 6-26　H 型和 Na 型强酸阳离子交换树脂处理硫酸铜镀铜洗水设计、运行技术条件和参数

工序	项目	单位	技术条件和参数		备　注
			Na 型阳离子	H 型阳离子	
交换	732 强酸阳离子交换树脂饱和工作交换容量，E	$\mathrm{gCu^{2+}/dm^3R}$	40		
	交换空间流速，u	$\mathrm{dm^3/(dm^3R \cdot h)}$	≤40		$u \leqslant 20 \mathrm{m/h}$
	树脂层高度	m	0.6~1.0		
	控制出水终点指标	$\mathrm{mg/dm^3}$	第 1 阳柱进、出水 Cu^{2+} 浓度基本相等		当水循环使用时，控制出水 Cu^{2+} 浓度不超过 $20 \mathrm{mg/dm^3}$，排放时 Cu^{2+} 浓度应为 $1 \mathrm{mg/L}$ 以下
再生	再生液用量	树脂体积倍数	2.4		其中 1.2 倍复用 1 次后作为回收液
	再生液浓度	mol/L	2.0mol/L	1.0mol/L	
	再生空间流速	$\mathrm{dm^3/(dm^3R \cdot h)}$	2 左右	3 左右	
淋洗	淋洗水量	树脂体积倍数	4~5		
	淋洗流速		开始用再生流速，逐渐增大到交换流速		
	淋洗终点指标		出水 pH 值 =3~4	出水 pH 值到 6 左右	

6.4.2　电解处理法

6.4.2.1　基本原理

在电解过程废水中各种阳、阴离子都参与反应，各种离子在电极反应时析出电位各不相同，凡析出电位较正的金属都能优先在阴极上析出。铜的电位比铅、铁等较正，因此，它就能优先在阴极上析出，其反应主要如下。

阴极：

$$Cu^{2+} + 2e \longrightarrow Cu$$

$$2H^+ + 2e \longrightarrow H_2 \uparrow$$

阳极：

$$4OH^- - 4e \longrightarrow 2H_2O + O_2 \uparrow$$

6.4.2.2　处理流程的选用及技术条件和参数

一般处理流程见图 6-24。

技术条件和参数：

（1）回收槽内铜的浓度。回收槽内铜的浓度对电解回收铜的电流效率影响很大，铜浓度高，电流效率就高，反之则低。若回收槽浓度保持在一个较高水平，则镀件从回收槽带入清洗槽的铜离子相应增加，这样也就增加了清洗槽的负担，若清洗槽直流排放时，也就

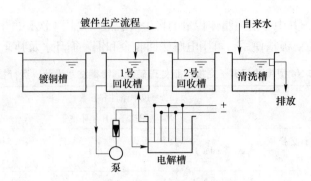

图 6-24　电解处理镀铜废水流程

会增加清洗水量。

（2）电流密度和电压：

1）电流密度不但影响电流效率而且也影响沉积铜的质量。一般当废水含铜浓度较低时，过高的电流密度会使电流效率下降，同时所得到的铜沉积物呈疏松海绵状铜粉，电流密度较低时则能得到金属的铜箔。因此要两者兼顾，选用较合适的电流密度。

2）电解槽的电压由极板间距、回收液导电性能和采用的电流密度等因素确定。目前使用的情况，一般极间电压为 3~4V。

（3）减少电解过程中浓差极化的措施。在电解过程中，随着铜离子不断在阴极还原而沉积，在阴极表面附近溶液内的铜离子浓度就不断下降，当阴极表面周围的铜离子不能及时补给时，阴极表面就形成一层铜离子浓度极低的扩散层，导致氢离子放电而逸出氢气，这样不仅降低了析出铜的效率，还影响沉积物的结构。

（4）电极和极板间距。阳极一般采用不溶性材料，如钛网涂二氧化铅、钛网涂二氧化钌、铅锑合金（含 Sb 5%）、石墨等。阴极一般采用不锈钢，如沉积的铜要利用作为镀铜槽辅助阳极用时，阴极极板宜采用铜板。极板厚 1~2mm。平板电解槽的极板间距一般为 15~20mm。极板与直流电源的连接方式一般采用单极式连接。

（5）回收铜的利用。回收得到的金属铜可直接将沉积铜的阴极板移入镀铜槽作为辅助阳极。另一个出路是将铜箔剥下出售给回收公司统一利用。

6.4.2.3　使用实例

在上海某电镀厂箱锁生产线的硫酸铜镀铜槽后续的回收槽上进行电解回收铜处理。镀铜槽配方为含 Cu^{2+} 50g/dm^3、H_2SO_4 50~70g/dm^3，锻槽容积 3000dm^3，三班工作，每天镀件清洗带出 5~8kg 硫酸铜。

1981 年，在该厂进行了 3 个月左右生产性测试，共运行 380h，回收铜粉 110kg 左右，铜粉纯度为 90.2%。

其处理流程见图 6-25。其测试运行情况见表 6-27。

由于溶液在电解过程会升温，当电流密度为 1A/dm^2 时，每电解 1h，溶液温度约升高 1℃。

从表 6-27 中可以看出，控制极水比大于 6% 时，铜的去除率约在 95% 及以上，小于 6% 时去除率就会降低很多。

在运行中观察到，由于电解溶液在电解过程中升温，则有气体和酸雾逸出，需设置通风设施。

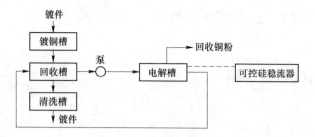

图 6-25 电解回收铜处理流程

表 6-27 生产运行测试情况（部分记录）

序号	含 Cu²⁺ 浓度 /g·dm⁻³		处理流量 /dm³·h⁻¹	温度 /℃	铜平均去除率/%	极板面积/dm²		电流 /A	电流密度 /A·dm⁻³	电压 /V	极水比 /%
	进水	出水				阳极	阴极				
1	4.5	0.12	35	<29	96.3			280		3.5	7.9
2	4.1										
3	11.6	0.15	45	<33	96.7			400	1.14		6.2
4	11.7	0.26		<40	95						
5	6.7	0.16	40	<43	89.5			500	1.81	4.5	6.9
6	8.5	0.29		<49	94.4						
7	10.9	0.13		<35	96					4	
8	7.04	0.62	45	<23	89.2	277.3	252.6	280	1	3.5	6.2
9	6.6	0.52		<22	88.9						6.9
10	4.6	0.14	40	<30	95.4						
11	4.2				95.6						
12	4.5	0.1		<27	97.2						
13	14.4	0.4	45	<51	89.8			600	22	4	
14	10.2	0.15		<38	95			500	1.81		6.2
15	6.4	0.14		<26	94.3					3.5	
16	5.3			<27	96.7			280	1		
17	6.9	1.6	72	<28	62.5					4.5	3.7
18	5.8	2.1	75	<24	55					5.5	3.6
19	5.31	2.8	60	<22	39.5	223.4	231.2	220		5	3.7
20	8.3	3.4	64	<16	48.7					3.5	3.5
21	9.7	5	60	<17	44						3.7

6.4.3 其他处理法

6.4.3.1 氧化还原法

A 工艺流程与原理

某电镀车间每天排放出酸洗含铜废水和氰化镀铜废水（图6-26）。前者含铜量为 500~

2000mg/dm^3，pH 值为 $2 \sim 3$；后者含铜量为 $100 \sim 200 \text{mg/dm}^3$。

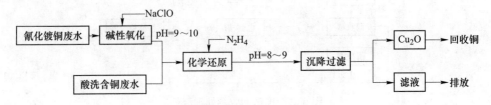

图 6-26　含铜混合废水处理工艺流程

上述工艺主要包括碱性氧化、水合肼还原和沉淀过滤等三个过程。在 pH 值为 $9 \sim 10$ 条件下，加入 NaClO 破坏氰根，使铜转化为氢氧化铜沉淀。经过 NaClO 预处理后，再与酸洗含铜废水混合进行水合肼还原。在碱性条件下，N_2H_4 可与 $Cu(OH)_2$ 起作用，使 Cu^{2+} 还原为 Cu^+ 而成呈土黄色的 Cu_2O 沉淀。

$$4Cu(OH)_2 + N_2H_4 =\!=\!= 2Cu_2O \downarrow + 6H_2O + N_2 \uparrow$$

该反应属于固液反应，它的反应速度一般是受扩散过程所控制。强化反应途径主要是采取措施消除铜膜，加速扩散速度。

B　处理效果

（1）采用水合肼还原法处理含铜废水，设备投资少，工艺操作简单，能够回收铜资源又可达标排放，无二次污染。与其他方法比较，是一种技术上可行，经济上合理的工艺方法。

（2）该工艺不仅适用于单一的酸洗含铜废水，而且对其他含铜混合废水同样是适用的。但对于含有络合剂的含铜废水而言，事先必须破坏络合剂，然后再还原是十分必要的。

（3）水合肼还原法处理含铜废水得到的是 Cu_2O 沉淀物，颗粒粗而致密，沉降时间一般为 15min，脱水容易，经简单脱水后可直接作为铜资源回收，解决了一般化学法常见的污泥脱水问题。

6.4.3.2　中和气浮法

A　基本原理

中和沉淀法和中和气浮法的原理相同，通过投加中和剂 NaOH，氢氧根离子与铜离子形成难溶的氢氧化铜沉淀析出物，达到除去铜离子的目的。沉淀法和气浮法的区别在于中和反应后固液分离的方法不同。沉淀法是固体颗粒在水中进行重力沉降而达到固液分离的；气浮法是将压缩空气溶解在水中，经减压释放后形成微小气泡，气泡上浮过程中携带固体悬浮物上浮而达到固液分离的。

B　工艺流程

气浮法处理含铜废水工艺流程见图 6-27。

C　工艺条件

（1）增加水中的氢氧根离子浓度可以提高铜离子的去除率。在实际生产中，由于废水

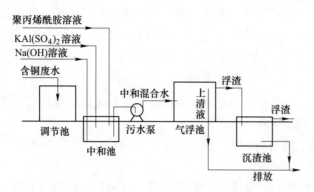

图 6-27 气浮法处理含铜废水工艺流程

中的 Cu^{2+} 浓度很低，且情况往往很复杂，根据实验结果可知，当 pH = 12 时，Cu^{2+} 去除率最高。

（2）絮凝剂的选择。中和反应生成的氢氧化铜是一种极为细小的固体颗粒，很难分离。当投加絮凝剂与助凝剂后，固体颗粒在絮凝剂的吸附作用下形成较大的颗粒，从而可以达到分离的目的。

（3）絮凝剂与助凝剂的投加量。絮凝剂与助凝剂的最佳投加量一般通过实验确定，投加量过小，在气浮过程中形成的浮渣稀而薄，不利于分离，出水效果不佳，而投加量过大可以促进浮渣形成团状物，一般浮渣能够形成一定厚度，并聚集成片状，则表明絮凝剂与助凝剂的投加量适宜。

6.4.3.3 液膜法

A 化学机理

液膜萃取铜的化学机理见图 6-28。

液膜萃取铜的化学过程如下：

（1）Cu^{2+} 由外相扩散至界面 1，与载体 RH 发生化学反应，生成络合物 R_2Cu 并释放出 H^+；

（2）络合物 R_2Cu 在膜内扩散；

（3）R_2Cu 扩散至液膜界面 2，与内相酸中的氢离子发生反应，实现解脱（反萃）过程；

（4）游离载体 RH 反向通过膜扩散；

（5）未络合的 Cu^{2+} 在内相不能通过膜反向扩散。

B 主要流程

（1）制备乳液。在带有挡板的 $500cm^3$ 恒温玻璃

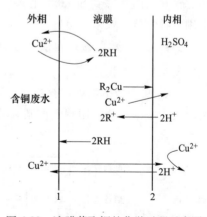

图 6-28 液膜萃取铜的化学过程示意图

制乳器中，将配好的膜相组分在搅拌下加入内相试剂，再以 2000r/min 的搅拌速度搅拌 20min 即成乳液，也可采用超声处理机制备。

（2）液膜渗透。将乳液与废水按一定乳水比倒入恒温液膜萃取器，在 300～400r/min 的搅拌速度下，使乳液与废水充分接触，定时取样分析废水中 Cu^{2+} 的变化。

（3）澄清分离。将乳液与废水的混合液放入澄清器进行澄清分离。分离后废水排放，乳液可复用或破乳后再制乳。

（4）静电破乳。乳液经多次反复使用后，内相中 Cu^{2+} 的浓度明显升高，以致不能再用时，将其置于低压交流电或高压交流（或直流）电场下进行破乳。油水分离后，将油相（一般为煤油）重新制乳，内相 $CuSO_4$ 可回收利用。

C　工艺条件

（1）除 Cu^{2+} 效果随着搅拌速度的提高而增加，但搅拌速度不宜太高，否则又会增加破碎率，一般控制在 $300\sim400r/min$。

（2）除 Cu^{2+} 效率随着时间的增加而增加，但时间太长反而不利，一般控制在 30min 以内。

（3）乳水比大时除 Cu^{2+} 效果好，但不经济。在满足处理效果的条件下，应尽量选择小的乳水比。

（4）随着载体含量的增加，除 Cu^{2+} 效率上升。但当载体浓度达到一定值时，再提高其浓度，除 Cu^{2+} 效率则不再上升，相反还会影响膜的稳定性。一般控制在 5% 以内。

（5）废水的 pH 值对除 Cu^{2+} 有较大的影响，废水原始 pH 值在 3 以上时，除 Cu^{2+} 效果较好。

D　处理效果

（1）液膜法处理含铜废水技术上是可行的。对钟表零件镀铜漂洗水（含 Cu^{2+} 约 $300mg/dm^3$），用 N-510 作载体时除 Cu^{2+} 可达 94%，内相 Cu^{2+} 可浓缩至 $9100mg/dm^3$，其 $CuSO_4$ 可回收利用。

（2）用煤油加中性油作溶剂，亚胺-205 或仲胺-185 作表面活性剂，P204 作载体，H_2SO_4 作内相制得的液膜体系，处理单纯含铜废水时，其稳定性和效果都是令人满意的。

（3）用 Span80 作表面活性剂的液膜体系，虽然稳定性差，但是破乳容易，处理效果还比较好。但考虑到 Span80 比 N-205 昂贵，若一方面使膜稳定，另一方面较易破乳，可采用两者混合，效果将更好。

6.4.3.4　微生物处理法

A　工艺流程

图 6-29 为微生物处理含铜废水示意图。将工厂排出的酸碱废水分别流入集水池，然后流入均质中和池，用阀门控制调节 pH 值中和水质，均质后废水用泵打入混合池与生活污水混合。

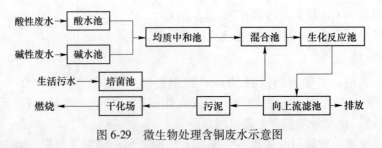

图 6-29　微生物处理含铜废水示意图

B　处理效果

处理效果见表 6-28。

表 6-28 微生物法处理含铜废水情况表

	废水进口浓度	处理后排放口水质
酸性废水	$pH = 3.7 \sim 5.3$；Cu^{2+} 浓度为 $76 \sim 140mg/dm^3$，平均 $78mg/dm^3$；Ni^{2+} 浓度小于 $0.05mg/dm^3$	$pH = 7.47 \sim 8.29$；Cu^{2+} 浓度为 $0.22 \sim 0.84mg/dm^3$，平均去除率为 99.2%；Ni^{2+} 浓度小于 $0.05mg/dm^3$；
碱性废水	$pH = 8 \sim 9$；Cu^{2+} 浓度为 $13 \sim 25mg/dm^3$，平均 $20mg/dm^3$；Ni^{2+} 浓度小于 $0.05mg/dm^3$	COD_{Cr} 浓度为 $60.4 \sim 98mg/dm^3$，平均去除率为 85%；
生活污水	COD_{Cr} 浓度为 $350 \sim 450mg/dm^3$；BOD_5 浓度为 $150 \sim 201mg/dm^3$；SS 浓度为 $42 \sim 530mg/dm^3$；$pH = 5 \sim 6$	BOD_5 浓度为 $25.5 \sim 29mg/dm^3$，平均去除率为 85%；SS 浓度为 $40 \sim 68mg/dm^3$，平均去除率为 90%

以上测试结果是在每天处理量为：含铜废水 $18 \sim 25t/d$，生活污水 $8 \sim 15t/d$，含铜工业废水与生活污水的比例约为 $3:1$ 的情况下，连续取样 5 天所得的结果。

经过半年的运转，各项指标均达到国家要求的排放标准。

C 主要经济技术指标

处理水量：含铜废水 $25t/d$，生活污水 $15t/d$，共处理废水 $40t/d$。工程实际投资 9.8 万元。

耗电量：两台污水泵，功率 $0.75kW$，实际运行 $8h$，只需一名管理人员。

6.5 镀锌废水处理

电镀生产中，镀锌件约占总产量的 60% 左右，所以含锌废水是电镀废水中量大面广的废水之一。

6.5.1 化学处理法

6.5.1.1 碱性锌酸盐镀锌废水

A 基本原理

锌为两性金属，在废水中的存在形态由 pH 值决定。一般认为 pH 值大于 10 时，锌主要以 ZnO_2^{2-} 存在，当 pH 值调整到 $8 \sim 10$ 时，主要以 $Zn(OH)_2$ 形态存在，其反应为：

$$Zn^{2+} + 2OH^- \longrightarrow Zn(OH)_2 \downarrow$$
$$Zn(OH)_2 + 2OH^- \longrightarrow ZnO_2^{2-} + 2H_2O$$
$$Zn(OH)_2 + H_2SO_4 \longrightarrow ZnSO_4 + 2H_2O$$

根据溶度积规则，可在不同的 pH 值条件下，计算出相应的氢氧化锌沉淀物及废水中残留的锌离子浓度的理论值，从而可求得最佳的 pH 值，理论计算式如下：

$$K_{sp} = [Zn^{2+}][OH^-]^2 = 1.2 \times 10^{-17}$$

据对碱性锌酸盐镀锌废水进行不同 pH 值测试，废水中锌离子残留浓度的理论计算值和实测值比较见表 6-29。由表 6-29 可知产生氢氧化锌沉淀的最佳 pH 值为 $8.5 \sim 9.5$。

为了使氢氧化锌更好地从废水中分离出来，需要投加凝聚剂，改善氢氧化锌的沉淀性能，同时充分地混合和反应对固液分离也是不能忽视的。

表 6-29　不同 pH 值时废水中锌离子残留浓度的理论计算值和实测值

调整 pH 值	废水中 Zn^{2+} 的浓度/mg·dm^{-3}				
	理论计算值	实测值 I		实测值 II	
		起始浓度	测定残留浓度	起始浓度	测定残留浓度
7.5	7.85		45.0		50.0
8.5	0.079	50	3.8	150	5.0
9.5	0.00079		1.4		2.5

B　处理流程及技术条件和参数

处理流程：一般镀锌清洗废水的含锌浓度为 10~30mg/dm^3，pH=10~12。镀锌前，酸洗废水中往往由于挂具清洗不干净等原因也会带入锌，其浓度一般为 5~20mg/dm^3，含铁量为 5~8mg/dm^3，pH=2~3。根据以上情况，推荐如图 6-30 所示的处理流程。

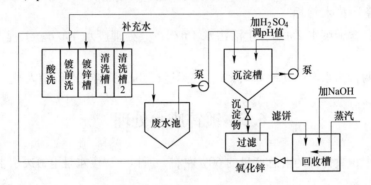

图 6-30　化学法处理含锌废水工艺流程

技术条件和参数：

（1）废水进水浓度。当采用图 6-30 的处理流程时，进入处理设备的循环水含锌浓度可用循环水量来加以控制。据试验，废水含锌浓度在 20~50mg/dm^3 时，处理效果比较好，超过 100mg/dm^3 时，沉淀效果有所降低。另外，提高废水浓度，虽对减少循环水量是经济的，但由于镀锌槽液黏度较大，当清洗水流量太小时，会影响镀件清洗的质量，所以一般废水含锌浓度不宜大于 50mg/dm^3。

（2）反应时的 pH 值。废水进水的 pH 值为 9~12，反应后最佳 pH 值为 3.5~9.0，可利用酸洗槽的废盐酸来调整 pH 值。

（3）凝聚剂投加量和混合反应时间。凝聚剂可采用碱式氧化铝，投加量为 10~15mg/dm^3（以 Al^{3+} 计）。投加过量，沉淀效果反而不好。废水含锌浓度变化对投加量影响不大，所以投加量可基本不变。混合反应时间，宜采用 5~10min。

（4）补充水量。在运行过程中，循环水中的含盐量会不断增加，含锌、氧离子会不断积累，为了改善循环水水质，每天应排放累计处理水量 10%~15% 的循环水，补入纯水。

C　处理装置、设备的设计

（1）清洗槽。清洗槽应设计为两级，镀锌件清洗为逆流清洗，酸洗为"顺流"清洗，清洗槽容积由电镀工艺确定。

（2）调节池。调节池主要起均化水质和容纳滤池冲洗水量的作用，其有效容积可按 2~4h 循环水量计算，同时应满足 1.5~2.0 倍滤池冲洗水量所需的容积。

（3）混合反应池。在池内投加盐酸调节 pH 值，并投加凝聚剂，其有效容积可按 5~10min 循环水量计算，为了更好地混合反应，宜设置机械搅拌器或其他搅拌措施，机械搅拌器的桨板水平线速度宜采用 0.3m/s 左右。反应池过水断面与搅拌器桨板总面积之比为 1:0.06。

（4）沉淀池。一般可采用导向流斜板（管）沉淀池，设计参数如下：

颗粒沉降速度	1.1~1.4min/s
水力表面负荷率	4~5m³/(m²·h)
沉淀时间	30min 左右
斜板倾角	60°
斜板长度	1200mm 左右
斜板间距	30~40mm

按上列参数设计的斜板沉淀池，当进水含锌浓度在 10~80mg/dm³、pH=8.5~9.0 的条件下，通过斜板沉淀池后，锌的去除率一般为 70%~85%。

沉淀池也可采用其他形式，当废水量较大时，也可采用溶气气浮法。

（5）过滤池。当经过斜板沉淀池后的出水，仍不能保证含锌浓度小于 5mg/dm³ 时，应设过滤池。一般宜采用重力式过滤池，设计时应利用设备间的高差，比较经济。滤料可采用双层滤料（无烟煤和石英砂），按一般过滤池的有关参数进行设计。也可采用树脂白球，其粒径为 1.2mm 左右，相对密度约为 1.087，孔隙率约为 50%。

以树脂白球为滤料的重力式过滤池的设计参数如下：

滤速	8~10m/h
作用水头	1.2m
滤料厚度	700mm
冲洗强度	4.5~5.0m³/(m²·h)
膨胀率	60% 左右
冲洗时间	15min

冲洗用水可利用清水池水，也可采用自来水。采用自来水时，可同时作为循环水的补充水，冲洗滤池后的排水内含有氢氧化锌等，应返回调节池。

经过滤后的水质，含锌量小于 5mg/dm³。

以上混合反应池、斜板沉淀池和滤池可组合在一起，废水量大时，也可分设。

（6）清水池。清水池为储存过滤后的循环水用。当滤池的冲洗水采用清水池水时，则清水池的有效容积可按 1.5~2.0 倍冲洗水量计算，或按 0.5~1.0h 的循环水量计算。

（7）污泥浓缩池。从斜板沉淀池排出的污泥，含水率约为 99.5%~99.7%，体积约为处理水量的 4%~8%，为了有利于污泥的脱水，宜设置污泥浓缩池，浓缩时间可采用 8h，含水率可下降到 98.5% 左右，污泥体积可缩小到原有体积的 20%~30% 左右。

（8）污泥脱水。当处理的废水量（即循环水量）不大时（1~3m³/h），可采用简易的污泥脱水设备，如下所述。

尼龙袋重力脱水：污泥装入尼龙袋后吊挂起来，依靠重力脱水。脱水时间和含水率的关系见表 6-30。脱水时间可采用 48h。

表 6-30　污泥脱水时间与含水率关系

脱水时间/h	0	1	2	6	12
含水率/%	98.50	98.22	98.01	97.10	96.08
脱水时间/h	24	30	36	48	54
含水率/%	94.98	94.62	94.38	94.02	93.95

尼龙袋可采用 380 涤纶布，厚度 0.55mm，滤袋的直径 250mm，长度 500mm，用若干个。设置专用的吊架来悬挂装污泥的尼龙袋。

化学滤层过滤静态脱水槽：它是以多孔陶瓷板作为骨架，石膏为滤层的脱水槽，污泥在槽内静置 24h 后，含水率可降 10% 左右。

当处理的废水量较大时，可采用箱式压滤机等污泥脱水机。

（9）污泥的综合利用。对于钾盐镀锌、酸性镀锌的清洗废水，一般也可采用碱性锌酸盐镀锌废水的处理方法，调整废水 pH 值到 8.5~9.0，使废水中的锌形成氢氧化锌而除去，处理后水能达到排放标准，其技术参数基本相同。

6.5.1.2　铵盐镀锌废水

A　石灰法处理铵盐镀锌废水

据上海某造船厂的试验和实践证得知，当废水 pH = 10 时，氨三乙酸与锌离子配位的稳定程度比钙离子大；而 pH = 12 时则相反，氨三乙酸与钙离子络合的稳定程度比锌离子大。因此，利用这个机理来提高废水 pH 值，增大钙离子浓度（同离子效应），有利于配位剂与钙离子配位，使锌离子离解出来，然后形成氢氧化钙沉淀。据试验，最佳 pH 值为 10.95~11.2，钙盐用 CaO，投加量为 $Ca^{2+}/Zn^{2+} = (3~4) : 1$，废水起始含锌浓度在 $150mg/dm^3$ 以下时，处理后 Zn^{2+} 浓度可达 $5mg/dm^3$。

处理时可用石灰（按计算量）和氢氧化钠调整 pH 值到 11~12，搅拌 10~20min，然后经沉淀、过滤。

在运行中应注意 pH 值不能超过 13，否则由于羟基配合物的溶解度增加，使 $Zn(OH)_2$ 重新溶解，使出水中锌含量升高。另外，石灰宜先调制成石灰乳后投加。

B　铵盐镀锌混合废水处理

据上海某电镀厂生产实践证明，将铵盐镀锌废水与含铜、镍、铬和预处理的酸性废水等混合后，在酸性条件下，用化学沉淀法能去除锌和其他金属离子，处理后水达到排放标准。其基本原理可能是由于氧化铵是中等配位强度的配位剂，能与锌、铜、镍等金属离子配位，但在酸性的混合废水中配位能力极弱，加碱时形成金属氢氧化物的速度又高于形成配合物的速度。

处理流程见图 6-31。

主要技术参数：

（1）废水含锌浓度控制在小于 $100mg/dm^3$，这样处理后的废水含锌浓度可小于 $5mg/dm^3$，而且其他金属离子也能符合排放标准。

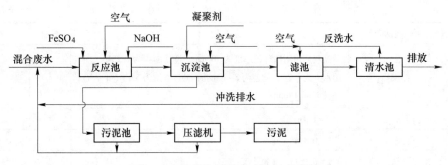

图 6-31 铵盐镀锌混合废水处理流程

（2）废水的 pH 值处理前混合废水必须为酸性，反应时 pH 值调整到 9。

（3）投试剂量如混合废水内含六价铬，则必须投加硫酸亚铁作还原剂，用时也可起到凝聚的作用。投加量根据六价铬浓度及废水中存在的亚铁离子确定，助凝剂采用阴离子型或非离子型的聚丙烯酰胺，投加量为 $5 \sim 10 mg/dm^3$。

（4）处理设备沉淀池、过滤池及污泥处理等可参考碱性锌酸盐镀锌废水部分。

6.5.1.3 使用实例

西安某电瓷厂电镀车间碱性锌酸盐锌废水，采用化学凝聚沉淀法处理，自投产以来运行比较正常，简要情况如下。

处理流程见图 6-32。处理设备的规格及技术参数见表 6-31。生产运行中实测处理效果见表 6-32。

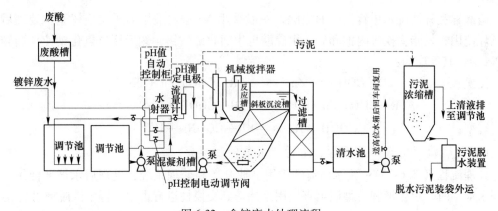

图 6-32 含锌废水处理流程

表 6-31 处理设备的规格及技术参数

序号	设备名称	规格及技术参数	数量	备注
1	调节池	$V = 1.4 m^3$（每个）	2	
2	反应槽	$V = 1.8 m^3$，反应时间 5min，搅拌器转速 16r/min	1	
3	斜板沉淀池	表面积为 $0.44 m^2$，水力表面负荷为 $4.55 \sim 5.68 m^3/(m^2 \cdot h)$，斜板长度为 1150mm，倾角 60°，设备总高度为 2.8m 左右	1	因受建筑高度限制，总高度偏低

序号	设备名称	规格及技术参数	数量	备注
4	滤池	滤料用树脂白球，厚度为 700mm，过滤面积为 0.254m²，作用水头为 1.2m，滤速为 8~10m/h，冲洗强度为 5m³/(m²·h)，冲洗时间 15min	1	
5	清水池	$V = 1.1m^3$	1	
6	盐酸槽	$V = 0.1m^3$（每个）	2	
7	凝聚剂溶解槽	$V = 0.056m^3$（每个）	2	
8	pH 值自动控制装置	pH 值量程 7~14，精度±0.3	1 套	
9	塑料泵	102 型	3	

表 6-32　处理效果实测表

处理水 /m³·h⁻¹	沉淀池含锌浓度/mg·dm⁻³			过滤池含锌浓度/mg·dm⁻³			总去除率 /%
	进水	出水	去除率/%	进水	出水	去除率/%	
2.0~2.1	10~80	2~12	72~85	7~12	0.5~5	60~75	>95

6.5.2　离子交换法

6.5.2.1　钾盐镀锌废水

A　基本原理

硫酸锌镀锌清洗水中锌离子的去除，一般采用 Na 型弱酸阳离子交换树脂，处理后水能循环使用，树脂交换吸附饱和后，用硫酸再生回收硫酸锌，然后用氢氧化钠使树脂转化为 Na 型，其反应为：

交换：　　　　　$2R—COONa + Zn^{2+} \Longrightarrow (R—COO)_2Zn + 2Na^+$

再生：　　　$(R—COO)_2Zn + 2H^+ \Longrightarrow 2R—COOH + Zn^{2+}$

转型：　　　　　$R—COOH + Na^+ \Longrightarrow R—COONa + H^+$

B　处理流程的选择及设计、运行技术条件和参数

处理流程（图 6-33）：废水由清洗槽用泵抽升送到处理系统，处理后水循环使用，当处理水量小时，再生液和转型液可直接用泵抽送到交换柱进行再生，再生洗脱液可直接回

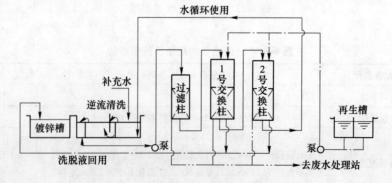

图 6-33　离子交换法处理钾盐镀锌废水流程

镀槽使用。过滤柱、交换柱的反洗、淋洗和转型废液等排水均应排入电镀混合废水处理系统，进行处理达标后排放。

处理系统一般设计为分质系统，不能将其他镀种清洗水或冲刷地坪等废水混入，循环水及其补充水宜用除盐水。

离子交换法处理钾盐镀锌清洗水设计、运行的技术条件和参数见表6-33。

表 6-33　离子交换法处理钾盐镀锌清洗废水设计、运行技术条件和参数

工序	项目	单位	技术条件和参数	备　注
进水	进水含 Zn^{2+} 浓度	mg/dm^3	≤200	循环水及补充
	废水 pH 值		5~8	水宜用除盐水
交换	弱酸阳离子交换树脂饱和工作交换容量	gZn^{2+}/dm^3R	55	D113 树脂
			46	DK110 树脂
	交换空间流速，v	$dm^3/(dm^3R \cdot h)$	20~40	$v = 10~14m/h$
	树脂层高度，H	m	0.6~1.2	Na 型时
	树脂饱和工作周期，T	h	$C_0 = 150~200 mgZn^{2+}/dm^3$ 时，24；$C_0 = 100~150 mgZn^{2+}/dm^3$ 时，24~36；$C_0 < 50 mgZn^{2+}/dm^3$ 时，24~48；$C_0 = 100~150 mgZn^{2+}/dm^3$ 时，用 $v = 24 dm^3/(dm^3R \cdot h)$ 计算	
	控制出水终点指标			
再生	再生液用量	树脂体积倍数	1.2	其中 0.5 倍复用，0.7 倍新配液
	再生液浓度（HCl）	mol/dm^3	3.0	用除盐水配制，盐酸用化学纯
	再生空间流速	$dm^3/(dm^3R \cdot h)$	0.3~0.8	$v = 0.3~0.5m/h$
淋洗	淋洗水量	树脂体积倍数	3.0	用除盐水
	淋洗流速		开始用再生流速，逐渐增大到交换流速	
	淋洗终点指标		出水 pH 值 4~5	
转型	转型液用量	树脂体积倍数	2.0	
	转型液浓度（NaOH）	mol/dm^3	1.0~1.5	用除盐水
	转型流速		与再生流速相同	
淋洗	淋洗水量	树脂体积倍数	4~6	
	淋洗流速		同再生后淋洗速度	
	淋洗终点指标		出水 pH 值 8~9	树脂恢复 Na 型时体积

6.5.2.2　硫酸锌镀锌废水

采用离子交换法处理硫酸锌镀锌清洗水，其处理方法与处理钾盐镀锌废水类似，处理方法简单，并有一定的经济效益。

A　基本原理

硫酸锌镀锌清洗水中锌离子的去除，一般采用 Na 型弱酸阳离子交换树脂，处理后水能循环使用，树脂交换吸附饱和后，用硫酸再生回收硫酸锌，然后用氢氧化钠使树脂转化为 Na 型，其反应为：

交换：$\quad\quad\quad 2R\text{—}COONa + Zn^{2+} \rightleftharpoons (R\text{—}COO)_2Zn + 2Na^+$

再生：$\quad\quad\quad (R\text{—}COO)_2Zn + 2H^+ \rightleftharpoons 2R\text{—}COOH + Zn^{2+}$

转型：$\quad\quad\quad R\text{—}COOH + Na^+ \rightleftharpoons R\text{—}COONa + H^+$

B　处理流程及设计、运行技术条件和参数

处理流程一般采用双阳柱全饱和处理流程，其基本流程与离子交换法处理钾盐镀锌废水流程相同。

离子交换法处理硫酸锌镀锌清洗水设计、运行技术条件和参数见表 6-34。

表 6-34　离子交换法处理硫酸锌镀锌清洗水设计、运行技术条件和参数

工序	项　目	单位	技术条件和参数	备　注
进水	进水含 Zn^{2+} 浓度	mg/dm^3	≤200	循环水及补充水宜用除盐水
	废水 pH 值		6~7.5	
交换	弱酸阳离子交换树脂饱和工作交换容量	gZn^{2+}/dm^3R	55	D113 树脂 DK110 树脂
	交换空间流速，v	$dm^3/(dm^3R \cdot h)$	16~22	$v=10\sim14m/h$
	树脂层高度，H	m	0.6~0.8	Na 型时
	控制出水终点指标	mg/dm^3	第 1 阳柱进、出水 Zn^{2+} 浓度相差在 10% 左右（柱内树脂体积为 Na 型时的 0.6 左右）	当水循环使用时，控制出水 Zn^{2+} 浓度不超过 $30mg/dm^3$，排放时 Zn^{2+} 浓度应为 $5mg/dm^3$ 以下
再生	再生液用量	树脂体积倍数	1.25	其中 0.5 倍复用，0.7 倍新配液
	再生液浓度（H_2SO_4）	mol/dm^3	1.50	用除盐水配制，用工业硫酸
	再生空间流速	$dm^3/(dm^3R \cdot h)$	0.6	$v=0.3m/h$
淋洗	淋洗水量	树脂体积倍数	3.0	用自来水
	淋洗流速		开始用再生流速，逐渐增大到交换流速	
	淋洗终点指标		出水 pH 值 4~6	
转型	转型液用量	树脂体积倍数	2.0	
	转型液浓度（NaOH）	mol/dm^3	1.0~1.5	用除盐水
	转型流速		与再生流速相同	
淋洗	淋洗水量	树脂体积倍数	4~6	
	淋洗流速		同再生后淋洗速度	

6.5.3 其他处理法

其他处理法包括吸附处理法、微生物处理技术等。

吸附处理法包括：(1) 改性硅藻土；(2) 玉米芯处理法。

微生物处理技术包括：(1) 失活生物体除锌；(2) 活性生物体除锌；(3) 利用 SRB 代谢产物除锌。

6.6 含镉废水处理

含镉废水的处理方法很多。根据镉离子的含镉量及镉存在形态的不同，所采用的处理方法也不同。

6.6.1 化学处理法

(1) 聚合硫酸铁法。经过试验说明，聚合硫酸铁对去除镉的最佳投加量为 $40mg/dm^3$，聚丙酰胺投加量为 $0 \sim 0.4mg/dm^3$，对含镉 $15mg/dm^3$ 的废水，镉的去除率达 93% 以上，SS 小于 $20mg/dm^3$，能够满足工业用水要求。此方法操作简单、成本较低，适用于循环水处理系统回用水的处理。

(2) 硫化物-聚合硫酸铁沉淀法。根据溶度积原理，试验时向废水中投加硫化钠，使硫离子与镉等金属离子反应，生成难溶的金属硫化物，同时投加一定量的聚合硫酸铁，生成硫化铁及氢氧化铁沉淀。利用它们的凝聚和共沉淀作用，既强化了硫化镉的沉淀分离过程，又清除了水中多余的硫离子。工艺流程见图 6-34。

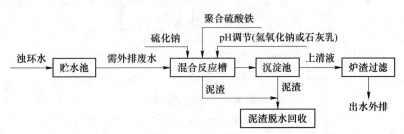

图 6-34　硫化物-聚合硫酸铁沉淀法处理废水流程

经试验证实，当 pH 值、聚合硫酸铁浓度一定时，硫化钠投加量的多少与镉的去除率有很大的联系。随着硫化钠投加量的增加，镉的去除率明显提高。在这条件下，去除镉的最佳硫化钠投量范围是 $70 \sim 150mg/dm^3$，去除率达 99.3% ~ 99.6%。

试验结果表明，硫化钠-聚合硫酸铁沉淀法，去除废水中镉等重金属离子是比较理想的。工艺条件：硫化钠投加含量为 $100mg/dm^3$，聚合硫酸铁投加量为 $40mg/dm^3$，pH 值适应范围为 5 ~ 7，搅拌时间 10min，澄清时间 30min。

(3) 铁氧体法。向含镉废水中投加硫酸亚铁，用氢氧化钠调节 pH 值至 9 ~ 10，加热，并通入压缩空气，进行氧化，即可形成铁氧体晶体并使镉等金属离子进入铁氧体晶格中，过滤达到处理目的。其流程见图 6-35。

研究试验结果表明，铁氧体法去除废水镉等多种重金属离子是可行的。工艺条件是：

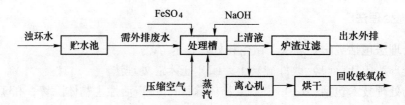

图 6-35　铁氧体法处理废水流程

硫酸亚铁投加含量为 $150\sim200mg/dm^3$，$pH=9\sim10$，反应温度为 $50\sim70℃$。通入压缩空气氧化 $20min$ 左右，澄清 $30min$，镉的去除率 99.2% 以上，出水镉含量小于 $0.1mg/dm^3$。

6.6.2　反渗透法

基本原理：

利用具有选择透过性的高分子膜，以膜两侧压力差为动力，对废水中金属离子，按"原样"进行浓缩，透过膜的废水被重新利用。

反渗透法流程见图 6-36。试验操作压力为 $40\sim50kgf/cm^2$，由高压针形阀门 7 调节，进料槽的漂洗水，经过滤器后进入高压泵，经加压后，进入板式反渗透器 6。膜的有效面积为 $17.35cm^2$，经过膜的水，由贮槽 9 收集。未透过膜的漂洗水，经转子流量计 8 返回进料槽 1，以继续进行循环浓缩。

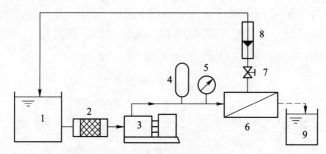

图 6-36　反渗透试验流程

1—进料槽；2—5μm 蜂房过滤器；3—三柱塞高压泵；4—稳压罐；5—压力表；
6—反渗透器；7—高压针形阀门；8—转子流量计；9—膜透过水贮槽

膜性能参数：

$$分离率(\%) = \frac{c_{oi} - c_o}{c_{oi}} \times 100\%$$

$$透水率 = \frac{V}{St}$$

式中，c_{oi}、c_o 分别为组分在进料液和透过液中的浓度；V 为在运转时间的透过膜体积，cm^3 或 dm^3；S 为试验的膜面积，cm^2 或 m^2；t 为时间，s。

使用实例如下。

在国营 125 厂 44 车间，采用化学沉淀-反渗透法组合技术处理其氰化镀镉槽的漂洗废水，在生产线上进行了多年的生产性运转。结果表明，这种组合治理技术可以解决该厂镀镉槽液中漂洗水的镉污染问题，并有较大的推广价值。

该厂氰化镀镉槽的槽液配方见表6-35。

表6-35　125厂镀镉槽液配方

名　称	浓度/mg·dm^{-3}	名　称	浓度/mg·dm^{-3}
氧化镉或硫酸镉	30~60/60~80	硫酸钠	40~50
氰化钠	140~170	硫酸镍	1~5
氢氧化钠	15~20	纸浆	8~12

图6-37为该厂漂洗废水治理流程简图。镀槽容积为720dm^3，镀件的漂洗采用一级回收，三级间歇逆流漂洗工艺。

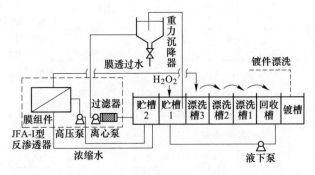

图6-37　125厂氰化镀镉漂洗废水治理流程示意图

操作流程为：实际生产中通过镀件面积及漂洗槽液浓度的分析，控制漂洗槽3中Cd^{2+}浓度约为10~20mg/dm^3。将回收槽液用液下泵送入贮槽1，分别加入一定量的H$_2$O$_2$溶液破氰。由于反应较剧烈，所以采用边缓慢加料边搅拌的方法。反应持续一定时间后，将沉淀及上清液一起送到重力沉降槽中静置、沉淀。上清液用离心泵经过过滤器送入贮槽2，后经反渗透浓缩分离，浓缩液返到贮槽2，淡水返回到漂洗槽3。在每次处理回收槽液的同时，将各漂洗槽中液体逐次倒入前槽实现闭路循环。

工艺条件：

（1）采用JFA-I型反渗透器（常熟千斤顶厂生产），膜材料为PSA，器内装有8个内压管式组件，有效膜面积8m^2，平均操作压力为30kgf/cm^2，室温操作。

（2）每隔2h取样分析膜的性能。镉、氰常量浓度分析由车间化验室完成，微量分析用原子吸收法测定。

处理效果：

生产运转按实际生产情况，采用间歇式处理，数据见表6-36和表6-37。

表6-36　化学沉淀法处理回收槽液结果

周期	处理前回收槽浓度/g·dm^{-3}		加H$_2$O$_2$后上溶液浓度/mg·dm^{-3}		脱除率/%	
	Cd^{2+}	CN$^-$	Cd^{2+}	CN$^-$	Cd^{2+}	CN$^-$
1	1.189		5.0		99.58	
2	4.02	6.5	14.0	99.5	99.65	99.83

续表 6-36

周期	处理前回收槽浓度/g·dm⁻³		加 H₂O₂ 后上溶液浓度/mg·dm⁻³		脱除率/%	
	Cd²⁺	CN⁻	Cd²⁺	CN⁻	Cd²⁺	CN⁻
3	3.2	5.5	15.0	10.8	99.53	
4	2.4	3.9	2.05		99.92	
5	3.9	12.5	8.0		99.80	
6	6.87	8.8	2.14		99.97	
7	4.5	2.9	3.33	152	99.93	94.76

表 6-37 反渗透法处理上清液结果

周期	连续时间 /h	进料				出料		电导脱除率/%	适水量/dm³·(m²·d)⁻¹	脱镉率/%
		流速 /dm³·h⁻¹	平均压力 /kg·cm⁻²	温度 /℃	pH 值	pH 值	Cd²⁺浓度 /mg·dm⁻³			
I	1				8	10.8	10.1	0.056	82.50	67.68	99.95
	3				11	10.9	10.9	0.082	86.42	71.76	99.76
	5	480			14	11.1	11.0	0.190	84.42	63.12	98.97
	7				9	10.8	10.7	0.245	98.00	43.20	98.16
	9				14	11.1	10.8	0.218	97.95	36.00	98.82
	11			30	14.5	11.1	10.9	0.082	72.31	33.36	99.55
II	2				7	11.0	10.7	0.067	84.73	68.64	99.45
	4				10	10.8	10.8	0.089	82.78	48.72	98.43
	6	320			12	9.6	9.6	0.110	84.28	48.72	97.62
	8				7	10~11	10	0.080	75.74	28.08	99.50
	10				8	11	10	0.134	69.92	27.60	99.37
	12				11	11~12	10	0.178	64.29	21.36	

从表 6-37 结果看出，随着反渗透浓缩的进行，进料液中各种离子均被按原样浓缩，使料液中离子浓度增加。因此，其电导率及渗透压有所增加。此外，由于 H₂O₂ 破氰后的上清液中仍残存部分 CN⁻，所以反渗透进料中有镉氰配离子存在，它会使膜的透水率下降。实验中膜的脱镉率为 86.7%～99.9%，这表明当进料液夹带有原始镀件的离子（如 Cu^{2+}、Fe^{3+}、Zn^{2+} 等）时，会对膜的选择透过性有影响。

经济效益：镀镉漂洗改为三级逆流漂洗以后，基本做到闭路循环，节约了水资源，改善了环境污染，可免交排污费，回收了镉。

6.6.3 其他处理法

（1）电解法。电解法是指应用电解的基本原理，使废水中重金属离子通过电解过程在阳、阴两极上分别发生氧化还原反应使重金属富集，然后进行处理。

（2）吸附法。吸附法是利用多孔吸附材料吸附处理废水中镉金属的一种有效方法。目前利用该法处理电镀重金属废水的吸附剂有沸石、活性炭纤维、风化煤、矿渣、黏土、磷灰石及其衍生物、壳聚糖及其衍生物、变性淀粉等。吸附法主要分为以下几种：1) 活性炭吸附法；2) 氢氧化镁吸附法；3) 酸性改性膨润土吸附法；4) 天然高分子材料吸附法。

（3）离子交换法。废水中的镉以 Cd^{2+} 形式存在时，用酸性阳离子交换树脂处理，饱和树脂用盐酸或硫酸钠的混合液再生。加入无机碱或硫化物到再生流出液中，生成镉化合物沉淀而回收镉。以各种络合阴离子形式存在的镉，选择阴离子交换树脂处理。

（4）胶团强化超滤法。胶团强化超滤技术是将表面活性剂（SAA）投加到水中，当溶液中 SAA 的浓度超过了临界胶束浓度（CMC），那么 SAA 分子就会聚集在一起，形成球形胶团。如果投加的是离子型的 SAA，则形成的胶团表面带高电荷，能通过静电作用吸附水中的金属离子。

（5）生物化学法。生物化学法作为一种低能量消耗的处理方法，20 世纪 80 年代以来，国内外正积极开展利用该法处理重金属废水的研究和合作。Kuhn 等用海藻酸钠固定生枝动胶菌可去除 Cd^{2+} 溶液中 95.95% 的 Cd^{2+}。

6.7 镀镍废水处理

6.7.1 离子树脂交换处理法

6.7.1.1 基本原理

镀镍清洗水采用离子交换技术是将废水中的镍离子与阳离子交换树脂上的钠离子进行交换而被除去，从而使废水得到净化。废水中存在的其他阳离子也同时被阳离子交换树脂除去。其反应如下：

（1）采用强酸阳离子交换树脂。

交换过程：

$$2RSO_3Na + Ni^{2+} =\!=\!= (RSO_3)_2Ni + 2Na^+$$
$$2RSO_3Na + Ca^{2+} =\!=\!= (RSO_3)_2Ca + 2Na^+$$
$$2RSO_3Na + Mg^{2+} =\!=\!= (RSO_3)_2Mg + 2Na^+$$

再生过程：

$$2(RSO_3)_2Ni + Na_2SO_4 =\!=\!= 2RSO_3Na + NiSO_4$$
$$2(RSO_3)_2Ca + Na_2SO_4 =\!=\!= 2RSO_3Na + CaSO_4$$
$$2(RSO_3)_2Mg + Na_2SO_4 =\!=\!= 2RSO_3Na + MgSO_4$$

（2）采用弱酸阳离子交换树脂。

交换过程：

$$2RCOONa + Ni^{2+} =\!=\!= (RCOOH)_2Ni + 2Na^+$$
$$2RCOONa + Ca^{2+} =\!=\!= (RCOOH)_2Ca + 2Na^+$$
$$2RCOONa + Mg^{2+} =\!=\!= (RCOOH)_2Mg + 2Na^+$$

再生过程：

$$(RCOOH)_2Ni + H_2SO_4 =\!=\!= 2RCOOH + NiSO_4$$
$$(RCOOH)_2Ca + H_2SO_4 =\!=\!= 2RCOOH + CaSO_4$$

$$(RCOOH)_2Mg + H_2SO_4 \Longrightarrow 2RCOOH + MgSO_4$$

转型过程：

$$RCOOH + NaOH \Longrightarrow RCOONa + H_2O$$

强酸阳离子交换树脂在处理含镍废水时，采用 Na 型其原因并不是 H 型不能进行交换，而是 H 型阳树脂处理后出水呈酸性，不能排放并达不到回用要求。

弱酸阳离子交换树脂由于对 H⁺ 的交换势最强，因此，只需用浓度较低和耗量较少的酸（如硫酸）就能使其再生完全。而直接采用钠盐再生就较困难，因为再生后还需多一道树脂转型工序。

6.7.1.2　处理流程及技术条件和参数

处理流程见图 6-38，离子交换法处理镀镍清洗废水的交换床形式一般分为固定床和移动床两种。

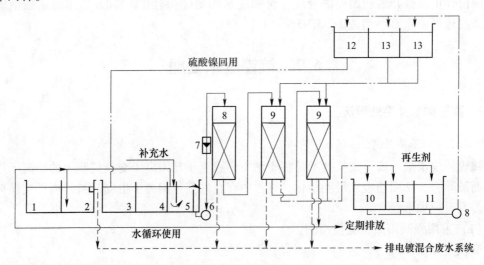

图 6-38　离子交换法处理镀镍清洗水流程（固定床）

1—酸洗槽；2，5—清洗槽；3—镀镍槽；4—回收槽；6—泵；7—流量计；8—过滤柱；9—除镍阳柱；
10—回收硫酸镍槽；11—再生液低位槽；12—回收硫酸镍高位槽；13—再生液高位槽

（1）固定床离子交换。一般采用双阳柱全饱和处理流程，即设置 2 个阳离子交换柱，当第 1 交换柱泄漏镍时，串联第 2 交换柱进行运行。

（2）移动床离子交换。它与固定床处理流程不同的是只设置 1 个交换柱，从柱底逆向进水，当柱底一部分树脂交换吸附镍饱和后，将这部分饱和树脂移出柱外，在再生柱内再生后再从交换柱顶部返回柱内，这样反复运行。

为提高回收液中镍的浓度，一般再生液重复利用一次，并应相应地设置高位槽。

交换树脂的选用：离子交换法处理镀镍清洗水采用的阳离子交换树脂一般为两种。一种是强酸阳离子交换树脂，常用 732 树脂，另一种是弱酸阳离子交换树脂，常用有大孔型的 DK110 和凝胶型 111×22、116B 等树脂。表 6-38 是两种阳离子交换树脂的主要优缺点比较。

强酸阳离子交换树脂处理镀镍清洗水的设计、运行技术条件和参数见表 6-39。弱酸阳离子交换树脂处理镀镍清洗水的设计、运行技术条件和参数见表6-40。

表6-38　强酸和弱酸阳离子交换树脂用于含镍废水处理上清液的比较

项　目	主要优点	主要缺点
凝胶型强酸阳离子交换树脂	1）树脂粒径较大，可提高交换流速； 2）树脂不易结块； 3）交换过程中不需要转型； 4）树脂价格便宜	1）再生液浓度较高，耗用量大，采用硫酸钠作为再生时，再生剂需加温； 2）交换容量较低
凝胶型弱酸阳离子交换树脂	1）树脂交换吸附饱和后，易于再生洗脱； 2）交换容量高； 3）耗用再生剂量较少	1）树脂粒径较小，交换流速较低； 2）树脂易结块； 3）交换过程中需转型，多一道工序； 4）树脂价格较贵

表6-39　强酸阳离子交换树脂处理镀镍清洗水的设计、运行技术条件和参数

工序	项目	单位	技术条件和参数	备注
交换	强酸阳离子交换树脂饱和工作交换容量，E	gNi^{2+}/dm^3R	$30\sim35$	732 阳树脂
	交换空间流速，v	$dm^3/(dm^3R\cdot h)$	<50	$v<25m/h$
	树脂层高度，H	m	$0.5\sim1$	
	树脂饱和工作周期，T	h	含 Ni^{2+} 浓度 $200\sim100mg/dm^3$ 时，24； 含 Ni^{2+} 浓度 $100\sim20mg/dm^3$ 时，$24\sim28$； 含 Ni^{2+} 浓度小于 $20mg/dm^3$ 时，以 $v=50dm^3/(dm^3R\cdot h)$ 计算 T 值	
	控制出水终点指标		第 1 阳柱进、出水 Ni^{2+} 浓度基本相等	当水循环使用时，控制出水 Ni^{2+} 浓度不超过 $20mg/dm^3$
再生	再生液用量	树脂体积倍数	2	用除盐水配制，经沉淀或过滤后使用
	再生液浓度（工业无水硫酸钠）	mol/dm^3	$1.2\sim1.7$	
	再生空间流速，v	$dm^3/(dm^3R\cdot h)$	$0.6\sim1.0$	$v=0.3\sim0.5m/h$
	再生液温度	℃	控制再生液流出时温度不低于20℃	一般再生液温度（再生槽内）温度宜保持在50℃左右
淋洗	淋洗水量	树脂体积倍数	$4\sim6$	用除盐水
	淋洗流速		开始用再生流速，逐渐增大到交换流速	
	淋洗终点指标		淋洗掉剩余的硫酸钠，出水 pH 值 $8\sim9$	

表 6-40 弱酸阳离子交换树脂处理镀镍清洗水的设计、运行技术条件和参数

工序	项目	单位	技术条件和参数	备注
交换	弱酸阳离子交换树脂饱和工作交换容量，E	gNi^{2+}/dm^3R	大孔型树脂，30~35 凝胶型树脂，35~42	DK110 树脂
	交换空间流速，v	$dm^3/(dm^3R \cdot h)$	≤30	≤15m/h
	树脂层高度，H	m	0.5~1.2	Na 型时
	树脂饱和工作周期，T	h	含 Ni^{2+} 浓度 200~100mg/dm^3 时，24； 含 Ni^{2+} 浓度 100~30mg/dm^3 时，24~28； 含 Ni^{2+} 浓度小于 30mg/dm^3 时，以 $v=30dm^3/(dm^3R \cdot h)$ 计算 T 值	
	控制出水终点指标		第 1 阳柱进、出水 Ni^{2+} 浓度基本相等 （柱内树脂体积约为 Na 型时的 0.6）	当水循环使用时，控制出水 Ni^{2+} 浓度不超过 20mg/dm^3
再生	再生液用量	树脂体积倍数	2	其中 1 倍树脂体积的再生液复用 1 次后作为回收液
	再生液浓度（硫酸）	mol/dm^3	1.0~1.5	
	再生空间流速，v	$dm^3/(dm^3R \cdot h)$	顺流再生，0.6~1.0	$v=0.3~0.5m/h$
			循环再生，3.5~1.0	$v=4~5m/h$，循环时间 20~30min
	控制终点指标		洗脱液 pH≥4 部分作为回收液， pH<4 部分作为下次再生的复用液	柱内树脂体积约为 Na 型时的 0.5，树脂恢复本色
再生后淋洗	淋洗水量	树脂体积倍数	4~6	
	淋洗流速		开始用再生流速，逐渐增大到交换流速	
	淋洗终点指标		出水 pH 值 4~5	
转型	转型液用量	树脂体积倍数	2.0	用除盐水配制，工业氢氧化钠
	转型液浓度（NaOH）	mol/dm^3	1.0~1.5	
	转型流速		与再生流速相同	
转型后淋洗	淋洗水量	树脂体积倍数	4~6	用除盐水
	淋洗流速		同再生后淋洗速度	
	淋洗终点指标		出水 pH 值 8~9，柱内树脂体积 恢复 Na 型时体积	

6.7.1.3 处理设备、装置的设计和选用

（1）调节池。一般小型电镀车间当处理装置设在镀镍槽附近时，可直接从清洗槽抽取清洗水而不设调节池。当镀镍槽较多或布置分散，废水量较大或采用间歇式处理废水时，应设置调节池，调节池容积一般按平均小时流量的 2~4h 计算。

调节池一般采用地下式钢筋混凝土结构，并应考虑防渗漏和防腐蚀措施。

（2）过滤柱。当进水中悬浮物浓度超过 10mg/dm^3 时，应设置过滤柱，一般采用压力过滤。过滤介质常用树脂白球，滤料层厚度为 9.7~10m，过滤速度与交换柱交换速度相

同。滤料冲洗强度为 $10\sim15dm^3/(m^2\cdot s)$，冲洗时间 10min 左右。

过滤柱常用硬聚氯乙烯板焊制，直径较大时用钢柱内衬防腐蚀材料制作。

（3）交换柱：

1）树脂性能和饱和工作交换容量。树脂对镍的饱和工作交换容量与各种树脂的性能、进水含镍浓度、pH 值、操作条件等有关，一般由试验取得。

2）交换流速（v）树脂层高度（H）和树脂饱和工作周期的选用。交换流速与进水含镍浓度、流量、树脂层高度等有关。强酸阳离子交换树脂由于粒径较大，相对水头损失较小，其交换流速可在 $20\sim25m/h$ 范围内选用。弱酸阳离子交换树脂由于受树脂交换性能所限，同时树脂粒径较细，因此，交换流速不宜太高，一般为 $6\sim15m/h$。当处理流量较大，浓度较低时宜选用上限，这样不致使交换柱直径过大，反之，则选用下限。

3）交换柱的材质。交换柱一般采用硬聚氯乙烯板（管）制作，小型交换柱为便于管理常用有机玻璃柱，大型交换柱一般为钢柱内衬软塑料板或衬胶。凡不透明交换柱上应开设条形观察窗，以观察柱内树脂变化情况，便于操作管理。

（4）树脂的再生和转型：

1）强酸阳离子交换树脂的再生。强酸阳离子交换树脂再生液为 2 倍树脂体积的 $1.2\sim1.7mol/dm^3$ 硫酸钠溶液，可用工业无水硫酸钠配制，再生后洗脱液中含硫酸镍浓度可达 $230g/dm^3$ 左右，可回用于镀镍槽。为防止再生液中硫酸钠结晶析出，再生液需加温，保持溶液温度在 50℃ 左右，并应控制再生液流出柱体时的温度不低于 20℃。

2）弱酸阳离子交换树脂的再生和转型。再生弱酸阳离子交换树脂只需用略高于理论计算量的酸就能将镍从树脂上洗脱下来，其洗脱比强酸阳离子交换树脂容易。一般采用 2 倍树脂体积的 $1.0\sim1.5mol/dm^3$ 硫酸，最好用化学纯硫酸。

转型后淋洗用除盐水。在淋洗过程中要严格控制出水 pH 值，因为淋洗水会使 Na 型弱酸阳离子交换树脂发生水解反应，即：

$$RCOONa + H_2O \longrightarrow RCOOH + NaOH$$

故淋洗时间不宜过长，否则 Na 型树脂水解成 H 型，造成树脂工作交换容量的下降，一般控制出水 pH＝$8\sim9$ 时即可投入生产运行。

3）再生液槽等的材料。再生液槽、高位槽、洗脱液槽、泵、管件等的材质一般均采用硬聚氯乙烯板（管）制作和塑料制品。

（5）循环水水质。水循环使用时应采用除盐水。每天需补充 10% 左右新水，并且根据循环水使用情况定期全部更换新水，一般一个月左右更新循环水一次。

（6）处理装置的布置。当电镀产量不大，镀镍槽数量不多或车间场地允许时，应将处理设备布置在镀槽附近，这样系统简单，管路短且操作方便，目前国内大部分小型电镀车间的镀镍槽清洗水的处理都采用这种方式。当电镀生产量较大，镀镍槽较多而分散时，一般将废水集中到废水处理站，处理后水再送回车间循环使用。这种布置系统较复杂，投资较高，一般大车间都采用这种方式。

6.7.1.4　回收液的净化和利用

回收的硫酸镍溶液主要可作为镀镍槽的蒸发损失的补充液或作为调整镀镍槽槽液 pH 值的调整液使用，同时回收了硫酸镍，其回收量与回用量能达到基本平衡，一般不会出现

"盈水"现象。

回收液回收前应分析回收液成分，并根据电镀工艺配方进行调整后回用。回收液中含硫酸镍（$NiSO_4 \cdot 7H_2O$）浓度一般在 $150 \sim 300g/dm^3$，能满足工艺要求。

6.7.1.5　使用实例

上海某卷尺厂在 $5000dm^3$ 槽液的卷尺尺带自动镀镍线上采用了离子交换法处理镀镍清洗水的装置，是国内使用这种处理方法较早的单位之一。三班生产，每天处理水量 $5 \sim 6m^3$；经 2 级清洗后，废水中含 Ni^{2+} 浓度为 $80 \sim 100mg/dm^3$，处理后水循环使用，树脂再生洗脱液回用于镀镍槽。

该厂采用双阳柱全饱和处理流程，流程见图 6-39。

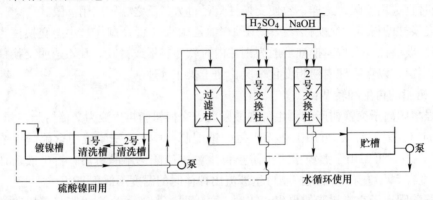

图 6-39　上海某卷尺厂镀镍清洗水处理流程

主要处理设备简介：过滤柱为 $\phi80mm \times 300mm$，过滤介质采用石英砂，交换柱为 $\phi40mm \times 1000mm$ 有机玻璃柱 2 个，每柱填装 Na 型 110 弱酸阳离子交换树脂 $9dm^3$，树脂层高度为 600mm。

运行情况：废水直接由清洗槽用泵抽升到处理系统。当 1 号交换柱泄漏镍后串联 2 号交换柱；待 1 号交换柱饱和后进行再生，再生后接于泄漏镍的 2 号交换柱后，这样反复交替运行。处理流量为 $0.15 \sim 0.25m^3/dm^3$，经处理后，废水几乎检不出镍离子，出水 pH 值为 $6 \sim 7$。

再生用 2 倍树脂体积的 $1.5mol/dm^3$ 硫酸，80% 左右的再生洗脱液，pH 值在 4 以上可回用于镀槽，20% 左右的再生洗脱液复用一次，交换柱每周再生一次，回收的再生洗脱液中硫酸镍浓度在 $100 \sim 120g/dm^3$。

6.7.2　膜分离法

膜分离是指通过特定的膜的渗透作用，借助于外界能量或化学位差的推动，对两组分或多组分混合的气体或液体进行分离、分级、提纯和富集。

6.7.2.1　膜分离法分类

膜分离法按其分离对象可分为气体（蒸汽）分离和液体分离等。按分离方法又可分为反渗透法（RO）、微滤法（MF）、超滤法（UF）、透析法（D）、电渗析法（ED）、气体分离（GS）和渗透蒸发（PV），以及与其他过程相结合的分离过程膜蒸馏和膜萃取。就膜本身而言，按照膜的材料、结构又可以分成很多类型（见表6-41、表6-42）。

表 6-41　各类膜分离过程的特点与应用

膜分离方式	推动力	采用的膜类型	应　用
微滤	静压差 50~100kPa	对称微孔膜，孔径 0.1~0.2	悬浮物分离
超滤	静压差 100~1000kPa	对称微孔膜，孔径 1~20	浓缩、分级、大分子溶液的净化
反渗透	静压差 1000~10000kPa	用不同均聚物制成的非对称膜	低分子量组分的浓缩
渗析	浓度差	对称微孔膜	从大分子溶液中分离低分子组分
电渗析	电势差	离子交换膜	含有中性组分的溶液脱盐及脱酸
气体分离	静压差 1000~15000kPa	用一种均聚物制成的非对称膜	气体及蒸汽的分离
渗透蒸发	分压差 0~100kPa	用一种均聚物制成的非对称膜	溶剂和共沸物的分离
膜蒸馏	温度差	微孔膜	水溶液浓缩及制取饮用水
膜萃取	压力差	微孔膜	生物工程

表 6-42　按不同分类标准对膜的分类

膜孔径	功能	成膜材料	成膜组分	膜结构	膜形态	组件
微孔过滤膜	离子交换膜	无机膜	均压膜	对称膜	固态膜	平板膜
超滤膜	气体分离膜	有机膜	共混膜	不对称膜	液态膜	管状膜
纳滤膜	渗透分离膜		复合膜		气态膜	卷式膜
反渗透膜	蒸馏膜					中空纤维膜

6.7.2.2　膜的分离过程

膜的分离过程与膜的类型密切相关。由于膜科学是近几十年发展起来的一门新兴交叉科学，因为膜结构的复杂性，易受环境等因素的影响，因此膜分离的机理目前尚不完全清楚。分离过程大致如下。

固态膜：固态膜是膜技术最早利用的一种成膜材料为固态物质的膜。固态膜的分离过程主要是在外界压力作用下。

液膜：液膜分离技术首先是由美籍华人黎念之博士于1968年提出的。所谓液膜是指通过两液相间形成与之相互不溶的液体界面，它将两种组分不同的溶液隔开，经选择性渗透使物质得以分离或提纯。乳状液膜分离过程见图6-40。

除固态膜、液态膜以外，气态膜现已部分用于废水中废气的处理。

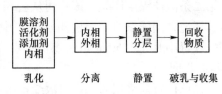

图 6-40　液膜分离物质示意图

6.7.2.3　膜分离技术在电镀废水处理中的应用

电镀废水中所含的金属离子及无机酸根离子在工业废水是最高的。处理装置及流程见图6-41。处理的含镍废水为瓦特镍和光亮镍的清洗水，镀液带出量为 $0.25dm^3/h$，蒸发量为 $15dm^3/d$。

装置：反渗透器采用内压管式醋酸纤维素膜，膜的管径为18mm。反渗透器有三组14根串联而成的管束相互串联组成，因此共有管膜42根，总流程长为63m。膜面积为 $3.5m^2$。高压管路连接的阀门均采用不锈钢材料，低压部分采用塑料管材。

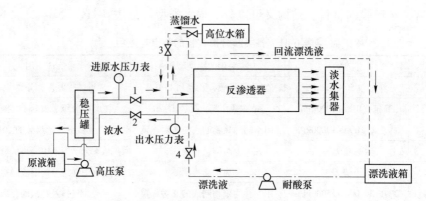

图 6-41　单反渗透处理含镍废水装置及流程

高压泵的流量为 280dm³/h，最大工作压力为 100kgf/cm²，电机功率为 2.2kW·h。

转子流量计共两个，分别测量浓液和淡水的流量，用不锈钢阀门控制浓淡水的压力。

高压水管路上装有安全阀门，且设有旁通管路，一旦压力超过工作压力，安全阀自动降压，原液经旁通管路流回原液箱。

该处理流程中，两个镀镍槽各为 800dm³，三个漂洗槽均为 350dm³。采用间歇式处理，应控制第一级漂洗水中的含镍浓度为 1~2g/dm³。

处理效果：用该装置处理出来的淡水继续使用与镀件漂洗，不影响漂洗效果，浓液可直接返回镀镍槽，不影响镀件质量。

其去除率分别为：镍 95%~99%，SO_4^{2-} 98%，Cl^- 80%~90%，H_3BO_3 30%。废水浓度为 1510~2440mg/dm²，操作压力为 30kgf/cm²，水温 16~18℃，水通量为 1.67~1.76cm³/(cm²·h)。

投资费用约在 3 年内得到偿还。

【实例】 膜分离技术在电镀镍漂洗水回收中的应用。

长沙力元新材料股份有限公司是我国电镀泡沫镍的主要生产基地，投入亿元资金组建了第二条泡沫镍生产线。该公司从公司和社会的长远利益考虑，为了减轻浏阳河的污染，改善环境，同国家海洋局杭州水处理中心合作，采用膜分离技术对电镀镍漂洗水回收利用。以每小时处理 50m³ 电镀镍漂洗水（镍离子浓度为 100~200mg/L）计算，投资成本在 2 年内收回。

该单位目前采用的是三级浓缩，第一级纳滤（NF）浓缩 10 倍，第二级用苦咸水反渗透（BWRO）技术浓缩 5 倍，第三级用海水反渗透（SWRO）技术浓缩 2 倍以上，总浓缩倍数为 100 倍。0.5m³/h 浓缩液经负压蒸馏，得到硫酸镍晶体，透过液经离子交换处理后 $[Ni^{2+}]$ 小于 0.5mg/L。然后同自来水混合，处理后回用作漂洗泡沫的纯水。

工艺流程：三级浓缩系统的设备均为该公司自制，一级 NF 纳滤浓缩系统选用一只 4m（约 101.6mm，膜面积约为 8m²）NF 膜元件；二级浓缩系统选用一只 4m BWRO 膜元件；三级浓缩系统采用 1.5m³/d，采用反渗透海水淡化装置。

处理效果：采用膜分离技术对电镀镍漂洗水进行回收是可行的，一级 NF 对镍离子的截留率在 97%以上，二级 BWRO 和三级 SWRO 对镍离子的截留率均在 99%以上。从而使浓缩液中镍离子浓度达到电镀工艺的要求。

6.7.3 其他处理法

6.7.3.1 氢氧化镁处理法

A 基本原理

废水 pH 值为 7 时，镍与氢氧化镁的质量比率为 1:56.9，氢氧化镁溶度积常数为 $1.8×10^{-11}$，氢氧化镍溶度积常数为 $2.0×10^{-15}$，两者相差很大。

B 影响镍离子去除率的因素

（1）氢氧化镁对镍去除率的影响。氢氧化镁用量对镍去除效果的优劣有直接的影响。

图 6-42 是水样分别在 pH=2、pH=7 时，不同氢氧化镁投加量与镍离子去除率的关系图。

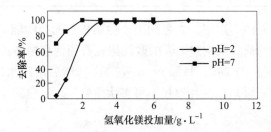

图 6-42 氢氧化镁投加量对镍去除率的影响

（2）搅拌时间对镍去除率的影响。固定水样的 Ni(Ⅱ) 质量浓度为 $20mg/dm^3$，pH 值为 7，改变吸附时间。综合以上两个影响因素，氢氧化镁的用量定为 $1.5g/dm^3$，搅拌时间为 6min。

（3）pH 值。当 pH<5 时，因为氢氧化镁是弱碱，它首先与水样中的 H^+ 中和，然后剩余的氢氧化镁才发挥作用；碱性条件下，当 pH 值大于 9 时，溶液中 OH^- 浓度增大，部分 Ni^{2+} 与 OH^- 形成 $Ni(OH)_2$ 沉淀。此时氢氧化镁不仅起到吸附作用，还起到晶种作用，加速沉淀物的沉降，去除效果比中性条件下略高一些，但此时废水的 pH 值大于 9，不符合排放标准，需进行二次处理。因此，中性条件处理较适宜。

6.7.3.2 改性累托石处理法

A 基本原理

累托石是一种规则间层黏土矿物，其微观结构为硅（铝）-氧四面体晶片和铝（镁）-氧（包括氢氧）八面体晶片或两种晶片相互缔合。累托石晶体结构中含有膨胀性的蒙皂石晶层。具有较大的亲水表面，在水溶液中显示出良好的亲水性、分散性和膨胀性。蒙皂石具有层负电荷，显示负电性。

B 改性累托石的制备

对选矿工艺得到的提纯累托石精矿（纯度 70% 以上），经充分分散，用分散剂 $1.0mol/dm^3$ NaOH 溶液初级钠化后，在不断搅拌下，缓慢加入分散剂 1.0mol/L Na_2-EDTA 溶液，充分钠化 2h，将由此得到的纯累托石（纯度 90% 以上）作为制备交联累托石的原料。称取烘干的钠土 30g，加入 $1000cm^3$ 水，调节 pH 值至 4 左右，滴加 Al13 交联剂 $150cm^3$。搅拌一段时间后陈化 24h，过滤、烘干，得 Al-交联累托石，即为改性累托石。

C 电镀废水处理

取湘潭某电镀废水,用化学方法测得 Ni^{2+} 浓度为 32.6mg/L, pH 值为 5.80。将该电镀废水 $100cm^3$,置于 $250cm^3$ 锥形瓶中,加入改性累托石 0.10g,在室温下,于康氏振荡器上振荡 70min 后,测定废水中 Ni^{2+} 的浓度。

从表 6-43 可知,改性累托石对含镍电镀废水中 Ni^{2+} 具有很好的吸附能力,处理后的电镀废水中 Ni^{2+} 的浓度显著低于国家排放标准。

表 6-43 改性累托石对含镍废水的处理效果

改性累托石用量 /g	废水处理前		废水处理后		国家排放标准 /mg·dm^{-3}
	pH 值	Ni^{2+} 含量/mg·dm^{-3}	pH 值	Ni^{2+} 含量/mg·dm^{-3}	
0.10	5.80	32.60	7.87	0.39	2.0

为了提高改性累托石的利用率,充分利用改性累托石的吸附能力。对改性累托石进行多次吸附试验。每次试验前将吸附过 Ni^{2+} 的改性累托石用饱和醋酸钠溶液洗涤 2~3 次,再用 2mol/L 的 HNO_3 溶液浸泡 24h,每隔 6h 振荡一次,然后用纯水洗涤至无 NO_3^-,烘干。试验结果见表 6-44。由表可知,改性累托石可多次重复使用,这对实际操作中进行多次串联吸附非常有利。

表 6-44 改性累托石重复使用效果

使用次数	Ni^{2+} 含量/mg·dm^{-3}	去除率/%	吸附容量/mg·g^{-1}
1	0.90	98.20	61.38
2	5.85	88.31	55.19
3	10.79	78.42	49.01
4	12.64	74.73	46.71

6.8 其他电镀废水处理

6.8.1 含金废水处理

6.8.1.1 离子交换法

A 基本原理

氰化镀金废水中的金是以 $[Au(CN)_2]^-$ 的配离子存在,故用 Cl 型强碱阴离子交换树脂进行交换,黄金得到回收,其反应为:

$$R \equiv NCl + [Au(CN)_2] \longrightarrow R \equiv NAu(CN)_2 + Cl^-$$

树脂交换吸附黄金饱和后,一般采用焚烧树脂回收黄金,只有在耗用金量较大的车间或集中处理回收黄金时,才采用树脂再生的办法,再生一般用丙酮-盐酸混合再生液,其反应为:

$$R \equiv NAu(CN)_2 + 2HCl \longrightarrow R \equiv NCl + AuCl + 2HCN$$

$$(CH_3)_2C = O + HCN \longrightarrow (CH_3)_2C(OH)(CN)$$

在再生洗脱过程中，[Au(CN)$_2$]$^-$配离子被 HCl 分解转变成 AuCl 和 HCN，HCN 被丙酮破坏，生成的 AuCl 不溶于水而溶于丙酮，因此可被丙酮从树脂上洗脱萃取下来，回收洗脱液经加热回收丙酮后，AuCl 沉淀析出，再将沉淀物灼烧回收黄金。

B　处理流程及技术条件和参数

图 6-43 为离子交换法回收氰化镀金废水中黄金的基本流程。

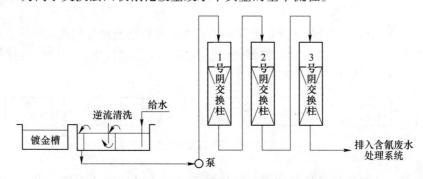

图 6-43　离子交换法回收氰化镀金废水中黄金的基本流程

一般回收装置较小，设置在镀金槽槽边，直接从清洗槽将废水引入离子交换柱。一般采用 2~3 个阴离子交换柱串联的双阴床或三阴床全饱和流程。当 1 号阴交换柱饱和后，取出树脂送专门回收单位回收黄金，装入新树脂并串联在 3 号阴交换柱后，这样反复运行。经交换柱处理后出水，一般由于量较小不回用，由于出水含氰化物，必须排入含量废水处理系统破氰后排放。

在设计回收系统时，为保证回收黄金的纯度和不使交换树脂的饱和工作交换容量降低，故不准混入其他废水。另外，由于废水在交换过程中，树脂层没有颜色变化等现象，为防止金的泄漏，故应加强对交换柱出水的检测工作。

表 6-45 为氰化镀金废水离子交换法回收黄金的技术条件和参数。

表 6-45　氰化镀金废水离子交换法回收黄金的设计、运行的技术条件和参数

工序	项目	单位	技术条件和参数	备　注
进水	进水含 Au$^+$ 浓度 含悬浮物浓度	mg/L	无要求 ≤10	
交换	强碱阴离子交换树脂饱和工作交换容量， E（Cl 型）	gAu$^+$/dm^{3}R	大孔型树脂，160~180 凝胶型树脂，160~190	D231、D293 树脂 717、711 树脂
	交换空间流速，v	dm^3/(dm^{3}R·h)	15~20	v=10~14m/h
	树脂层高度，H	m	0.6~1.0	Na 型时
	树脂饱和工作周期，T			一般为一年四个周期
	控制出水终点指标		第 1 阴柱进出水含 Au$^+$ 浓度基本 相等，第 2 或第 3 阴柱无 Au$^+$ 泄漏	

回收装置的选用和设计：

(1) 树脂的选用。一般采用 Cl 型强碱阴离子交换树脂，由于强碱阴离子交换树脂对

［Au(CN)₂］⁻阴配离子的交换能力较强，一般废水 pH 值 1～14 均能进行交换反应，但再生洗脱困难，同时耗用再生剂多。

（2）交换柱设计。由于镀金废水（或废液）的量均较小，一般交换柱不进行计算，可采用直径为 100～150mm，柱高为 1040～1500mm 的有机玻璃柱，就能满足要求。

（3）过滤柱设计。一般镀金操作较为注意，故废水中含悬浮物量不高时，可不设过滤柱。

（4）黄金的回收。用焚烧树脂的办法回收黄金，一般送当地专门回收单位进行。其工艺流程见图 6-44。自行焚烧树脂回收黄金时，在灼烧树脂过程中，要设计良好的通风设施，防止有机气体、恶臭等污染环境。

图 6-44　焚烧树脂回收黄金和提纯工艺流程

（5）水槽、水泵等的设计和选用。氟化镀金的废水系统中的水槽、水泵、管路、管件、阀门等均以采用聚氯乙烯、聚丙烯等材料为宜。

6.8.1.2　双氧水还原法

在无氰镀金废水中，金是以亚硫酸配阴离子形式存在。双氧水对金是还原剂，对金的配合物则是氧化剂。因此，在废水中加入双氧水时，亚硫酸配阴离子被迅速破坏，同时使金得到还原。

$$Na_2Au(SO_3)_2 + H_2O_2 \longrightarrow Au\downarrow + Na_2SO_4 + H_2SO_4$$

双氧水用量根据废水含金量多少来确定。投药比（质量比）为 Au：H₂O₂ = 1：(0.2～0.5)，并加热沸腾 10～15min，使过氧化氢反应完全，析出金。将析出的金用蒸馏水洗涤干净，放在坩埚灰化后，在高温炉加热至 1060℃，保温 30min，即可得到纯度为 99% 的黄金。再经王水溶解，用 SO₂ 提纯，可获得纯度为 99.9% 的黄金。

6.8.2　含铅废水处理

铅是工业中使用最广的元素之一，并且无机铅为高毒元素，血铅浓度在人体内达 80%～100%，就会引起急性肾损伤直至死亡。所以，含铅废水不经处理就直接排放，势必造成环境的污染，严重危害人体健康。

6.8.2.1　化学沉淀法

A　基本原理

磷酸钠与废水中 Pb²⁺ 发生置换反应，形成磷酸铅沉淀。

$$3Pb^{2+} + 2PO_4^{3-} = Pb_3(PO_4)_2$$

在给定温度下，在不溶性铅盐中，磷酸铅的溶度积最小。溶度积越小，在水中的溶解度也越小，沉淀速度越快。当向废水中投加磷酸钠后，提高了废水中磷酸根离子的浓度，使离子积大于溶度积，结果 Pb₃(PO₄)₂ 从废水中沉淀析出，从而降低了废水中 Pb²⁺ 的速度。所以，用磷酸钠作沉淀剂处理含铅废水，其效果较其他的沉淀剂好。同时在反应阶段投加聚丙烯酰胺（PAM）作助凝剂，使其产生吸附架桥作用，增大絮体的体积和沉淀速度，使铅离子去除效率提高。

B 应用实例

天津某油墨厂白色车间每日排放10t含铅废水，铅离子浓度高达40mg/L，超过国家排放标准近40倍。该厂采用化学沉淀法处理含铅废水。

静态小试：白色车间废水，$[Pb^{2+}]=39mg/L$，pH值为中性，分别取$500cm^3$水样，置于1L烧杯中，在六联搅拌机搅拌下，投加磷酸钠和PAM。在实验室进行静态混凝沉淀试验。先快搅（200r/min）5min，再慢搅（50r/min）15min，静沉30mm后，取上清液，用酸度计测定pH值，用双硫腙法和721分光光度计测定含铅量。

生产试验：根据油墨厂白色车间生产过程为间断性，每日排放两次含铅废水，利用车间原来的反应缸，采用间歇性含铅废水处理工艺。在缸内控制其水力条件，进行混合、反应、沉淀，然后上清液排放，沉渣收集处理，其工艺流程见图6-45。

处理结果：

（1）静态混凝试验结果见表6-46。从表中可以看出，Pb^{2+}浓度随Na_3PO_4投量的增加而减少，处理后废水的pH值为7.6左右，可达到排放标准。因此投加Na_3PO_4 $300mg/dm^3$、PAN $5mg/dm^3$进行废水生产试验。

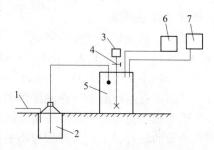

图6-45 工艺流程示意图
1—压滤出水；2—贮水池；3—调速电机；
4—减速装置；5—混合反应缸；
6—PAM储罐；7—Na_3PO_4溶液储罐

表6-46 静态混凝试验结果

Na_3PO_4投加量/mg·L^{-1}	Pb^{2+}/mg·dm^{-3}	pH值	Pb^{2+}去除率/%
225	0.70	7.54	98.2
300	0.60	7.61	98.5
350	0.54	7.61	98.6
400	0.40	7.64	99.0

（2）在直径2.2m，容积$11m^3$的混凝反应缸内进行混合、反应、沉淀，控制其水力条件，使其在混合阶段$n=75\sim80r/min$，反应阶段$n=10\sim20r/min$，混合时间2min，反应时间$20\sim40min$，并且Na_3PO_4和PAM不能同时加入，先加Na_3PO_4，0.5min后再加入PAM $5mg/dm^3$，生产试验结果见表6-47。

表6-47 生产试验结果

废水量/m^2	原水含Pb^{2+}/mg·dm^{-3}	处理后含Pb^{2+}/mg·dm^{-3}	pH值	Pb^{2+}去除率/%
5.6	40	0.097	7.7	97.6
7.4	41	0	7.3	100.0
8.0	28	0	7.5	100.0
8.4	40	0.49	7.6	98.8

结论:

(1) 用 Na_3PO_4、PAM 化学沉淀法处理含铅废水,工艺简单、操作方便、运行稳定、出水可达国家排放标准。

(2) 沉淀后的沉渣经烘干脱水可用作塑料稳定剂,既变废为宝,又防止了二次污染。

6.8.2.2 不溶性甘蔗渣黄原酸酯 (IBX) 法

A 基本原理

IBX 的制备原理:甘蔗渣含有约 50% 的纤维素,其结构与淀粉相似,也是由葡萄糖单元组成的。每一个葡萄糖单元有三个醇羟基,所以纤维素分子上能够引入黄原酸基团,制成纤维素黄原酸酯。

钠型产品根据下列反应制成:

$$(C_6H_9O_4 \cdot OH)_n + nNaOH \longrightarrow (C_6H_9O_4 \cdot ONa)_n + nH_2O$$
$$(C_6H_9O_4 \cdot ONa)_n + nCS_2 \longrightarrow nC_6H_9O_4OCS_2Na$$

镁型产品用硫酸镁溶液洗涤钠型产品而得到,这样的产品既有钠盐又含有镁盐。

铅的脱除机理:当甘蔗渣黄原酸酯与含铅废水接触时,其极性基团与铅离子之间发生键合离子的转移,生成溶度积很小的螯合物沉淀,即甘蔗渣黄原酸酯中键合硫上的钠、镁离子与废水中的铅离子进行离子交换反应,生成不溶性甘蔗渣黄原酸铅盐沉下来,钠、镁离子则游离在水中,其化学反应如下:

$$2C_6H_9O_4OC\overset{\displaystyle S}{\underset{\displaystyle SNa}{}} + Pb^{2+} \longrightarrow C_6H_9O_4OC \cdots Pb \cdots COO_4H_9C_6 + 2Na^+$$

$$C_6H_9O_4OC\cdots COO_4H_9C_6 + Pb^{2+} \longrightarrow C_6H_9O_4OC \cdots Pb \cdots COO_4H_9C_6 + Mg^{2+}$$

B IBX 对铅脱除的影响因素

(1) 废水 pH 值对铅脱除的影响。图 6-46、图 6-47 表明,pH 值在 2.5~4.0 范围内,Pb^{2+} 的脱除率随着 pH 值的升高而迅速增加。pH 值从 4.0~10.0 的范围内,脱除率基本上保持不变,并恒定在 98% 以上。

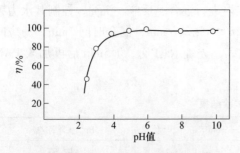

图 6-46　废水 pH 值对铅脱除的影响

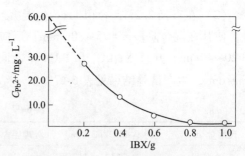

图 6-47　IBX 用量对铅脱除的影响

(2) IBX 用量对脱除率的影响。脱除一定量的 Pb^{2+} 所需要的酯量并不完全与反应式所确定的化学计量关系的量相一致,低于理论量的酯量也能给出极高的脱除率,见表 6-48。这说明 Pb^{2+} 的脱除不仅是不溶性甘蔗渣黄原酸铅盐沉淀的贡献,而且还有其他脱除机理如吸附、共沉淀等在共同起作用。

表 6-48   IBX 脱除浓、稀溶液中的 Pb^{2+}

初始浓度/mg·dm^{-3}	IBX 用量/g	残留浓度/mg·L^{-1}	交换容量/mg·g^{-1}
8.1	0.04	0.05	20.1
50.1	0.10	0.15	50.3
200	0.23	0.55	86.7

注：Pb^{2+} 溶液 100cm^3 在 pH 值 = 7.0 时，用 IBX 处理 15min。

（3）IBX 的稳定性。IBX 也和 ISX（不溶性淀粉黄原酸酯）一样，室温稳定性较差，加入镁盐进行稳定化处理，可适当延长其储存寿命，经稳定化处理后的产品，在室温下储存 90 天后，其脱除率明显下降。

6.8.3   含银废水处理

6.8.3.1   槽边电解法

将含银废水引入电解槽，通过电解在阴极沉积并回收金属银。工艺流程见图 6-48。电压为 10V，电流密度为 0.3~0.5A/dm^3，电流效率可达 30%~75%。阳极采用石墨，阴极采用不锈钢板、回收的银经过一段时间后可以从阴极上剥落，纯度可达 99%。这种电解槽设在镀银槽后面的回收槽旁，回收液引入电解槽进行电解回收银，电解后的出水返回回收槽，循环进行电解，可以回收带出液中银的 95% 以上。

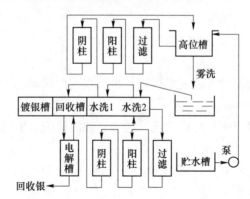

图 6-48   电解-离子交换法处理镀银废水工艺流程

6.8.3.2   旋流电解法

旋流电解法处理银氰废水的工艺流程见图 6-49，分为回收银、破氰及深度处理三个主要过程。

（1）旋流电解法回收镀银漂洗水中的银。

基本原理：用旋流电解法破氰提银是使银氰废液沿切线方向以旋流状态通过特制电解装置，该装置由不锈钢（1Cr18Ni9Ti）内外筒组成，外筒为阳极（ϕ148mm，H280mm），内筒为阴极（ϕ138mm，H275mm）。阴、阳极间距控制在 5~10mm。

在银氰废液中银是以 [Ag(CN)$_2$]$^-$ 配位状态存在，电解过程中主要是银氰配离子在阴极上的直接还原。

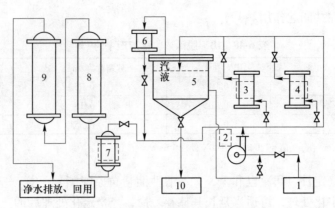

图 6-49 旋流电解法处理银氰废水工艺流程

1—银氰漂洗水槽；2—水泵；3—银电解槽；4—破氰槽；5—集水槽；

6—毒气吸收槽；7—过滤器；8，9—活性炭柱；10—污泥槽

旋流电解提取白银最佳工艺参数如下：

槽电压	1.8～2.2V
电流密度	0.17～0.6A/dm²
电流效率	70%～80%
旋流量	400～600L/h
银离子的起始浓度	0.5～5g/L
银回收率	90%～97%
银的纯度	大于99.9%

（2）氰化物的电解氧化。

基本原理：电解回收银的工艺完成以后，将该残液配成3%的NaCl溶液继续电解，氰酸根的电解破除率大于95%。

首先是氯离子在阳极放电后生成氯气，进一步和溶解的氧生成 ClO^-，使 CN^- 反应生成 $CNCl$。

$$CN^- + ClO^- + H_2O \longrightarrow CNCl + 2OH^-$$

在碱性条件下继续水解：

$$CNCl + OH^- \longrightarrow CNO^- + Cl^- + H^+$$

$$2CNO^- + 3ClO^- + H_2O \longrightarrow 2CO_2\uparrow + N_2\uparrow + 2OH^- + 3Cl^-$$

$$2CNO^- + 3Cl_2 + 4OH^- \longrightarrow 2CO_2\uparrow + N_2\uparrow + 6Cl^- + 2H_2O$$

电解破氰工艺参数如下：

槽电压	3～4V
电流密度	10～13A/dm²
氯化钠浓度	3%～5%
氰酸根去除率	99%

（3）深度处理。镀银漂洗水或老化液经回收白银、完成破氰后即一般能符合 CN^- 的排放标准，若仍超标，可使用枣核活性炭（简称枣炭）吸附除氰。

6.8.3.3 化学法

对于浓度较高的镀银回收槽的回收液，可以采用锌粉、锌板或铁屑等置换回收银。对于氰化镀银废水，也可以先投加氯破坏氰，然后再投加 $FeCl_3$ 和石灰调节 pH 值至 8 左右，银即形成氯化银沉淀析出，去除率可达 90% ~ 99%。处理后出水中银含量可达 0.01mg/L 以下。将沉淀用酸进行清洗使其他金属杂质溶解，而氯化银不溶解，即可回收纯度较高的氯化银。

6.8.4 电镀混合废水处理

电镀车间除分质处理的废水外，其余各种废水包括冲洗地坪等废水，将集中在一起的废水称为电镀混合废水。尤其对镀种不多批量不大、水量较少的小型电镀车间来说，把全部电镀废水混合在一起处理是较为方便而经济的。这种集中在一起的电镀混合废水内容较复杂，但一般情况下都要将混合废水分质处理，以免影响混合废水的处理效果。

6.8.4.1 基本原理

用化学中和、凝聚沉淀处理法处理电镀混合废水实质上是调整废水 pH 值，使废水中的酸、碱中和，同时使 pH 值在某一范围，废水中的重金属离子形成氢氧化物沉淀，当废水中有六价铬存在时，还需投加还原剂使其还原成三价铬。为加速沉淀物的分离速度，投加一定量的凝聚剂和助凝剂。

废水中的金属离子加碱后的反应为：

$$M^{n+} + nOH^- \Longrightarrow M(OH)_n \downarrow$$

$M(OH)n$ 的溶度积

$$K_{sp} = [M^{n+}][OH^-]^n$$

而水的溶度积

$$K_W = [OH^-][H^+] = 10^{-14}$$

若以 $K_W/[H^+]$ 替代溶度积公式中的 $[OH^-]$ 并取对数则为：

$$lg[M^{n+}] = lgK_{sp} - nlg[OH^-] = lgK_{sp} - nlgK_W - npH = lgK_{sp} + 14n - npH$$

或取负对数为：

$$-lg[M^{n+}] = npH - lgK_{sp} - 14n$$

$[M^{n+}]$ 为与氢氧化物沉淀共存的饱和溶液中的金属离子浓度，即在某一 pH 值条件下，溶液中金属离子的最大浓度。也就是在这一条件下，金属氢氧化物的溶解度。据此可以求得某种金属离子溶液在达到排放标准时的 pH 值，部分金属离子的氢氧化物溶度积、排放标准及 pH 值参考值见表6-49，供参考。但某些两性元素如铬、铅、锌等 pH 值过高时会形成羟基配合物，而使沉淀物发生再溶解。

表6-49 部分金属离子浓度与 pH 值的关系

序号	金属氢氧化物名称	浓度积常数	排放浓度 /mg·dm^{-3}	pH 值			备注
				达标排放参考值	沉淀开始溶解	沉淀溶解完成	
1	$Cd(OH)_2$	$2.5×10^{-11}$	0.1	10.2	12	10	
2	$Co(OH)_2$	$2.0×10^{-16}$	1.0	8.5	14.1	12	溶于氨水中
3	$Cr(OH)_2$	$1.0×10^{-30}$	0.5	5.7	12.0	15.0	溶于过量氨水中
4	$Cu(OH)_2$	$5.6×10^{-20}$	1.0	6.8	14	12	溶于氨水中

序号	金属氢氧化物名称	浓度积常数	排放浓度/mg·dm⁻³	pH 值			备注
				达标排放参考值	沉淀开始溶解	沉淀溶解完成	
5	Ni(OH)₂	$2.0×10^{-16}$	0.1	9.0	13	10	
6	Pb(OH)₂	$2.0×10^{-16}$	1.0	8.9	10.0	8.0	
7	Zn(OH)₂	$5×10^{-17}$	5.0	7.9	10.5	12.0~8.0	溶于氨水中
8	Mn(OH)₂	$4.0×10^{-14}$	10.0	9.2	10	12	

如废水中有氰、铵等离子或其他配位剂存在时，会与金属离子配位形成金属的配合物，金属离子就不易离解，形成不了金属氢氧化物，影响处理效果。

6.8.4.2　处理流程及主要技术条件和参数

处理流程：电镀混合废水采用化学中和凝聚处理时，大致可分为三个处理过程，即投试剂中和、凝聚反应、固液分离。至于处理方式可分为间歇式和连续式处理两种方式，也有采用间歇式集水连续式处理的方式。其处理流程一般如下。

（1）间歇式处理。一般用于处理小水量或进水浓度波动范围较大的场合，其处理流程与前文所述基本相同。

（2）连续式处理。一般当进水浓度波动范围不大或设置有自动检测和投试剂装置时，可采用连续式处理流程。但当处理后，废水需回用时一般还需过滤。固液分离技术一般采用溶气气浮或斜板（管）沉淀等。

污泥一般制作成铁氧体以防止二次污染。

主要技术条件和参数如下：

（1）进水成分和浓度。当废水中含有镉离子时，由于其氢氧化物沉淀颗粒很细，不易沉降，所以，一般除沉淀外，还需增设过滤设备才能去除。对含有配位剂、螯合剂等的废水，要控制其浓度在一定限度内，当含量超过限度时，应采取措施进行必要的预处理，才进入电镀混合废水处理系统。

（2）控制处理后出水的 pH 值。根据试验得知，当废水中含铬、铜、镍、锌重金属离子时，处理时只要投加足量的硫酸亚铁作为还原剂，将废水中的六价铬还原成三价铬。铬的处理效果不受混合废水中其他重金属离子的种类和浓度的影响。

（3）选用试剂和投加量。常用的还原剂和凝聚剂为硫酸亚铁，一般情况下当混合废水中有六价铬存在时，其投加量可按 $Cr(Ⅵ)：FeSO_4·7H_2O=1：(20~30)$（质量比）估算；若没有六价铬存在时，可按 $Mn^+：FeSO_4·7H_2O=1：(8~10)$（质量比）估算；若废水中含有铁离子时，投量比可适当降低。由于电镀混合废水成分较复杂，最好通过试验后取得较为可靠的数据。

（4）处理后水的利用。由于处理过程中投加了试剂，所以，处理后出水中含盐量较高，一般回收可用作镀前预处理或对水质要求不高的镀种清洗水，也可作冲洗地坪或冲洗厕所卫生设备等用水，一部分则排放。

6.8.4.3　处理设备、装置的设计和选用

（1）调节池。电镀混合废水成分较杂，除含有重金属离子外，还含有油类、泥砂等杂质，故调节池内应有除油和预沉淀等设施。

（2）混合反应沉淀槽：

1）间歇式处理反应沉淀槽。间歇式处理时的混合反应沉淀槽要求与本章含铬废水的铁氧体处理法相同。

2）连续式处理反应沉淀槽。连续式处理时，混合反应有以下两种情况：

①设置混合反应槽使废水中六价铬还原成三价铬，或投加凝聚剂、中和剂后在混合反应槽内充分反应后进入沉淀槽。一般废水在混合反应槽内停留时间不宜小于 15~30min，并应设置机械搅拌设施。

②管内投试剂混合反应当采用溶气气浮等处理设备时，一般采用在进水管上投加试剂，当混合废水中有六价铬存在时，应注意投加硫酸亚铁和氢氧化钠的时间间隔，以保证六价铬有充分的时间反应成三价铬。

（3）固液分离措施。混合反应后生成沉淀物时，其固液分离措施采用以下方法：

1）斜板（管）沉淀槽一般采用异向流斜板（管）沉淀槽，斜板（管）长度 1.2m 左右，倾角 60°，斜板间距 30~50mm，上升流速为 1~2mm/s。斜板（管）表面负荷率可控制在 3~5m^3/（$m^2 \cdot h$）。斜板一般采用硬聚氯乙烯板制作，斜管为市售玻璃钢蜂窝管，沉淀槽采用钢板制作，内刷防腐涂料。

2）溶气气浮槽一般采用压力溶气气浮，溶气方式可分为三种方式，见图 6-50。图 6-50（a）是将废水全部加压溶气，称为全溶气式，其能耗高，溶气释放器的能量急剧下降时会打碎已凝聚的絮粒，影响处理效果。图 6-50（b）为部分溶气式，虽有改进但仍有部分凝聚体会被打碎，因此，一般常用如图 6-50（c）所示的部分回流式溶气。

气浮槽一般为钢板制作，内刷防腐涂料，目前有矩形和圆形两种形式。

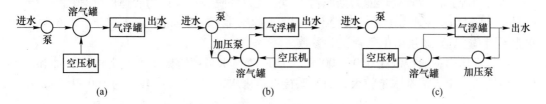

图 6-50 压力溶气气浮法的三种溶气方式

3）过滤槽。采用一般过滤槽，分单层和双层滤料两种。

①石英砂过滤槽。采用给水处理用的石英砂作为滤料，其粒径为 0.5~1.2mm，$K_{so} = 2.0$ 左右，滤料层厚度为 500~600mm。一般采用重力过滤，滤速 10m/h 左右，过滤水头 1~2m，冲洗强度为 12L/（$s \cdot m^2$），冲洗时间为 5min 左右。

②无烟煤-石英砂双层过滤槽。下层采用石英砂，要求与石英砂过滤槽相同，滤料层厚度为 400mm 左右，上层为无烟煤。过滤槽一般采用钢板制作，内刷防腐层。

6.8.4.4 使用实例

上海某汽车修理厂采用硫酸亚铁作为还原和凝聚剂，氢氧化钠为中和剂，用溶气气浮固液分离技术处理电镀混合废水，是国内使用这种方法处理电镀混合废水较早的单位之一。

混合废水主要来自镀件预处理、镀铜、镀镍和镀铬三部分废水。其中镀铜为氰化电镀，故废水中有氰存在，混合废水浓度变化范围见表 6-50。

表 6-50   上海某汽车修理厂电镀混合废水浓度变化范围

项 目		pH 值		项 目		pH 值	
		1.65~7.31	4.0			1.65~7.31	4.0
阳离子 /mg·L^{-1}	Cr(Ⅵ)	1.4~28.0	14.4	阳离子 /mg·L^{-1}	Sn^{2+}	0~8.9	1.6
	Cr^{3+}	0~16.0	5.7		Zn^{2+}	0.3~6.1	2.2
	总铁	0.1~33.0	10.5	阴离子 /mg·L^{-1}	SO$_4^{2-}$	144~610	261
	Ni^{2+}	4.4~33.3	12.3		Cl$^-$	128~312	180
	Cu^{2+}	2.2~31.0	16.0		CN$^-$	0.14~1.40	

表 6-51 为主要处理设备。

表 6-51   主要处理设备

序号	名称	规格和性能	备注
1	溶气水泵（泵1）	1$^{1/2}$GC-53 锅炉给水泵 $Q=6\text{m}^3/\text{h}$, $H=69\text{m}$	$N=4\text{kW}$
2	溶气罐	$\Phi400\text{mm}\times3000\text{mm}$	溶气水停留时间：3min
3	空气压缩机	风量：0.025m^3/min, $P_g=6\text{kgf/cm}^2$	$N=0.3\text{kW}$
4	气浮槽	$\Phi41500\text{mm}\times2600\text{mm}$	
5	提升泵（泵2）	102-Z 型塑料泵 $Q=6\sim14\text{m}^3/\text{h}$, $H=20\sim14\text{m}$	$N=2.2\text{kW}$
6	废水池	4200mm×1870mm×5000mm	有效容积：27.5m^3
7	释放器	TS-78-Ⅲ型	3 个

运行情况：该装置处理能力据原六机部第九设计院验证，认为合适的处理能力为废水流量 8~11m^3/h，废水 Cr(Ⅵ) 浓度不超过 50mg/L，溶气水流量为 4~6m^3/h。表 6-52 为废水中不同 Cr(Ⅵ) 浓度时的气浮试验参数。

溶气水压力一般控制在 300~400kPa。该厂溶气水采用镀镍生产线上电解去油和酸洗后的清洗水，由于清洗水量较大，故水质接近自来水，但 Cl$^-$ 含量较高为 100~150mg/L。

表 6-52   废水中不同 Cr(Ⅵ) 浓度时的气浮参数

序号	废水中含 Cr(Ⅵ) 浓度/mg·dm^{-3}	处理流量 /m^3·h^{-1}	溶气水流量与废水流量百分比/%	气浮槽表面负荷率 /m^3·(m^2·h)$^{-1}$
1	10~20	11~9	30~40	6.0~5.0
2	20~30	9~8	40	5.0~4.5
3	50	7~6	70	4.0~3.5
4	100	4	135	2.0

由于该厂有大量毛坯酸洗的废液和酸性废水排入混合废水系统，这部分废水中含有一定量的亚铁离子，因此，硫酸亚铁投加量一般控制在 Cr(Ⅵ)：FeSO$_4$·7H$_2$O = 1:(16~20)，均能取得较好的处理效果。

6.9   电镀废水的循环利用

电镀废水回用是全国电镀企业发展的一个必然的趋势，以目前水处理先进技术的应用，已经达到完全可以处理电镀废水并回收利用的水平。

6.9.1 电镀废水回用

电镀废水回用的重要环节：电镀企业如何把废水变成可用的资源，最主要注意以下两个重要的内容：

（1）水洗工序。为节约电镀清洗用水和减少污染，在水洗工序采用了更为合理的"一水多用"水洗方式，即联级逆流漂洗加反喷淋。

（2）物质的再循环利用。如果电镀废水中金属离子种类单一且浓度很高，则物质的回收和再循环利用易于实现，经沉淀或蒸发即可得到一些简单的物质和对废水质物质的浓缩循环回用，如三价铬的氧化物、碳酸、电镀镍漂洗水。

电镀废水回用的处理方法比较见表 6-53。

表 6-53　电镀废水处理方法比较

工艺方法	建设投资	工艺流程	占地面积	出水水质	运行成本	污泥数量	设备维护	工艺弱点
离子交换法	高	复杂	少	好	运行复杂，反冲废液产生二次污染需再处理，费用较高，适合镍水回用	污泥量少，回收价值高	设备需经常检查维护，树脂费用较高	操作复杂，处理能力受限制
化学法	中	较复杂	多	一般	用电量大，加药剂较多，操作复杂，污泥量大，需操作人员多，成本较高，通常为 4 元/吨	污泥量大，回收价值低，有害固废物处置费高	设备受酸碱腐蚀大，维修量大，设备使用期短	药剂费高，一级排放标准达标困难，特别是 Ni、Cu
膜法	大	中	少	最好	运行费用高，适合用纯漂洗水，水可以回用	金属回收	需要专业人员管理	膜污堵严重，更换成本高，需要完善预处理和管理
高级电化学法	中	简单	少	好	设备运行成本2.5元，可达到严控区排放指标	污泥量少，废渣可回收	维护简单，仅更换电极	

在选择电镀废水回用处理工艺之前，应当对各种处理方法的效果、投资、占地面积、设备性能、原材料要求等方面有较为全面了解。电镀污水处理方法很多，但各有所长，也各有所短。例如：在处理以氢氧化铜为主的沉淀物固液分离时，不能采用气浮法，应采用斜纹法；而在处理氢氧化锌和氢氧化铬时，应采用气浮法。处理方案应经过严格论证、完善，避免盲目投入，降低运转成本。选择污水处理方法的基本原则：

（1）污水经处理，应符合国家排放标准或可回用，不产生二次污染。

（2）对污水变化的适应性要强，如污水浓度、pH 值及其成分变化等。

（3）处理过程中，化学药剂用量少、电能消耗少、运转成本要小。

6.9.2　电镀废水循环方式

（1）自然循环。漂洗工序是电镀生产中的重要环节。采用不同的漂洗方法直接影响漂洗水的耗量及废水的处理，在保证镀件质量的前提下，应把漂洗水耗量压缩到最低，使漂洗水耗量小于或等于电镀槽液的蒸发量及带出量之和，即小于槽液的消耗量。

（2）强制闭路循环。在电镀生产过程中，当采取了先进的漂洗方法和降低漂洗耗水量的措施之后，漂洗水的耗量仍大于槽液的减量（耗量）时，就不能实现废水的自然循环，需要采取人工的强制措施，实现废水的闭路循环系统，称为废水的强制循环。强制循环的处理技术，效果比较好的有以下几种：

1）逆流漂洗-薄膜蒸发法。把电镀生产过程中逆流漂洗系统中第一级漂洗槽的废水引入薄膜蒸发器内进行蒸发浓缩，达到所要求的浓度后返回镀槽重复利用。蒸发过程中产生的冷凝水（即净化后的水）返回末级漂洗槽，作为漂洗水循环利用，从而构成废水的闭路循环系统。

2）逆流漂洗-反渗透法。把逆流漂洗的第一级漂洗槽的漂洗水引入反渗透装置，经反渗透处理后，浓水进行回收，返回镀槽，淡水返回一级漂洗槽，构成闭路循环系统。

3）离子交换法。采用离子交换法处理电镀废水，需根据不同水质选用不同的流程，废水中的金属阳离子采用阳树脂交换去除，阴离子采用阴树脂交换去除。处理后的水为初级纯水，返回漂洗槽循环利用，树脂再生下来的再生液回收金属返回镀槽重复利用，从而实现电镀废水的闭路循环系统，不外排废水。

（3）处理后排放：

1）化学处理法。通过向电镀废水中投加化学药剂，使废水中的污染物质发生氧化还原化学反应或产生混凝，然后从水中分离出去，使废水得到净化，达到排放标准后排放。根据废水中含有的污染物质的不同，可采用不同的处理工艺。

2）电解处理法。氰化镀银、无氰镀银及酸性镀铜废水可以采用电解法处理，在镀银生产线的一级漂洗槽旁边安装一个回收银电解槽，采用无隔膜单极式电解槽，废水中的银离子在电解过程中沉积在阴极，定期回收金属银。

———— 本 章 小 结 ————

电镀废水成分主要有铬、锌、镉、铅、镍、铜、金、银，含氰废水主要由药剂氧化法处理，镀铬废水主要由化学处理法处理，镀锌废水主要有化学处理法和离子交换法，电镀废水回用时要注意水洗工序和物质的再循环利用。

思 考 题

6-1 电镀是什么？

6-2 电镀废水的来源有哪些？并说明来源的成分。

6-3 电镀废水有哪些成分？

6-4 电镀的原理是什么？

6-5 含氰废水都有哪些处理方法？并说明原理。

6-6 镀锌废水有哪些处理方法？并说明原理。

6-7 含镉废水有哪些处理方法？

6-8 请说明离子树脂交换法的基本原理。

6-9 电镀混合废水的处理基本原理是什么。

6-10 电镀废水回用需要注意什么？

6-11 电镀废水有哪些循环方式？并加以说明。

7 化工行业废水处理及循环利用

本章提要:

　　本章介绍了油气田含油废水来源、危害、处理方法,焦化废水的处理方法,造纸企业的废水主力方法,制药废水处理方法,要求学生了解这些废水的来源和处理方法的原理,重点要掌握常用的处理方法和处理工艺。

7.1　油气田含油废水综合处理

7.1.1　含油废水的来源

　　含油废水主要包括油田废水,炼油厂和石油化工厂的废水,油轮的压舱水、洗舱水、机舱水,油罐车的清洗水等。油类物质通过不同途径进入水中形成含油污水,由于其量大面广的特点使其成为一种危害严重的废水。

　　石油开发过程中的主要污染源和污染物见图7-1。

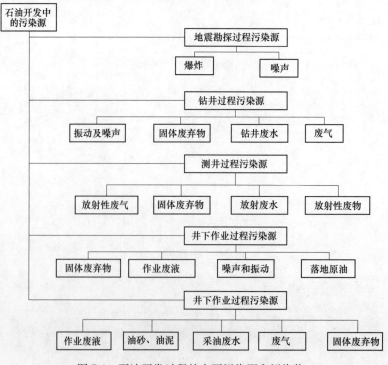

图7-1　石油开发过程的主要污染源和污染物

（1）钻井过程中产生的废水：钻井是利用一定的工具和技术，用足够的压力把钻头压到地层，用动力转动钻杆带动钻头旋转破碎井底岩石，在地层中钻出一个较大孔眼的过程。在钻井过程中不但会占用土地、破坏地表植被，而且会排放废钻井液、机械冲洗水、滴漏的各种废液、油料等污染物。钻井阶段的污染源主要是来自钻井设备和钻井施工现场，在实际生产作业过程中产生大量的固体废弃物、废水、废弃泥浆、岩屑、噪声等各种污染物，对环境造成一定的影响和危害。

钻井废水中所含的有机处理剂会使水体的 BOD、COD 增高，影响水生生物的正常繁衍、生长，NaOH、$CaCO_3$、KOH、NaCl 等盐类和碱类物质会改变地下水或地表水的 pH 值。根据石油开采行业废水产生统计数据，每钻一口 3000m 左右的钻井，平均产生钻井废水 $900m^3$，产生泥浆 $240m^3$，岩屑 $360m^3$。

中原油田某钻井公司钻井废水监测指标见表 7-1。

表 7-1　中原油田某钻井公司钻井废水污染物监测指标统计

污染物	COD	石油类	悬浮物	挥发酚	硫化物	透光率/%
浓度/mg·L^{-1}	3000	60	5000	0.3	0.2~0.3	15~35

（2）测井过程中的主要污染源及污染物：测井是获得油气储存层地质资料的极为重要的手段之一，在油气地质勘探和开发过程中应用广泛。测井过程的主要污染源是放射性废气、废水、废物等三废物质，以及因操作不慎而溅、洒、滴入环境中的活化液，挥发进入空气中的放射性气体，被污染的钻井管和工具等。同时，在施工过程中还会产生一些废水、固体废弃物及噪声。

（3）井下作业过程中的废水：井下作业是石油开发进行采油生产的重要手段之一，是对油、气、水井实施油气勘探、修理、维护正常生产、增产、报废前善后等一切井下施工的统称，是石油开发中的重要环节。主要工艺过程包括射孔、酸化、压裂、试油、修井、清蜡、除砂等作业环节。其主要污染物有固体污染物、液体污染物、落地原油、气体污染物、噪声等。

中原油田作业废液中的主要污染物见表 7-2。

表 7-2　中原油田作业废液中的主要污染物

酸化废液		压裂废液		其他类型作业废液	
pH 值	2.5	pH 值	6.0~9.6	pH 值	6.31~8.73
悬浮物/mg·L^{-1}	45	密度/g·cm^{-3}	1.02	悬浮物/mg·L^{-1}	18~230
COD/mg·L^{-1}	3860	悬浮物/mg·L^{-1}	43~4808	COD/mg·L^{-1}	62~923
色度	59	COD/mg·L^{-1}	500~26000	油/mg·L^{-1}	0~126
S^{2-}/mg·L^{-1}	35	油/mg·L^{-1}	20~960	挥发酚/mg·L^{-1}	0~6.29
Cl^-/mg·L^{-1}	65400	黏度/mPa·s	5.5	氨氮/mg·L^{-1}	0~49
Ca^{2+}/mg·L^{-1}	28300	外观	灰色黏液	Cr^{6+}	0~0.065
Mg^{2+}/mg·L^{-1}	128			硫化物/mg·L^{-1}	0~0.20
Fe^{2+}/mg·L^{-1}	1256				

注：其他类型作业指洗井、冲砂、磨铣、堵水、抽汲、防砂、注灰等作业施工。

（4）采油、集输过程中的废水：采油废水是随着石油和天然气从地层开采出来的，经沉降和电化学脱水等工艺而分离出来的废水。在联合站、伴生气处理站、废水处理站排出。采油污水的污染物主要包括石油类、挥发酚、硫化物等，矿化度高，为了防止采出水腐蚀管壁和结垢，便于油水分离，其中投放了大量化学药剂，使采油污水的成分更加复杂。

采油废水成分与原油性质、油层性质和注水物质等因素密切相关，属固体杂质、液体杂质、溶解气体和溶解盐类较为复杂的多相体系。中原油田各采油厂的采油废水水质不同，综合起来采油废水的特征有以下几点：

1）油水密度差值小。油水密度差值小，致使油类上浮困难，油水难以分离。有些油田稠油密度非常大，相对密度为 0.9884，与污水的密度相差甚微；

2）废水中悬浮物固体含量高、颗粒直径小，不易沉淀分离。悬浮固体颗粒直径范围为 $1 \sim 100\mu m$。主要包括泥沙：$0.05 \sim 4\mu m$ 的黏土、$4 \sim 60\mu m$ 的粉砂、$50\mu m$ 以上的细砂等。废水中还含有各种腐蚀物 Fe_2O_3、MgO、FeS 等。

（5）其他废水：

1）突发事故污染的地下水、地表水。突发事故包括井喷、管线泄漏、钻井事故。突发事故对地下水造成影响。井喷时的大量泥浆和原油喷出，影响地表水管线泄漏，导致大量原油溢出，对地下水造成影响。

2）空压机产生的含油污水。空压机工作过程中，润滑油被压缩空气挟带到中冷器、后冷器和储气罐，与空气冷凝水一道由排泄阀排出，形成空压站含油废水。该废水与一般机械工厂、石油加工厂的含油废水不同，它不由用水形成，而是在高温压缩空气冷却时，由其中水蒸气的冷凝水混合部分润滑油形成的。活塞式空气压缩机，其润滑油与空气是直接接触的，空气冷凝水中不可避免地混入部分润滑油，这些润滑油即空压机含油废水中油分的来源。

3）船舶产生的含油污水。船舶产生的污水主要包括生活污水和含油污水两大类。油船的机舱油污水、压载水、洗舱水中均含有大量石油，污水中典型的污染物包括燃料、油类、液压机流体、清洁剂和含水膜、发泡剂（AFFF）、油漆和溶剂等。

船舶含油污水的特点：

①船舶含油污水中只有油和一部分固体杂质、悬浮物超过国家规定的污水排放标准，其他有毒有害物质均不超标；

②船舶油污水中油的分散状态主要为浮上油和分散油，不含表面活性剂的乳化油；

③船舶油污水中，分散油滴的粒径分布测定结果表明，粒度小于 10 微米的油约占油浓度的 15% 左右。

7.1.2　含油废水的成分与危害

石油开发产生的污染物一旦泄漏直接排入水体，而地表水是农业生产的主要灌溉水源，被污染后就会直接造成土壤及农作物污染。农作物的污染导致家畜、家禽和人体有毒物质的富集，最终通过食物链危及人体健康。

因此，含油污水必须经过适当处理后才能排放。鉴于含油废水的污染性，为防止含油废水造成污染和危害，中国规定地面水中石油（包括煤油、汽油）最高容许浓度为

0.3mg/L，农田灌溉水中石油类最高容许含量为 5mg/L（建议值），渔业用水中石油（煤油、汽油）最高容许浓度为 0.05mg/L。工业废水中石油的最高容许排放浓度为 10mg/L。因此含油废水治理是当今环境工程领域急需解决的问题。

7.1.3 污染源分析

（1）原油罐脱水带油多。洛阳分公司有 2 个原油罐区，共 10 台 $5 \times 10^4 m^3$ 原油罐，全部通过人工监控方式脱水，脱水量约为 $2 \times 10^4 t/a$。如果原油罐脱水不完全，原油带水会冲击下游常压电脱盐装置，但由于罐容大，罐底水量少，在脱水度上很难完全通过人工准确把握。原油脱水带油多，油含量在 1000~5000mg/L，给下游污水处理厂的生产带来了较大压力。

（2）电脱盐切水带油多。电脱盐装置是脱除原油中无机盐和悬浮固体的工艺，以减轻加工设备的腐蚀，除去杂质。脱盐过程就是在原油中加入破乳剂和水，混合加热至 105~149℃，在电脱盐罐内通过高压电场作用，使水凝聚沉降分离，盐类及有害物质随水排出。多年来，由于电脱盐罐油水分离不彻底而造成切水带油量大，石油类浓度在 500~20000mg/L 之间，这部分含盐污水约 90t/h，直接排入炼油污水厂后，不仅浪费了油品资源，而且给污水处理厂带来冲击。

（3）高浓度碱渣酸性水冲击污水厂。为保证汽油和液化气产品质量，需对其进行碱洗，降低产品中硫含量。碱洗后产生的碱渣污染物浓度极高，COD 20×10^4 mg/L，酚 10×10^4 mg/L，氨氮 3×10^4 mg/L，硫化物 1×10^4 mg/L。为降低污染物含量并减少恶臭气味，石化企业（包括本厂）采用的碱渣处理方法多为湿式氧化处理并酸化中和后，排入炼油污水厂。碱渣处理后产生的酸性水量每年约1250t，酸性水主要污染物浓度为：COD 1×10^4 ~ 3×10^4 mg/L，酚 300~500mg/L，氨氮 300~800mg/L，硫化物 3~30mg/L。处理方式按 0.5t/h 的流量限流排入污水厂，高污染浓度的酸性水对污水厂造成冲击影响，对设备造成严重腐蚀，是石化行业重大环保难题之一。

（4）污水汽提净化水回用率低。石油炼制过程中来自常减压、催化、加氢、重整、焦化等装置的油品及油气冷凝分离水、洗涤水称为含硫污水。由于其高含硫、氨等污染物，均通过含硫污水汽提预处理，将污水中的硫以硫化氢形式脱出，送硫黄回收装置制备硫黄产品，将污水中的氨气提冷凝生产液氨、氨水产品，最终剩余的低浓度污水称为净化水。

（5）高浓度汽油脱硫醇水洗水直排污水厂。汽油脱硫醇水洗水未经预处理，全部直接排入炼油污水厂，该高浓度污水排放量约为 3~5t/h，水量虽小，但水质极差，主要污染物浓度为：COD 2000~7000mg/L，酚 1000~3000mg/L，氨氮 30~70mg/L，硫化物 0.3~1mg/L，pH 9~12，对污水处理影响很大。

（6）氨吸收罐高浓度含氨污水直排污水厂。氨吸收罐是为降低液氨贮罐散发出的氨气污染环境而设置的水循环吸收设施，每经过一个半月左右，罐内氨水将饱和，失去吸收氨气能力，需外排进行置换。置换排放的污水因氨含量极高，且极易挥发产生刺鼻的氨味，对周围空气造成污染，影响现场人员身体健康，同时造成污水厂进口氨氮浓度异常升高，在氨吸收罐集中排水时，污水厂进口氨氮最高曾短时达到 800mg/L，存在一定的外排污水氨氮超标风险。

（7）电脱盐切水温度高。电脱盐切水温度为 100℃，由空冷、水冷换热器换热后，经过约 100m 地下污水管线进入炼油污水厂。由于设计原因，有小股污水无法通过水冷换热，电脱盐切水总体排放温度 60℃，切水总量占污水总量的 30% 以上，造成夏季污水总进口水温升高到 50℃ 以上。经过均质、隔油、浮选后，进入生化系统的水温仍高达 45℃，高温对生化微生物造成致命伤害，必须降低污水温度。

7.1.4 石油炼制工业污染物排放标准

水污染物排放控制要求如下：

（1）现有企业，自 2017 年 7 月 1 日起执行表 7-3 规定的水污染物排放限值。

（2）自 2015 年 7 月 1 日起，新建企业执行表 7-3 规定的水污染物排放限值。

表 7-3　水污染物排放限值　　　　　　　　　　（mg/L）

序号	污染物项目	限制		污染物排放监控位置
		直接排放	间接排放①	
1	pH 值（一）	6~9	—	企业废水总排放口
2	悬浮物	70	—	企业废水总排放口
3	化学需氧量	60	—	企业废水总排放口
4	五日生化需氧量	20	—	企业废水总排放口
5	氨氮	8.0	—	企业废水总排放口
6	总氮	40	—	企业废水总排放口
7	总磷	1.0	—	企业废水总排放口
8	总有机碳	20	—	企业废水总排放口
9	石油类	5.0	20	企业废水总排放口
10	硫化物	1.0	1.0	企业废水总排放口
11	挥发酚	0.5	0.5	企业废水总排放口
12	总钒	1.0	1.0	企业废水总排放口
13	苯	0.1	0.2	企业废水总排放口
14	甲苯	0.1	0.2	企业废水总排放口
15	邻二甲苯	0.4	0.6	企业废水总排放口
16	间二甲苯	0.4	0.6	企业废水总排放口
17	对二甲苯	0.4	0.6	企业废水总排放口
18	乙苯	0.4	0.6	企业废水总排放口
19	总氰化物	0.5	0.5	企业废水总排放口
20	苯并芘	0.00003		车间或生产设施废水排放口
21	总铅	1.0		车间或生产设施废水排放口
22	总砷	0.5		车间或生产设施废水排放口
23	总镍	1.0		车间或生产设施废水排放口
24	总汞	0.05		车间或生产设施废水排放口
25	烷基汞	不得检出		车间或生产设施废水排放口
加工单位原（料）油基准排水量 /m³·（t 原油）$^{-1}$		0.5		排水量计量位置与污染物排放监控位置相同

①废水进入城镇污水处理厂或经由城镇污水管线排放，应达到直接排放限值；废水进入园区（包括各类工业园区、开发区、工业聚集地等）污水处理厂执行间接排放限值，未规定限制的污染物项目由企业与园区污水处理厂根据其污水处理能力商定相关标准，并报当地环境保护主管部门备案。

（3）根据环境保护工作的要求，在国土开发密度已经较高、环境承载能力开始减弱，或水环境容量较小、生态环境脆弱，容易发生严重水环境污染问题而需要采取特别保护措施的地区，应严格控制企业的污染排放行为，在上述地区的企业执行表 7-4 规定的水污染物特别排放限值。

执行水污染物特别排放限值的地域范围、时间，由国务院环境保护主管部门或省级人民政府规定。

表 7-4　水污染物特别排放限值　　　　　　　　　　　　　　　　（mg/L）

序号	污染物项目	限制		污染物排放监控位置
		直接排放	间接排放①	
1	pH 值（一）	6~9	—	企业废水总排放口
2	悬浮物	50	—	企业废水总排放口
3	化学需氧量	50	—	企业废水总排放口
4	五日生化需氧量	10	—	企业废水总排放口
5	氨氮	5.0	—	企业废水总排放口
6	总氮	30	—	企业废水总排放口
7	总磷	0.5	—	企业废水总排放口
8	总有机碳	15	—	企业废水总排放口
9	石油类	3.0	15	企业废水总排放口
10	硫化物	0.5	1.0	企业废水总排放口
11	挥发酚	0.3	0.5	企业废水总排放口
12	总钒	1.0	1.0	企业废水总排放口
13	苯	0.1	0.1	企业废水总排放口
14	甲苯	0.1	0.1	企业废水总排放口
15	邻二甲苯	0.2	0.4	企业废水总排放口
16	间二甲苯	0.2	0.4	企业废水总排放口
17	对二甲苯	0.2	0.4	企业废水总排放口
18	乙苯	0.2	0.4	企业废水总排放口
19	总氰化物	0.3	0.5	企业废水总排放口
20	苯并芘	0.00003		车间或生产设施废水排放口
21	总铅	1.0		
22	总砷	0.5		
23	总镍	1.0		
24	总汞	0.05		
25	烷基汞	不得检出		
加工单位原（料）油基准排水量 /m³·(t 原油)⁻¹		0.4		排水量计量位置与污染物排放监控位置相同

① 废水进入城镇污水处理厂或经由城镇污水管线排放，应达到直接排放限值；废水进入园区（包括各类工业园区、开发区、工业聚集地等）污水处理厂执行间接排放限值，未规定限制的污染物项目由企业与园区污水处理厂根据其污水处理能力商定相关标准，并报当地环境保护主管部门备案。

7.1.5 油在水中的状态

油污染作为一种常见的污染，对环境影响危害极大。油在水中以四种状态存在：浮油、分散油、乳化油、溶解油。

浮油：以连续相漂浮于水面，形成油膜或油层。这种油的油滴粒径较大，一般大于 $100\mu m$。

分散油：以微小油滴悬浮于水中，不稳定，经静置一定时间后往往变成浮油，其油滴粒径为 $10\sim100\mu m$。

乳化油：水中往往含有表面活性剂使油成为稳定的乳化液，油滴粒径极微小，一般小于 $10\mu m$，大部分为 $0.1\sim2\mu m$。

溶解油：是一种以化学方式溶解的微粒分散油，油粒直径比乳化油还要细，有时可小到几纳米。

7.1.6 乳化油的破乳方法

微细的油珠分散于水中形成水油乳化液。由于乳化液的油珠极细，其表面形成一层界膜带有电荷，油珠外围形成双电层，使油珠相互排斥极难接近。因此，要使油水分离，首先要破坏油珠的界膜，使油珠相互接近并聚集成大滴油珠，从而浮于水面，这就称为破乳。

常用的破乳方法有高压电场法、药剂法、离心法、超滤法等。

（1）高压电场法。高压电场法是利用电场力对乳液颗粒的吸引或排斥作用，使微细油粒在运动中互相碰撞，从而破坏其水化膜及双电层结构，使微细油粒聚结成较大的油粒浮升于水面，达到油水分层的目的。高压电可采用交流、直流或脉冲电源。

（2）药剂法。药剂破乳法是指向废水中投加破乳剂，破坏油珠的水化膜，压缩双电层，使油珠聚集变大与水分开。药剂破乳又分为盐析法、凝聚法、酸化法和盐析-凝聚混合法等。

盐析法：盐析法是指向废水中投加盐类电解质，破坏油珠的水化膜，常用的电解质有氯化钙、氯化镁、氯化钠、硫酸钙、硫酸镁等。

凝聚法：凝聚法是指向废水中投加絮凝剂，利用絮凝物质的架桥作用，使微粒油珠结合成为聚合体。常用的絮凝剂有明矾、聚合氯化铝、活化硅酸、聚丙烯酰胺、硫酸亚铁、三氯化铁、镁矾土等。研究表明，当 $pH=8.0\sim9.0$ 时，用明矾处理溶解油是有效的，而 $pH=8\sim10$ 时，可采用硫酸亚铁。

酸化法：酸化法是向废水中投加硫酸、盐酸、醋酸或环烷酸等，破坏乳化液油珠的界膜，使脂肪酸皂变为脂肪酸分离出来。采用这种方法因降低了废水的 pH 值，故在油水分离后需要用碱剂调节 pH 值，使之达到排放标准。

盐析-凝聚混合法：盐析-凝聚混合法是指向废水中加入盐类电解质，使乳化液初步破乳，再加入凝聚剂使油粒凝聚分离。

（3）离心法。离心法是指借助离心机械所产生的离心力，将油水分离。离心机有卧式和立式两种，在离心力的作用下，水相从离心机的外层排出，油相从离心机的中部排出。

离心机结构比较复杂，故这种方法国内采用得不普遍。

（4）超滤法。超滤法是一种物理破乳法，它是使乳化油废水通过超滤膜过滤器，利用超滤膜孔径比油珠孔径小的特点，只允许水通过，而将比膜孔径大的油粒阻拦，从而达到乳化油水分离的目的。

7.1.7　含油废水的处理方法

乳化液经破乳后还需进一步处理，其处理方法、处理设备也多种多样，概括起来可分为物理方法、电化学方法以及联合处理方法。

物理方法包括：

（1）重力法。重力法是一种利用油水密度差进行分离的方法，适用于去除水中的浮油。重力分离法最常用的设备是隔油池。它是利用油比水轻的特性，将油分离于水面并撇除。

隔油池的形式主要有以下几种：

1）平流式隔油池：构造简单，运行管理方便，除油效果稳定；但体积大，占地面积大，处理能力低，排泥难，出水中仍含有乳化油和吸附在悬浮物上的油分，一般难以达到排放要求。

2）平板式隔油池：也已有很长的历史，池型最简单，操作方便，除油效果稳定，但占地面积大，受水流不均匀性影响，处理效果不好。

3）斜板式油水分离装置：是根据1904年汉逊等人提出的"浅池原理"对平板式隔油池进行改进而成，在其中倾斜放置平行板组，角度在30°~40°之间可大大提高除油效率，但具有工程造价高、设备体积大等缺点。该方法适用于浮油、分散油，且效果稳定运行费用低，但设备占地面积大。

（2）浮选法。浮选法是将空气以微小气泡形式注入水中，使微小气泡与在水中悬浮的油粒黏附，因其密度小于水而上浮，形成浮渣层从水中分离。浮选法由于装置处理量大、产生污泥量少和分离效率高等优点，在含油废水处理方面具有巨大的潜力。

目前浮选最常用的方法是溶气浮选法、叶轮浮选法和射流浮选法等。溶气浮选法和叶轮浮选法存在停留时间长、装置制造和维修麻烦、能耗高等缺点。相比之下，射流浮选法不但能节省大量能耗，还具有产生气泡小、装置安装方便、操作安全等特点，因而具有良好的研究和应用前景。

（3）絮凝法。常用的絮凝剂主要有无机絮凝剂、有机絮凝剂和复合絮凝剂三大类。无机高分子絮凝剂（如聚合氯化铝、聚合硫酸铁等）较低分子量无机絮凝剂处理效果好，且用量少，效率高，但存在产生的絮渣多、不易后续处理的缺点。有机高分子絮凝剂由于价格昂贵，难以大量推广使用，而主要用作其他方法的助凝剂。

（4）吸附法。吸附法是利用亲油性材料吸附水中的油。最常用的吸附材料是活性炭，它具有良好的吸油性能，可吸附废水中的分散油、乳化油和溶解油。但吸附容量有限（对油一般为30~80mg/L），且活性炭价格较贵，再生也比较困难，因此一般只用作低浓度含油废水处理或深度处理。

（5）粗粒化法。粗粒化法（也称为聚结法）是使含油废水通过一种填有粗粒化材料的装置，使污水中的微细油珠聚结成大颗粒，达到油水分离的目的。本法适用于预处理分散油和乳化油。粗粒化除油装置具有体积小、效率高、结构简单、不需加药、投资省等优点。缺点是填料容易堵塞，因而降低除油效率。

电化学方法包括：

（1）电凝聚法。电凝聚法原理是利用可溶性电极（铁电极或铝电极）电解产生的阳离子与水电离产生的 OH^-（氢氧根负离子）结合生成的胶体，与水中的污染物颗粒发生凝聚作用来达到分离净化的目的。同时在电解过程中，阳极表面产生的中间产物（如羟基自由基、原子态氧）对有机污染物也有一定的降解作用。

电凝聚法具有处理效果好、占地面积小、设备简单、操作方便等优点，但是它存在阳极金属消耗量大、需要大量盐类作辅助药剂、能耗高、运行费用较高等缺点。在保证处理效率的同时，如何进一步减少电极的损耗并降低耗能等方面值得进一步探索。

（2）电气浮法。电气浮法是利用不溶性电极电分解作用与生成的微小气泡的上浮作用来去除污染物的，具有除油、杀菌一体化的显著特点。

（3）电磁法。电磁处理方法主要包括：磁处理法、电子处理法、高频电磁场法、高压静电处理法。

电磁法具有以下两个突出的优点：1）在整个水处理过程中不投加任何药剂，避免引入新的杂质及某些有害物质；2）消毒效果好且不产生具有"三致"作用的氯化副产物。缺点是耗电量大，而且工艺尚未成熟，目前这种方法在含油废水处理中应用得比较少。若能完善电磁法工艺并解决其能耗问题，将具有广阔的应用前景。

（4）电化学催化法。电催化氧化技术通过电化学催化系统产生的氧化性极强的羟基自由基与有机物之间的加成、取代和电子转移等过程使污染物降解、矿化，具有无二次污染、易建立密闭循环等优点，在水处理界备受青睐。

1）高效电催化电极。在电催化反应过程中，电极处于"心脏"地位，是实现电化学反应及提高电解效率的关键因素。因此，寻找和研制催化活性高、导电性好、耐腐蚀、寿命长的阳极材料以降低处理成本是研究的热点和重点。

2）电化学反应器。电化学反应本质上是一种在固液界面上发生的异相电子转移反应，所以固液界面面积、电极电势和电极表面反应物的形态及浓度是决定反应速度（电流）的基本因素。常见的电化学反应器多是二维反应器，根据工作电极和辅助电极的形式，其又可分为平板式、圆筒式和圆盘式等反应器。因此，还应大力发展电催化氧化技术与其他传统的化学法、物理化学法、生物法相结合，提高对污染物的去除率，减少对环境的危害。

（5）生物方法。生物法是利用微生物的代谢作用，使水中呈溶解、胶体状态的有机污染物质转化为稳定的无害物质。油类是一种烃类有机物，可以利用微生物将其分解氧化成为二氧化碳和水。含油污水生化处理有活性污泥法和生物过滤法两种。前者是在曝气池内利用流动状态的絮凝体（活性污泥）作为净化微生物的载体，通过吸附、浓缩在絮凝体表面上的微生物来分解有机物。后者系在生物滤池内，使微生物附着在固定的载体（滤料）上，污水从上而下散布，在流经滤料表面过程中，污水中的有机物质便被微生物吸附和分解破坏。

（6）膜分离法。膜分离技术是利用特殊制造的多孔材料的拦截作用，以物理截留的方式去除水中一定颗粒大小的污染物。以压力差为推动力的膜分离过程一般分为微滤、超滤和反渗透 3 种。

膜分离技术的特点是：可根据废水中油粒子的大小合理地确定膜截留分子量，且处理过程中一般无相变化，直接实现油水分离；不投加药剂，所以二次污染小；后处理费用低，分离过程耗能少；分离出水含油量低，处理效果好。但仍需要利用不同的材料及方法制备出性能好又经济的新型膜，并对现有的处理工艺进行改进，进而克服该技术的一些缺点，如热稳定性差、不耐腐蚀、膜容易被污染、处理量小等。另外，单一的膜分离技术并不能很好地解决含油废水的处理问题，需要将不同的膜分离技术联合或是将膜分离技术同传统方法联合处理含油废水，如超滤和反渗透联合、盐析法和反渗透联合、超滤和微滤联合等多种方法。新型膜及新工艺的不断出现使膜分离技术在含油废水处理中的应用越来越广泛。

含油废水处理方法多种多样，见表 7-5，每一种方法都有其特定的适用范围，需要针对不同的情况进行研究，确定适合的工艺。由于含油废水的复杂性，采用单一的方法很难达到工业污水的国家排放标准，应对含油污水进行多级处理，采取联合处理方法。通过采用多级处理工艺，能够综合废水成分、油的存在状态、处理深度等各因素的影响，使得废水处理达到令人满意的效果。

表 7-5　各种处理方法比较

方法名称	适用范围	去除粒径/μm	主要优点	主要缺点
重力分离	浮油、分散油	>60	效果稳定，运行费用低	占地面积大
加压气浮	分散油	>10	效果好，工艺成熟	占地面积大，浮油难处理
化学凝聚	乳化油	>10	效果好，工艺成熟	占地大，药剂用量多，污泥难处理
电解	乳化油	>10	除油率高，连续操作	装置复杂，耗电量大，消耗大量铝材，难大型化
电磁吸附	乳化油	<60	除油率高，装置占地面积小	耗电大，工艺未成熟
膜过滤	乳化油、溶解油	<60	出水水质好，设备简单	膜清洗困难，操作费用高
砂滤	分散油	>10	出水水质好，投资少无浮油	反吹操作要求较高
粗粒化	分散油、乳化油	>10	设备小型化，操作简单	滤料易堵，存在表面活性剂时效果差
活性污泥	溶解油	<10	出水水质好，基建费用低	进水要求高，操作费用高
生物滤池	溶解油	<10	适应性强，运行费用低	基建费用高
吸附	溶解油	<10	出水水质好，设备占地面积小	吸附剂再生困难，投资较高

含油污水处理技术的研究应用得到了迅速发展，利用工业废弃物或其改性后制成较好的除油剂，在工程实例中加以运用达到了较好的以废治废的目的。今后含油污水处理技术的发展趋势主要是采用物理化学法，目前正在快速发展的新方法有：

（1）高级氧化法。氧化工艺是 20 世纪开始形成的处理有毒污染物的技术。其特点是通过反应产生羟基自由基，该自由基具有极强的氧化性，通过自由基反应能够将有机污染物有效地分解，甚至彻底转化为无害物质。

（2）磁吸附分离法。磁吸附分离法即借助于磁性物质作为载体，利用油珠的磁化效应，将磁性颗粒与含油废水相结合，使散在磁性颗粒上被吸附，再通过分离装置，将磁性物质及其吸附的油留在磁场，从而达到油水分离的目的。常用的磁性粉末有磁铁矿及铁氧体两大类。

（3）超声波分离法。超声波是一种机械波，它在介质中传播时，具有机械作用、空化作用和热作用。其中，机械振动作用对油和水等介质产生凝聚、破乳、释气等，随着油滴和水滴的位移振动，使小油珠和小水珠凝聚成大的油珠和水珠。因油和水的重力差异，大水滴迅速下沉，油珠上浮，从而达到油水破乳分离。

（4）新型聚结法。聚结法就是将材料填充于粗粒化装置中，当污水通过时可以去除其中的分散油和部分乳化油。该技术关键是聚结材料，常用的亲水性材料是在聚酰胺、聚乙烯醇、维尼纶等纤维内引入酸基和盐类，亲油性材料主要有蜡状球、聚烯系和聚苯乙烯系球体或发泡体等。

7.1.8　含油废水的综合处理实例分析：气浮在高浓度含油废水处理中的工程实践

气浮又称空气浮选，是水处理中常用的浮选方法。它是以微小气泡作为载体，黏附水中的杂质颗粒，使其视密度小于水，然后颗粒被气泡携带上浮至水面最终与水分离去除的方法。

加压溶气气浮（DAF）：加压溶气气浮法是将废水加压溶气后进行气浮法水处理的工艺过程。其特点是将被处理污水（全部和部分）用水泵加压到 $3\sim4kg/cm^2$，送入专门装置的溶气罐，在罐内使空气充分溶于水中，然后在气浮池中经释放器突然减到常压，这时溶解于水中的过饱和空气以微细气泡在池中逸出，将水中悬浮物颗粒或油粒带到水面形成浮渣以排除之。这种方法的处理效率可达 90% 以上，但耗电高。

某食品加工厂以生产经营冷冻烤鳗系列和水产品加工为主，生产过程产生的主要污染物包括蓄养过程产生的排泄物及黏稠液；宰杀、清洗过程排放的大量血水、油脂以及部分碎肉屑、内脏等；烤制过程冷却及清洗设备用水，排放水中富含油脂、调味汁、碎肉等。该废水含油量范围：$450\sim4860mg/L$，水质随着生产工艺所用原料鱼油种类的不同而变化幅度大，其中还含有高浓度 COD_{Cr}、BOD_5 和阴离子洗涤剂。普通的处理方法无法承受如此高的负荷；因此，采用絮凝+加压溶气气浮法对该废水进行预处理，后续进入生化系统进一步处理后达标排放。该预处理系统出水油脂含量小于 70mg/L，可满足生化处理进水水质要求，处理效果见表 7-6。

表 7-6　混凝+加压溶气气浮法处理效果

污染因子	COD_{Cr}	BOD_5	油脂	NH_3-N	SS	pH
进水平均浓度/mg·L^{-1}	76000	19860	2655	19.8	6590	10.08
出水浓度/mg·L^{-1}	1180	364	63.2	3.15	280	5.5
去除率/%	98.45	98.17	97.62	84.09	95.75	—

注：以聚合氯化铝（PAC）为混凝剂，pH=5.5，加药量为 90mg/L（该工作条件由最佳反应条件实验测得）。

经过多年实践运行表明，该预处理系统对油脂去除率高，处理效果稳定可靠，抗冲击负荷能力强、效能高、其溶气释放器采用了专利抗堵设计，大大改善了系统的堵塞现象。

同时对 COD_{Cr}、BOD_5、SS 和阴离子洗涤剂均有较好的去除效果，保证了后续生化处理工艺的正常运行，出水达标排放。

涡凹气浮（CAF）：涡凹气浮系统主要有曝气区、气浮区、回流系统、刮渣系统及排水系统等几部分组成。

某钢厂污水循环系统投运以来始终存在油分过高的问题，致使冷却设备喷嘴堵塞，影响产品质量效果。该含油废水水质水量变化系数较大，水中含油量从 10mg/L 到 300mg/L 不等。水中悬浮物含量不高，一般在 20~30mg/L 左右，同时具有一定的色度。针对上述水质特点，该厂采用絮凝+涡凹气浮法对废水进行预处理，再经过滤器处理后使最终出水油分保持在 5mg/L 以下，达到循环污水水质标准，该预处理系统处理效果见表 7-7。从表中数据可以看出，CAF 装置在除油及 SS 方面具有较好的去除效果，因省去了絮凝剂预反应池，絮凝体形成时间短，使絮凝效果受到一定的影响，但该系统依然可以稳定运行，不影响出水水质；同时简化了处理工艺，节约了基建投资。实践运行表明该厂污循环水在正常含油量情况下采用该预处理装置能将出水油分控制在 10mg/L 以下，运行连续稳定，满足生产需求。

表 7-7　混凝+涡凹气浮法处理效果

污染因子	油脂	SS
进水平均浓度/mg·L⁻¹	340	1650
出水浓度/mg·L⁻¹	5.6	28
去除率/%	98.35	95.30

注：以聚合氯化铝（PAC）为混凝剂，加药量为 30~40mg/L（该工作条件由最佳反应条件实验测得）。

气浮工艺作为一项高效固液分离技术，在含油工业废水及其他含悬浮颗粒废水处理上得到了普遍的应用，效果稳定可靠。该工艺多用作生化处理和深度处理的预处理工艺，以去除密度较小的悬浮颗粒物及油类物质，以保证后续工艺处理效果。该工艺可根据实际水质特点采用多级气浮处理，操作方便灵活。

7.1.9　含油废水的循环利用

7.1.9.1　回用水水质要求

一般来说，不同的使用者和不同的使用目的，对水质的要求是不同的。表 7-8 为工业上不同用途对水质的定性要求，表 7-9 为定量指标。

表 7-8　工业用水对水质的要求

用　途	对水质要求
锅炉用水	无产生水垢的杂质和产生高温腐蚀的物质
一次用过冷却水	使用中不会发生沉积和堵塞
循环冷却水	对产生沉积、结垢、腐蚀及黏稠物（细菌代谢物）的杂质含量有一定限制
一般工业工艺用水	水质只要不会影响产品品质，不会增大原材料消耗及对生产过程产生不利影响即可
食品及化妆工业工艺用水	应达到饮用水标准

表 7-9 工业用水的水质指标

水质项目	一次通过冷却水	循环冷却水	锅炉用水	工艺用水
pH 值	5.0~8.0	6.8~7.2	8.2~10	6.0~9.0
硬度	850	50~130	1	—
碱度	500	20	—	—
BOD		25	—	—
COD		75	5	—
TSS	5000	100	5	30
TDS	1000	1650	—	1000
NH_3-N	1.0	1.0		10
NO_3^--N		—	—	8
Mg^{2+}	1.0	1.0	0.25	80
SO_4^{2-}	680	200	—	300
Ca	200	50	0.4	—
Al	1.0	0.1	0.1	—
O_2（DO）		1.0	0.007	0.007
Si	50	50	10	20

7.1.9.2 回用措施

当前最现实的工作是实施那些容易实现的、改造工作量不大、对工艺生产不会造成影响且可以立即见到成效的废水回用及循环方案。

下面提出一些已在国内外炼油厂行之有效的途径，供参考。

（1）分馏塔塔顶回流罐切水。催化分馏塔塔顶油水分离器切水直接用于富气的水洗水，石家庄炼油厂已经实现，估计可节约软化水 30t/h，还可以减少水洗时的水蒸气耗量。另外，分馏塔塔顶油水分离器废水还可以用于配制碱洗用水，烧焦罐用水等方面。

（2）蒸汽冷凝水。催化裂化气压机冷凝水水质（最大值）见表 7-10。

表 7-10 催化裂化气压机冷凝水水质（最大值）

项 目	一催化裂化	二催化裂化
流量/t·h⁻¹	36	36
温度/℃	65	47
pH 值	8.23	8.77
总碱度/mg·L⁻¹	0.8	0.32
硬度/mg·L⁻¹	0.28	0.32
浊度	3.93	0.16
电导率/μS·cm⁻¹	105	13.2
Ca^{2+}/mg·L⁻¹	4.8	2.4
Cl^-/mg·L⁻¹	6.0	6.0
SO_4^{2-}/mg·L⁻¹	3.6	3.6

项 目	一催化裂化	二催化裂化
TS/mg·L^{-1}	76	24
TDS/mg·L^{-1}	52	20
SS/mg·L^{-1}	24	4.0
S^{2-}/mg·L^{-1}	0.097	0.002
酚/mg·L^{-1}	0.259	0.082
COD/mg·L^{-1}	0	4
油/mg·L^{-1}	1	0.5

（3）锅炉排污水。国内这部分水量约占锅炉给水量的 20%～25%，而国外只占 4%～8%，一般水温为 80～90℃，大都排入明沟。比较方便的办法是将其减压闪蒸回收冷凝液（同时也回收热能），也可以将其余热利用后，作为循环水的补充水。

（4）机泵冷却水。炼油厂一些大型压缩机均采用一次通过冷却水。这些冷却水使用后，并没有遭受污染，但却直接外排，实在可惜。可以将这部分排水送去作为其他装置生产用新鲜水水源，或作为软化水水源。表 7-11 为燕山炼油厂两种压缩机排水水质，并列出了新鲜水水质，以作对比。

表 7-11 催化裂化气压机冷凝水水质（最大值）

项 目	丙烷压缩机	加氯压缩机	新鲜水
流量/t·h^{-1}	12	34	—
温度/℃	44	24	—
pH 值	8.16	7.96	8.16
总碱度/mg·L^{-1}	5.0	4.96	5.12
硬度/mg·L^{-1}	4.92	5.04	5.08
Ca^{2+}/mg·L^{-1}	44.0	49.0	46.0
Cl$^-$/mg·L^{-1}	54.0	54.0	52.0
SO$_4^{2-}$/mg·L^{-1}	54.0	56.0	56.0
S^{2-}/mg·L^{-1}	0.007	0.026	0.002
酚/mg·L^{-1}	0.29	0.149	0.041
COD/mg·L^{-1}	240	430	330
浊度	4.0	6.75	4.7
电导率/μS·cm^{-1}	588	624	576
TS	484	464	448
TDS	436	428	432
SS	8	36	16
油	4	15	3

（5）循环冷却水系统排污。为保持一定浓缩倍数，循环冷却水系统需经常排污，可以采用旁路软化技术，使之循环回用。即将旁路滤池反冲洗水及冷却塔排污水引入软化池，加石灰以除去 Ca^{2+}、Mg^{2+} 及 SiO_2 等，经沉淀后，再返回循环水系统。一般可减少总排水量的 5%。

（6）就地回用。车间内污染较低的排水（如机泵冷却水、离子交换反冲洗水）可以经简单处理（如除油）或不经处理，用于非饮用生活水、清扫用水、绿化用水以及消防池储水等。

表 7-12 为一些不同用途回用水水质指标。只要做到清污分流，有些车间内排水量完全可以满足回用要求。

炼油厂废水分流回用流程见图 7-2。

表 7-12 一些非饮用水回用水质指标

项目	厕所用水	景观用水	清扫用水	洗澡用水	洗车用水
浊度	30	20	15	10	15
色度	50	30	30	15	30
嗅	无异常	无异常	无异常	无异常	无异常
味	无异常	无异常	无异常	无异常	无异常
透明度/cm	15	—	—	30	30
BOD/mg·L^{-1}	20	10	—	—	10
COD/mg·L^{-1}	40	20	20	—	20
SS/mg·L^{-1}	30	5	5	几乎不见	5
大肠杆菌/cfu·mL^{-1}	300	不检出	1	不检出	1
细菌/cfu·mL^{-1}	—	100	—	100	100
pH 值	5.8~8.6	5.8~8.6	5.8~8.6	5.8~8.6	5.8~8.6
硬度/mg·L^{-1}	400	300	500	500	500
Cl$^-$/mg·L^{-1}	400	300	400	200	400
TSS/mg·L^{-1}	1000	800	500	500	500

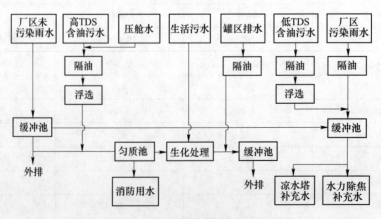

图 7-2 炼油厂废水分流回用流程

7.2 焦化废水综合处理

7.2.1 焦化废水的来源

焦化废水主要为含酚废水。苯酚及其衍生物是废水中常见的一种高毒性和难于降解的有机物。废水中的酚类物质主要包括苯酚、甲酚及其他的酚类化合物，来源于石油、石油化工、煤化工、苯酚生产及酚醛树脂生产厂等。例如，在生产酚醛树脂时，通常加有体积分数 40% 的甲醛，生产 1t 树脂需要排放 750L 废水，所排放的废水中含有苯酚 600 ~ 42000mg/L，甲醛 500 ~ 1000mg/L。

含酚废水主要来自石油化工厂、树脂厂、塑料厂、合成纤维厂、炼油厂和焦化厂等化工企业。它是水体的重要污染物之一。

焦化厂产污流程：

焦化厂焦化废水是一种典型的有毒难降解有机废水，主要来自焦炉煤气初冷和焦化生产过程中的生产用水以及蒸汽冷凝废水，指煤炼焦、煤气净化、化工产品回收和化工产品精制过程中产生的废水。焦化污水的产生过程主要有：

（1）炼焦煤带入的表面水和炼焦过程产生的化合水。这部分水随煤气逸出炭化室，在煤气冷却过程变为冷凝水，因与煤气和焦油接触而成为污水。

（2）化学产品回收和精制过程使用蒸汽直接蒸吹，经冷凝冷却后变为半成品或产品的分离水。这部分水因与工艺介质接触而成为污水。

（3）浊循环水系统排污水、煤气水封排水、地坪扫水、化验室排水、清洗油品槽车（罐）排水及管道的设备的扫汽冷凝水等。

7.2.2 焦化废水的成分及其危害

（1）对人体有毒害作用。酚类化合物是一种原型质毒物，在所有生物活性体均能产生毒性，可通过与皮肤、黏膜的接触不经肝脏解毒直接进入血液循环，致使细胞被破坏并失去活力，也可通过口腔侵入人体，造成细胞损伤。

（2）对水体和水生物有毒害作用。含酚废水不仅对人类健康带来严重威胁，也对动植物产生危害。焦化污水排入水体，当微生物降解其中的酚和氨等化合物时，将使水中溶解氧降低，影响水生物的生长繁殖，同时这些化合物的毒性也可直接毒死鱼类。

（3）对农作物有毒害作用。如果给水中含有苯酚质量浓度 1 ~ 10μg/L 时，在进行加氯处理时，会产生异味。因此，为了满足废水生化处理的要求，通常是将高浓度含酚废水进行预处理或加水稀释，以降低苯酚的含量。处理高浓度含酚（>1000mg/L）废水的方法通常分为两步：首先，将废水中高含量的苯酚及衍生物经过预处理，使废水中苯酚质量浓度降至 1000mg/L 以下；然后，进行二级处理，达到排放要求（表 7-13）。

表 7-13　中华人民共和国水体中含酚浓度及含酚废水排放最高允许浓度　（mg/人）

海水	地面水	渔业水	农田灌溉水	生活饮用水	工业含酚水
0.005（一类）	0.001（一级）				
0.010（二类）	0.005（二级）	0.005	1.0~3.0	0.002	0.500
0.050（三类）	0.010（三级）				

7.2.3　焦化废水的处理方法

焦化废水处理按处理程度可分为一级、二级和三级处理。一级处理可称为初级处理或预处理，是通过沉淀、萃取、氧化还原等方法去除废水中的悬浮物，回收有价值的物质。二级处理是在一级处理的基础上对废水进一步处理。三级处理也称深度处理，它是将二级处理的水再进一步处理，从而有效除去水中不同性质的污染物。

一般根据各工序排出的污水水质情况分别进行处理。

（1）焦油蒸馏和酚精制工序排出的污水，因含有机污染物浓度高，且生物难降解，一般送加热炉焚烧。

（2）煤气净化和化工产品精制工序排出的污水与剩余氨水混合，经蒸氨（有的先经过脱酚）后以蒸氨废水的形式排出，然后送污水生物处理工序。

（3）低浓度的污水，如尾气排放的循环水洗涤系统的排污水、煤气水封排水、焦油沥青冷却系统排水和清洗水等，一般作为生化处理的稀释水。

焦化废水的处理方法可概括为生物处理法、化学处理法和物理化学法。

生物处理法是利用微生物氧化分解废水中有机物的方法，常作为焦化废水处理系统中的二级处理。废水中含酚浓度在 50~500mg/L 时，适用于生化法处理。采用生化法时要注意废水中不得含有焦油或油类物质，否则会使微生物死亡。

废水中常用的生物处理法主要有以下几种：

（1）活性污泥法。活性污泥法是一种以活性污泥为主体的废水处理方法。该法目前已成为焦化、煤气、炼油、染料等工业废水治理的主要方法。其优点是：设备简单、处理效果好、受气候条件影响小等；缺点是：预处理要求高、运行开支较大。满春生等从生化反应的动力学理论出发，研究了温度对提高活性污泥法处理含酚废水的效果。结果表明：当水温由 20~25℃升至 50~55℃时，出口水含酚合格率由 88% 提高至 100%；COD 去除率由 68% 提高至 85%。此外，将光合细菌（PSB）固定于活性污泥上经驯化培养后，在好氧条件下处理含酚废水，可明显提高去酚能力，并可减少菌体流失。活性污泥法具有抗冲击力强、对温度 pH 值适应范围广等特点。

（2）生物膜法。生物膜是一种生长在固定介质表面上，由好氧微生物及其吸附、截留的有机物和无机物所组成的黏膜。在处理废水时，废水流过生物膜，借助于生物膜中微生物的作用，在有氧存在的条件下，氧化废水中的有机物质，经处理后的污水可以排放或作污水灌溉。具体的应用方式有生物滤池法、生物转盘法、接触曝气法等。

（3）生物接触氧化法。生物接触氧化法又称 ASFF 法，该法兼有生物膜法和活性污泥的优点。

（4）厌氧法。除了用好氧法处理含酚废水外，近年来，厌氧法的研究也取得了肯定的成果。研究人员在对焦化废水的厌氧生物处理的试验中发现：焦化废水中的甲酚及二甲酚等对厌氧微生物有抑制作用。

化学处理法包括：

（1）缩聚法。缩聚法反应原理是在一定的温度、压力条件下，苯酚与甲醛经催化剂的作用，反应生成酚醛树脂。产物经固液分离后，对含酚量已下降到一定浓度的二次废水采用固定床、动态逆流活性炭吸附处理，可使废水含酚量达到排放标准。该法具有占地面积小、流程简单、处理效果稳定等特点。

（2）氧化法。氧化法是指在废水中添加化学氧化剂，使酚分解，同时也使水中的还原性物质被氧化。该法多用于低浓度含酚废水（<1000mg/L）的处理。常用化学氧化剂有臭氧、高锰酸钾等。

（3）催化湿式氧化技术。催化湿式氧化技术是在高温、高压条件下，在催化剂作用下，用空气中的氧将溶于水或在水中悬浮的有机物氧化，最终转化为无害物质 N_2 和 CO_2 排放。

（4）焚烧法。焚烧法治理废水始于 20 世纪 50 年代。该法是将废水呈雾状喷入高温燃烧炉中，使水雾完全汽化，让废水中的有机物在炉内氧化，分解成为完全燃烧产物 CO_2 和 H_2O 及少许无机物灰分。焦化废水中含有大量 NH_3-N 物质，NH_3 在燃烧中有 NO 生成，NO 的生成会不会造成二次污染是采用焚烧法处理焦化废水的一个敏感问题。焚烧处理工艺对于处理焦化厂高浓度废水是一种切实可行的处理方法。然而，尽管焚烧法处理效率高，不造成二次污染，但是其昂贵的处理费用使得多数企业望而却步，在我国应用较少。

（5）臭氧氧化法。臭氧是一种强氧化剂，能与废水中大多数有机物，微生物迅速反应，可除去废水中的酚、氰等污染物，并降低其 COD、BOD 值，同时还可起到脱色、除臭、杀菌的作用。臭氧的强氧化性可将废水中的污染物快速、有效地除去，而且臭氧在水中很快分解为氧，不会造成二次污染，操作管理简单方便。

（6）等离子体处理技术。等离子体技术是利用高压毫微秒脉冲放电所产生的高能电子（5~20eV）、紫外线等多效应综合作用，降解废水中的有机物质。等离子体处理技术是一种高效、低能耗、使用范围广、处理量大的新型环保技术，目前还处于研究阶段。

（7）光催化氧化法。光催化氧化法是由光能引起电子和空隙之间的反应，产生具有较强反应活性的电子（空穴对），这些电子（空穴对）迁移到颗粒表面，便可以参与和加速氧化还原反应的进行。光催化氧化法对水中酚类物质及其他有机物都有较高的去除率。

（8）电化学氧化技术。电化学水处理技术的基本原理是使污染物在电极上发生直接电化学反应或利用电极表面产生的强氧化性活性物质使污染物发生氧化还原转变。目前的研究表明，电化学氧化法氧化能力强、工艺简单、不产生二次污染，是一种前景比较广阔的废水处理技术。

（9）化学混凝和絮凝。化学混凝和絮凝是用来处理废水中自然沉淀法难以沉淀去除的细小悬浮物及胶体微粒，以降低废水的浊度和色度，但对可溶性有机物无效，常用于焦化废水的深度处理。该法处理费用低，既可以间歇使用也可以连续使用。混凝法的关键在于混凝剂。

物理化学法包括：

（1）萃取法。常用萃取剂有苯、丁醇等，目前使用较多的有 N-503、TBP 及 TOPO 等。其中，N-503 是一种最常用的高效脱酚萃取剂，它对酚的萃取分配系数大于苯及其他萃取剂。单级萃取率可达95%以上。但萃取后的废水含酚量仍不符合排放标准，且在废水中含微量萃取剂，可能造成二次污染。因此，N-503萃取法对高浓度含酚废水，仅作为一级回收处理。

（2）吸附法。目前较广泛采用的固体吸附剂有活性炭、磺化煤等。树脂吸附主要采用大孔径树脂作吸附剂。近来，有人研究了在丙烯酸基质中的多孔聚合吸附剂对酚的吸附，显示出更好的除酚效率。

（3）液膜法。本法自1968年N. N. Li首创液膜技术以来，国内外对其分离技术进行了不少研究。对含酚量为上千毫克每升的酚醛树脂废水，经处理后，可达到国家排放标准，且无二次污染。目前该法主要用于焦化废水、双酚废水等的治理上。

（4）蒸汽脱酚法。挥发酚可与水蒸气形成共沸混合物。利用酚在两相中平衡浓度的差异，在强烈对流中，酚由水相转为气相，从而可使废水得以净化，并可以利用碱液回收粗酚。本法主要用于高浓度挥发酚的处理上，且回收酚的质量好，不带进其他污染物。

（5）吸附法。吸附法就是采用吸附剂除去污染物的方法。活性炭具有良好的吸附性能和稳定的化学性质，是最常用的一种吸附剂。活性炭吸附法适用于废水的深度处理。但是，由于活性炭再生系统操作难度大，装置运行费用高，在焦化废水处理中未得到推广使用。

（6）利用烟道气处理焦化废水。由冶金工业部建筑研究总院和北京国纬达环保公司合作研制开发的"烟道气处理焦化剩余氨水或全部焦化废水的方法"已获得国家专利。该技术将焦化剩余氨水去除焦油和SS后，输入烟道废气中进行充分的物理化学反应，烟道气的热量使剩余氨水中的水分全部汽化，氨气与烟道气中的SO_2反应生成硫铵。该方法以废治废，投资省、占地少、运行费用低、处理效果好、环境效益十分显著，是一项十分值得推广的方法。但是此法要求焦化的氨量必须与烟道气所需氨量保持平衡，这就在一定程度上限制了该法的应用范围。

废水循环利用：将高浓度的焦化废水脱酚，净化除去固体沉淀和轻质焦油后，送往焦炉熄焦，实现含酚废水闭路循环。从而减少了排污，降低了运行等费用。但是此时的污染物转移问题也值得考虑。

7.2.4 焦化废水的综合处理常用工艺

（1）改性沸石对焦化废水中COD的去除。沸石是一种天然的多孔矿物，是呈架状结构的多孔含水铝硅酸盐晶体的沸石族矿物的总称，沸石化学成分实际上是由SiO_2、Al_2O_3、H_2O、碱和碱土金属离子四部分构成。

（2）聚硅酸盐处理焦化废水。聚硅酸盐是一类新型无机高分子复合絮凝剂，是在聚硅酸（即活化硅酸）及传统的铝盐、铁盐等絮凝剂的基础上发展起来的聚硅酸与金属盐的复合产物。这类絮凝剂同时具有电中和及吸附架桥作用，絮凝效果好，且易于制备，价格便宜，处理焦化废水有显著的效果。

（3）普通活性污泥法。普通活性污泥法是一种较好的焦化处理方法，该法能将焦化废水中的酚、氰有效地去除，两项指标均能达到国家排放标准。但是，传统活性污泥法的占地面积大，处理效率特别是对焦化废水中的氨氮、有毒有害有机物的去除率低，而且活性污泥系统普遍存在污泥结构细碎、絮凝性能低、污泥活性弱、抗冲击能力差、进水污染物浓度的变化对曝气池微生物的影响较大、操作运行很不稳定等缺点。

(4) SBR 工艺。SBR 工艺是一种新近发展起来的新型处理焦化废水的工艺，即为序批式好氧生物处理工艺，其去除有机物的机理在于充氧时与普通活性污泥法相同，不同点是其在运行时，进水、反应、沉淀、排水及空载 5 个工序，依次在一个反应池中周期性运行，所以该法不需要专门设置二沉池和污泥回流系统，系统自动运行及污泥培养、驯化均比较容易。SBR 工艺流程见图 7-3。

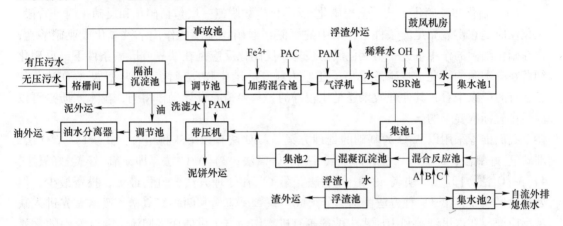

图 7-3 SBR 工艺流程图

(5) 高效微生物 O-A-O 工艺。该工艺总体分为两段，即初曝系统和二段生化系统。从功能上来看，初曝系统是对焦化废水进行预处理，为生物脱氮提供一个合适稳定的环境；二段生化系统主要是生物脱氮和去除剩余污染物，又分为兼氧反硝化、好氧硝化和去除 COD 两部分。工艺流程见图 7-4。

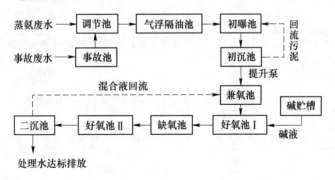

图 7-4 焦化废水处理流程

1) 预处理系统。初曝系统（初曝池、初沉池）的主要作用是对焦化废水进行预处理，去除对硝化反硝化系统有害和有抑制作用的有机和无机污染物（如酚、氰等），为生物脱氮提供一个良好的环境。在运行过程中溶解氧和 COD 去除效果的控制非常重要：若溶解氧过低，则废水中酚、氰等去除效果不好，将直接抑制生物脱氮的效果；若溶解氧过高，则 COD 降解率会大大提高，造成后段生物脱氮的碳源严重不足，致使反硝化效率不高，影响总氮的脱除。实践证明，预处理系统溶解氧控制在 $1 \sim 1.5 mg/L$、COD 去除率基本控制在 50%～60% 时处理效果最好，酚、氰等物质基本可以降到不影响生物脱氮的浓度。

2）生物脱氮系统。生物脱氮系统由好氧硝化和兼氧（厌氧）反硝化及污泥回流系统组成。为了降低处理成本，充分利用废水中的碳源，将厌氧反硝化进行了前置处理。通过初曝预处理和前置反硝化处理，进入好氧阶段的 COD 含量为 200～300mg/L，有利于硝化作用的进行。在硝化作用阶段投加氢氧化钠来调节系统 pH 值，使其维持在 7.5～8.0。

（6）硝化和反硝化工艺。全程硝化-反硝化生物脱氮一般包括硝化和反硝化两个阶段。硝化反应是在供氧充足的条件下，水中的氨氮在亚硝化细菌的作用下被氧化成亚硝酸盐，再在硝化细菌的作用下进一步氧化成硝酸盐；反硝化反应是在缺氧或厌氧条件下，反硝化细菌在有碳源的情况下将硝酸根离子还原为氮气。硝化和反硝化工艺典型即 A/O 法，从已运行的厂家来看，其处理效果还是比较好的，只要精心设计操作得当，出水水质是可以满足排放标准要求的。

我们推荐采用以 A/O 为基础的处理方案。A/O 法有以下 4 种组合方式：1）A/O 法，即缺氧-好氧法；2）A^2/O 法，即厌氧-缺氧-好氧法；3）A/O^2 法，即缺氧-好氧-好氧法；4）A^2/O^2 法，即厌氧-缺氧-好氧-好氧法。第 1）种处理方法，流程最短，投资最少，但处理效果较差；第 3）种方法由两部分组成：缺氧反应槽和两级好氧槽。废水首先进入缺氧反应槽，在这里细菌利用原水中的酚等有机物作为电子供体而将回流。混合液中的含氮离子还原成气态氮化物。反硝化出水流经两级曝气池，使残留的有机物被氧化，氨和含氮化合物被硝化。污泥回流的目的在于维持反应器中一定的污泥浓度，防止污泥流失。第 2）种和第 3）种处理方法，其流程、投资及处理效果介于第 1）和第 4）种之间；第 4）种处理方法流程最长，是生化处理最完善的，技术处理效果最好，其处理流程见图 7-5。

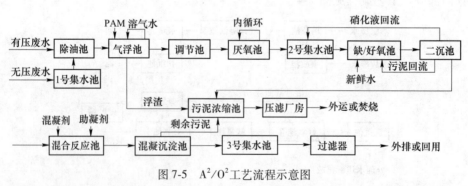

图 7-5 A^2/O^2 工艺流程示意图

7.2.5 焦化废水的工艺比较

几种工艺都能达到预期的处理效果，但经分析比较，A^2/O^2 法工艺方案在以下方面具有明显优势：（1）以废水中有机物作为反硝化碳源和能源，不需要补充外加碳源。（2）废水中的部分有机物通过反硝化去除，减轻了后续好氧段负荷，减少了动力消耗。（3）反硝化产生的碱度可部分满足硝化过程对碱度的需求，因而降低了化学药剂的消耗。（4）SBR 对自控水平要求高，其相应的管理水平较高，而 A^2/O^2 法管理较简单，适合公司污水处理管理水平现状。（5） A^2/O^2 法污水处理站建投资比 SBR 法略高，但其设备及自控方面的投资比 SBR 法低很多，相应的 A^2/O^2 法的总投资要小一些。（6） 目前 A^2/O^2 法工艺在焦化废水处理中应用较为广泛和成熟。

7.3 造纸企业废水综合处理

造纸工业废水是严重的污染源，排放量大，会给周围水体带来严重污染和生态环境的破坏。据近年统计资料介绍，全国制浆造纸工业污水排放量约占全国污水排放总量的 10%~12%，居第三位；排放污水中化学耗氧量（COD_{Cr}）约占全国排放总量的 40%~45%，居第一位。

7.3.1 造纸废水的来源

造纸所用植物原料均含有纤维素、木质素和半纤维素（即聚糖类）三大成分，这是公认的。造纸主要利用纤维素，蒸煮制浆取出了纤维素，而将木质素、半纤维素和加入的烧碱（或亚铵）一起进入黑液中而被抛弃，即取一弃二。就数量而言，以麦草为例，纤维素仅占 40%，木质素约 25%，半纤维素约 28%，即制浆厂仅利用了原料的 40%，而丢弃了原料的 60%，纸厂排放污染物数量是十分惊人的。由于这些污染物是以流体形式通过地下管道或沟渠流入河流水域的，其数量之大但不被人所察觉，如果将这些污染物转化成固体，一袋袋倒入河流，人们将会察觉到其数量之大，对水质破坏之严重。由此可知，造纸制浆废液的污染并不是本身有害有毒，而是人为地排放造纸本行业不需要的两种资源所造成的。反之，若将这两种资源取出得到有效的利用，其污染自然消除。

7.3.1.1 造纸厂产污流程

现代的造纸程序可分为制浆、调制、抄造、加工等主要步骤。

制浆过程：制浆为造纸的第一步，一般将木材转变成纸浆的方法有机械制浆法、化学制浆法和半化学制浆法等三种。

调制过程：纸料的调制为造纸的另一重点，纸张完成后的强度、色调、印刷性的优劣、纸张保存期限的长短直接与它有关。一般常见的调制过程大致可分为以下三步骤：（1） 散浆；（2） 打浆；（3） 加胶与充填。

抄造过程：抄纸部门的主要工作为使稀的纸料均匀地交织和脱水，再经干燥、压光、卷纸、裁切、选别、包装。

7.3.1.2 造纸工艺各工序废水的产生

造纸工业废水的排放量以及废水中污染物的负荷随着原料的种类、生产工艺方法、产品和技术管理水平的不同，存在很大的差异。一般说来，在整个制浆造纸生产过程中，从备料、蒸煮，一直到成纸各个工段都有废水排放，只是每个工段废水排放量和污染物成分和含量有所不同。造纸厂按工序排出三股水：一是制浆蒸煮废液，通称造纸黑液；二是分离黑液后纸浆的洗、选、漂水，也称中段水；三是抄纸机上的白水，白水是可以处理后回用的。中段水是黑液提取不完全所剩下的部分，应占总量 10% 以内。在黑液中所含的污染物占到了全厂污染排放总量的 90% 以上。因此，黑液排放是造纸厂污染的主要根源。

（1）黑液。即碱法制浆产生的黑液和酸法制浆产生的红液。制浆时纤维分离，漂白和抄纸时稀释、压榨、烘干浆料等工艺过程排出含有大量纤维、无机盐和色素等污染物浓度很高的废水，即黑水。

我国绝大部分造纸厂采用碱法制浆而产生黑液，黑液中所含的污染物占到了造纸工业污染排放总量的90%以上，且具有高浓度和难降解的特性，它的治理一直是一大难题。黑液中的主要成分有3种，即木质素、聚戊糖和总碱。木质素是一类无毒的天然高分子物质，作为化工原料具有广泛的用途，聚戊糖可用作牲畜饲料。

（2）中段水：洗涤漂白过程中产生大量含高浓度的木质素、纤维素和树脂酸盐等较难生物降解成分的中段水。制浆中段废水是指经黑液提取后的蒸煮浆料在筛选、洗涤、漂白等过程中排出的废水，颜色呈深黄色，占造纸工业污染排放总量的8%～9%，吨浆COD负荷310kg左右。中段水浓度高于生活污水，BOD和COD的比值在0.20到0.35之间，可生化性较差，有机物难以生物降解且处理难度大。

（3）白水：白水是抄纸机排出的含有大量纤维、填料和胶料的废水，即抄纸工段废水，它来源于造纸车间纸张抄造过程。白水主要含有细小纤维、填料、涂料和溶解了的木材成分，以及添加的胶料、湿强剂、防腐剂等，以不溶性COD为主，可生化性较低，其加入的防腐剂有一定的毒性。白水水量较大，但其所含的有机污染负荷远远低于蒸煮黑液和中段废水。

7.3.2　造纸废水的成分及其危害

造纸废水的SS、COD浓度较高，COD则由非溶解性COD和溶解性COD两部分组成，通常非溶解性COD占COD组成总量的大部分，当废水中SS被去除时，绝大部分非溶解性COD同时被去除。因此，废纸造纸废水处理要解决的主要问题是去除SS和COD。

造纸工业废水的特点是废水排放量大，COD高，废水中纤维悬浮物多，而且含二价硫和带色，并有硫醇类恶臭气味。

造纸废水危害很大，其中黑水是危害最大的，它所含的污染物占到了造纸工业污染排放总量的90%以上，由于黑水碱性大、颜色深、臭味重、泡沫多，并大量消耗水中溶解氧，严重地污染水源，给环境和人类健康带来危害。而中段水对环境污染最严重的是漂白过程中产生的含氯废水，例如氯化漂白废水，次氯酸盐漂白废水等。此外，漂白废液中含有毒性极强的致癌物质二噁英，也对生态环境和人体健康造成了严重威胁。

7.3.3　造纸废水产污控制

7.3.3.1　制浆控制技术

化学制浆过程是借助于各种化学药剂使植物纤维中的木质素发生化学降解、溶出，而对纤维素的损伤小，同时保留部分半纤维素，以获得满足造纸使用要求的优良纸浆。化学法制浆清洁生产的含义是：在最大限度地充分利用纤维原料，生产出满足一定使用要求纸浆的基础上，最大限度地减少污染的生成、排放，将污染控制在工艺过程中，或纸浆工艺有利于减少后续工艺中污染物的形成与处置。

国内外近几十年来制浆新工艺、新技术包括溶剂法制浆、氧碱法蒸煮、碱性过氧化氢生产高得率化学浆、深度脱木素等。最大限度地利用好植物纤维资源，节能降耗，生产过程使用环境友好的化学品，从生产各环节的源头削减对环境的污染是制浆造纸工业实现清洁生产的核心和内涵。

7.3.3.2 纸浆漂白工艺的改进

纸浆的漂白对化学浆而言，是借助于各种漂白化学药剂或酶制剂，使之作用于未漂浆中的残余木素，残余木素发生化学降解而溶出，从而赋予纸浆较高亮度的过程。氧脱木素技术是利用氧漂过程 O_2 在碱性介质中与浆中残余木素发生化学反应，使木素降解。由于 O_2 的选择性差，引起碳水化合物的降解，造成纸浆黏度下降，因此氧脱木素率一般控制在50%以下。为了提高氧脱木素的选择性，近年来研究采用预处理的方法使木素活化，已报道的氧漂前预处理的化学药剂有 NO_2、Cl_2、ClO_2、H_2O_2、无机酸等。

近年来，随着人们对生存环境的日益重视，相继研究并应用了一系列新的方法和技术，希望在进一步提高纸浆质量、降低成本的同时，减少制浆工业对环境的污染。生物技术的研究与应用无疑是这场制浆技术革命中最有前景、最吸引人的新技术之一。聚木糖酶促进纸浆漂白技术就是其中之一。能够影响聚木糖酶处理的因素很多，主要包括酶处理段的条件与其他一些因素，如材种、纸浆洗漆等。

酶是一种蛋白质，对环境条件极为敏感，每一种酶都有其特定的最佳处理条件。酶处理时的条件有 pH 值、温度、酶用量、纸浆浓度和反应时间等。聚木糖酶预处理技术对环境的贡献研究发现，采用聚木糖处理技术在改善浆料的可漂性、提高纸浆白度和强度的同时，可减少有效氯用量，针叶木硫酸盐浆或阔叶木硫酸盐浆采用聚木糖酶预处理技术，可使漂白总有效氯用量减少 20%~25% 或 10%~15%，从而大大减少漂白废水中氯代有机物的排放。

7.3.4 造纸废水的处理方法

7.3.4.1 物理处理法

（1）吸附法。吸附法是利用吸附剂巨大的比表面积，具有一定的吸附性能，对造纸废水中有机物进行分离，常用的吸附法有：黏土吸附法、粉煤灰吸附法、活性炭吸附法和水解吸附法。活性炭广泛用于废水处理中作为吸附剂以去除引起气味的有机物。活性炭作为吸附剂的最大优点是能够再生（达30次或更多次），而吸附容量却不会有明显的损失。

（2）絮凝法。高分子絮凝剂具有良好的絮凝、脱色能力并且使用操作方便，主要分为合成的无机高分子絮凝剂、有机高分子絮凝剂和天然有机高分子絮凝剂三大类。一般来讲，絮凝剂的分子量越大，絮凝活性越高。

（3）电渗析技术。电渗析是一种以电位差为推动力，利用离子交换膜的选择透过性，从溶液中脱除或富集电解质的膜分离操作。在外加直流电场作用下，利用膜的选择透过性使黑液中阴、阳离子做定向迁徙，使木素在阳极析出，阴极区回收 NaOH。电渗析与传统碱回收系统相结合的生产流程、处理造纸稀黑液可以得到碱和木质素。

（4）超声波膜。与其他膜电解技术相比，超声波膜电解技术能明显提高造纸废水的回收处理效果。虽然膜电解技术是水处理中的一个常用技术。但是如果用来处理造纸废水，则会由于膜污染严重，无法达到实用的目的。

7.3.4.2 化学氧化处理法

（1）水热氧化法。水热氧化技术是一种非常有效的新型化学氧化技术，它是在高温高压的操作条件下，在热水箱中用空气或氧气以及其他氧化剂，将造纸废水中的溶解态和悬浮态的有机物或者还原态无机物在热水箱中氧化分解，水热氧化技术的明显特征就是反应在热水箱中进行，所以能耗较高。

（2）光催化氧化。由于 TiO_2 具有无毒、化学稳定性好、光催化活性高等优点，已被广泛应用于各种有毒有害且生物难降解有机物的光催化降解过程。有研究表明，TiO_2 光催化氧化可有效降解制浆废水中的酚类有机物。另外，光催化氧化法对于造纸废水中的二噁英等有毒且难被生物降解的这类有机物，有很好的降解作用。光催化处理废水，其方法简单，占地面积小，又能避免传统处理方法所带来的二次污染问题，是一种很有发展前途的水处理技术。

（3）湿式氧化法。湿式氧化法是在高温（150~350℃）高压（5~20MPa）下用氧气或空气作为氧化剂，氧化水中溶解态或悬浮态的有机物或还原态的无机物，使之生成二氧化碳和水的一种处理法。

（4）高级化学氧化法。造纸废水中有毒的、以及难以生物降解的物质的存在影响了生物处理方法的处理效果，这时可以采用高级化学氧化的方法进行处理。

（5）电化学氧化法。主要利用光、声、电磁及其他无毒试剂催化氧化技术处理有机废水，由于电极间电子的得失转移，从而破坏污染物的组成。其优点是：只发生在水中，且不需另加催化剂，避免了二次污染；可控制性强、无选择性、条件温和、费用低、兼有气浮、絮凝、杀菌作用；废水中的金属离子可使正负极同时作用等，尤其是对于难于生化降解、对人类危害极大的"三致"有机污染物，电化学氧化最有效。

7.3.4.3　生物处理法

（1）好氧生物处理法。好氧生物处理法即在有氧条件下，借助好氧微生物（主要是好氧菌）的作用来降解污染物的方法。

（2）厌氧生物处理法。厌氧生物处理是利用兼性厌氧菌和专性厌氧菌在无氧的条件下降解有机污染物的处理技术。在厌氧生物处理过程中，复杂的有机化合物被降解和转化为简单、稳定的化合物，同时释放能量，其中大部分能量以甲烷的形式出现。厌氧法适用于石灰草浆蒸煮废液、碱法制浆废水等。通常使用的厌氧处理装置有厌氧流化床（AFB）、折流式厌氧反应器（ABR）、上流式厌氧污泥床（UASB）以及毛发载体生物膜装置。

7.3.4.4　造纸废水的综合处理

（1）厌氧-好氧组合处理法。厌氧-好氧组合处理工艺能充分发挥厌氧微生物承担高浓度、高负荷与回收有效能源的优势，同时也能利用好氧微生物生长速度快、处理水质好的优点。

（2）以生物法为主、物化为辅的碱法草浆废水综合治理技术。"以生物法为主、物化法为辅的综合治理技术"首先采用物理法（过滤），其次采用生化法作为主要手段，大幅度削减黑液与中段水中的有机负荷，仅用物化法作为辅助手段，实现废水的达标排放或回用。

（3）两相厌氧膜-生化系统。采用传统两相厌氧工艺（BS）与膜分离技术相结合的系统 MBS 处理造纸黑液废水，COD 去除率平均可达73%。MBS 系统具有更高的稳定性。

（4）物化和生化结合法。化学沉淀法、曝气、活性污泥、厌氧处理都可以用来处理造纸废水，而且这些方法结合起来也是适用的。

7.3.5 造纸废水黑液的处理与资源化

造纸黑液的治理是解决整个造纸工业污染的关键，由于黑液中含有难以生物降解的木质素以及其他一些有毒物质，使得黑液的治理成为世界性的难题。

目前我国造纸黑液污染治理技术可概括为三类：一是碱回收技术，二是物化加生化技术，三是资源化技术。

碱回收技术是造纸黑液处理较为成熟的技术，在各地取得了广泛的应用。根据不同的工作原理，又可分为燃烧法、电渗析法及黑液气化法等。

（1）燃烧法碱回收技术。燃烧法碱回收技术的完整流程分为提取、蒸发、燃烧、苛化–石灰回收四道工序。基本原理是将黑液浓缩后在燃烧炉中进行燃烧，将有机钠盐转化为无机钠盐，然后加入石灰将其苛化为氢氧化钠，以达到回收碱和热能的目的。

（2）电渗析法。电渗析法工艺一般采用循环式流程，黑液通过阳极室循环，稀碱液通过阴极室循环。在直流电场作用下，Na^+ 通过阳膜进入阴极室，与电解产生的 OH^- 结合生成 NaOH 而得以回收碱；阳极室黑液由于电解产生 H^+ 而不断被酸化，到一定程度时，将大部分木质素沉淀析出。电渗析法碱回收具有工艺过程简单，操作方便、设备投资少，易于自动化等特点。为了进一步提高碱回收率并降低耗电量，尚需对电极和膜片进行改进。

（3）黑液气化法。黑液碱回收除了常采用上述两种方法外，在国外还普遍使用的一种方法是黑液气化法。其原理是将黑液在高温快速反应器中气化，使其中的有机物转化为清洁的可供燃气轮机使用的燃料气体。黑液气化法比传统的燃烧回收更有效，且环境友好性强，是制浆造纸工业能源生产与回收的一种有前景的技术。

对比以上三种工艺，总体上讲，燃烧法碱回收能够比较充分、全面地回收利用资源，对于规模在年产量 1.7 万吨以上的造纸企业，该技术在经济上可收回成本或有一定收益。但我国由于木材短缺，采用非木纤维原料生产的纸浆占纸浆总量的70%以上，这样的原料结构限制了工厂的生产规模，80%以上是年产 2 万吨以下的中小型造纸厂，这些企业基本上不具备碱回收系统。

物化加生化技术包括：

（1）酸析法。酸析法的原理是将提取的黑液经微滤机去除细小纤维后，进入加有酸液的木素分离器，木质素的溶解度随着 pH 值的下降而下降，一般在 pH 值降到 5.0 以下时，碱性木素中的 Na^+ 离子被 H^+ 离子取代形成絮状沉淀析出，气浮或沉降分离的木素经加热、压滤脱水成为木素产品。这种方法的 COD 去除率为 80%，SS 去除率为 85%，色度去除率为 95%，木素回收率为 80%。

在深入研究的基础上，人们提出了一种主要针对中小型造纸厂的技术方案。该方法与一般酸化处理方法不同的是，在黑液酸化沉降木质素后，不是将酸化清液中和后外排，而是继续苛化。苛化后清液的色度和悬浮物可降低 90% 以上，pH 值接近蒸煮原液，补充少量试剂后即可用作制浆蒸煮液。试验表明，采用上述工艺不仅能消除中小型造纸厂对环境所造成的污染，而且基本不会增加运行费用，甚至可降低制浆成本。图 7-6 是某造纸厂的酸析法黑液处理工艺流程图。

此造纸厂的黑液处理过程中没有外加酸，而是采用烟道废气和煅烧过程中产生的 SO_2

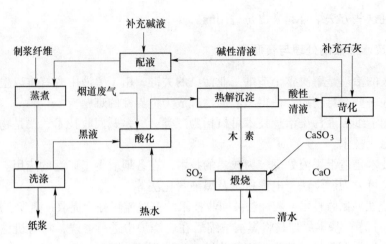

图 7-6　酸析法黑液处理工艺流程图

进行酸化处理。初步研究表明，利用循环过程中产生的 SO_2 作酸析剂可中和黑液至 pH＝4，这样不仅能降低治理费用，且可达到以废治废的目的。分离出的沉淀外观为泥土状，经干燥后即可得到较为纯净的木质素。

（2）混凝沉淀法。混凝沉淀法的原理是将黑液酸化后，投加絮凝剂沉淀，固液分离后，沉渣作为燃料而再焚烧，滤液再经吸附过滤后部分回用于制浆工段，其余的排入中段废水。它利用专一的絮凝剂去除黑液中的硅，并用化学反应将木质素、纤维素、半纤维素凝聚沉淀，对上部的清液稀碱可再回用到生产中去。黑液稀碱回收工艺流程示意图见图7-7。

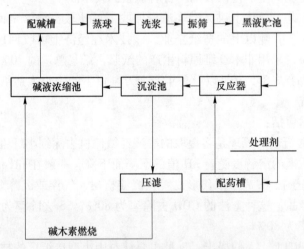

图 7-7　黑液稀碱回收工艺流程示意图

蒸球黑液经洗浆振筛分离，黑液进入黑液贮池，经贮存调节进入反应器。在反应器内加入絮凝剂、化学药剂与黑液反应。絮凝剂、化学药剂总投加量约3%。当黑液反应完毕后，进入沉淀池进行分离：沉渣选用板框压榨机处理，出渣含水率60%～70%，渣中主要含半纤维素和木质素硅酸盐，经自然干化，即可燃烧，具有较高热值，其热值约12.55kJ/kg（3000cal/kg）；沉淀池清液（总含碱5g左右）蒸球不能全部接纳，可用干渣燃烧，使浓缩后的清液含碱量提高到 10g 左右，进入配碱槽替换部分碱，再用于蒸球蒸煮，达到回收部分碱的目的。在该工艺的稀碱回收工段中，所耗药剂费用为 4.4 元/吨黑液，其他费用 0.6 元/吨，即综合运行费 5 元/吨左右。每吨黑液中可回收碱（折合成纯 NaOH）2.5kg，按现行市场碱价格 2 元/kg 计，2.5kg 碱合 5.0 元，即处理运行费用与碱回收的价格基本持平。

（3）厌氧生物处理法。草浆黑液经过预处理后，采用厌氧处理工艺降低 COD_{Cr}，回收部分沼气能量。厌氧流程普遍使用效率较高的 AFB（厌氧流化床）、UASB（上流式厌氧污泥床）或具有两相厌氧特点的 ABR（厌氧折流板反应器），COD_{Cr} 去除率一般为 50% 左右。在条件具备的情况下，将造纸黑液与其他废弃物、液混合处理，可以达到相互利用、以废除废的效果。

相对于好氧生物法，厌氧工艺处理高浓度有机废水有其独特的优点：能够以沼气形式回收能源，污泥产量低，对复杂有机物初步降解，对后续工艺有利。其主要缺点是：对废水中有毒物质敏感；处理不够彻底，必须有后续工艺方能使污水达标排放；运行管理相对复杂，对碱无法回收。造纸黑液综合资源化治理技术方案为：

浆液分离→蒸发浓缩（中段进行磺化反应）→喷雾干燥

浆液分离：将原始料浆除杂质后，经过具有"三挤两置换"功能的双网浆液挤压机，使黑液提取率达 90% 及以上，黑液浓度 8%~10% 左右，提取黑液不大于 $10m^3/t$ 浆。

蒸发浓缩：浆液分离后的黑液，浓度约 8%~10%，经高效节能卧式喷淋蒸发装置蒸发浓缩后的浓度为 40% 左右。蒸发过程中，蒸发器热源产生的蒸汽冷凝水可作锅炉补充水，或在生产中使用，浓缩过程中的蒸发冷凝水可回用，无污水排放，蒸发浓缩中段经过高压反应釜进行磺化反应。

喷雾干燥：浓缩后的黑液经过高速离心喷雾干燥机进行喷雾干燥，制取木质素磺酸盐产品，有广阔用途。

7.3.6 造纸废水白水的处理与资源化

白水中所含物质包括溶解物（DS）、胶体物（CS）和悬浮固形物（SS）。DS 和 CS 来自纤维原料、生产用水和生产过程中所添加的各种有机和无机添加剂及应用的化学药品，SS 主要来自细小纤维和填料。有机物包括木材降解产物、添加剂的各种聚合物等；无机物包括各种金属阳离子和阴离子，如作为填料或涂料加入的 $CaCO_3$、滑石粉、白土、TiO_2 等和作为施胶或助留、助滤剂加入的硫酸铝等。

（1）气浮法。气浮法白水处理的工作原理、是在一定的压力下将空气溶解在水内，作为工作介质，然后通过浸在被处理的白水中的特定释放器骤然减压而释放出来，产生无数的微细气泡，与经过凝聚反应后白水中的杂质颗粒黏附在一起，使其密度小于水的密度，而浮于水面上，成为浮渣而除去，使白水得到净化。气浮法处理白水是目前白水回用中用得较多的一种回用技术，其中的常规溶气气浮法很早就用于处理造纸白水，后来又开发出射流气浮白水回用技术，最近又开发出了超效浅层气浮技术。

（2）射流气浮法。射流气浮法适用于造纸白水中纤维、填料及水的回收，也适用于各类废水处理中的固液分离及污泥浓缩。其主要原理为：压力溶气水经减压释放出直径约为 $50\mu m$ 气泡的气-水混合液与含有悬浮物的废水混合，形成气-固复合物进入气浮池进行分离。

（3）超效浅层气浮法。超效浅层气浮技术是目前用得较多的白水处理方法，天津、无锡一些公司生产的超效浅层气浮设备已在广州造纸厂等多家造纸厂用于白水处理。其原理与传统溶气气浮相同，不同的是它先进的快速气浮系统，超效浅层气浮池成功地运用了"浅池理论"和"零速原理"，通过精心设计，集凝聚、气浮、撇渣、沉淀和刮泥等多项功能于一体，是一种水质净化处理的高效设备。

超效气浮技术的特点是：

1）溶气水质量很高，其气泡直径一般在 $10\mu m$ 左右，大大增加了微气泡与 SS 的接触面积和接触点，有利于上浮作用；

2）池子很浅，一般水位控制在 600mm 左右，大大缩短了气浮时间，一般 3~5min 即可完成气浮过程，因此，气浮效率可比射流深池气浮提高 5 倍以上；

3）布水均匀，且释放出的水直接上升，基本无横向流动，避免了横流对上浮作用的影响；

4）出浆独特，采用连续运转的回转勺式汇浆器，对上层积聚的悬浮物去除及时，且干扰很小，避免了浮出物的重新下沉；

5）释放器有特色，释放均匀，有利于提高气浮效果；

6）靠近池底部有连续运转的沉淀物清除刮板，便于及时清除沉淀物，保证池底干净及有效的气浮水深。

超效浅层气浮装置表面负荷和容积负荷高、占地空间小、净化效率高。实践证明，含污浓度高的废纸造纸废水，若只采用一级物化处理很难达到国家规定的污染物排放标准，而超效气浮装置和二级生化处理相结合的方法可使造纸废水达标排放，是处理废纸造纸废水行之有效的办法。

（4）真空过滤法。真空过滤法对于白水的处理效果良好：白水中的悬浮物含量平均由 2153mg/L 降至 30mg/L，回收率达 98.98%，吨纸耗清水由原来平均 200kg 降为 65kg。该技术适用于大、中型制浆造纸厂，主要用于造纸白水中纤维、填料及水的回收。

真空过滤法主要特点是：

1）过滤过程连续，工艺过程稳定，对造纸工艺没有负面影响；

2）适应性好，它对各种白水中纤维和填料的回收都具有良好的效果，对涂布纸白水回收效果也很显著；

3）设备占地面积小，节省基建开支，并且对老生产线的改造也具有良好的适应性和灵活性；

4）运行费用低，真空系统除非特殊情况，一般不用真空泵，运行过程中除有限的电耗外，无其他附加的消耗费用；

5）纤维和填料的回收率高，一般能达到 95% 以上；

6）清滤液的固形物含量低；

7）自动化程度高，可利用计算机和各种仪表控制；

8）虽然正常运转时有时需加入一定量的预挂浆，但回收过程中完全能把预挂浆全部回收，并且过滤后的浆和水可不经过处理直接进入造纸工艺流程。

（5）絮凝沉淀法。絮凝沉淀法，即利用适当的絮凝剂处理废水，可以使其中的细小纤维和其他细小固体颗粒悬浮物沉淀下来。在造纸白水的处理过程中，造纸白水先经微孔过滤处理回收纤维，降低白水中的悬浮物含量，再加入混凝剂和助凝剂，使白水中的细小纤维、填料、胶体性物质及部分溶解性有机物聚沉，处理后的澄清水可完全回用于生产或排放。化学絮凝处理造纸白水具有投资少、工期短、处理系统运行管理简单、操作灵活、处理效果好等特点。能有效去除再生造纸废水中的SS、色度以及有机物等，得到的泥浆经过适当处理后还能用作生产箱纸板的纸浆，处理的上清液可以作为工业水循环使用，因此，其经济效益和环境效益相当显著。

（6）生化法。生化法也是处理造纸白水的重要方法，它利用微生物能氧化分解有机物并将其转化为无机物的能力来处理废水。生化法根据所使用微生物的种类，可分为好氧法、厌氧法及生物酶法。

好氧法是利用好氧微生物在有氧条件下处理废水的方法。常用的好氧处理方法有活性污泥法、生物膜法、生物滤池、生物转盘、生物接触氧化、污水灌溉、氧化塘法、生物流化床等。

厌氧法是在无氧的条件下，通过厌氧微生物来处理废水的方法，它的操作条件要求比好氧法苛刻，但有其独到的特点和优势，比如在经济上更有吸引力。厌氧法目前开发出的有厌氧塘法、厌氧滤床法、厌氧流动床法、厌氧膨胀床法、厌氧旋转圆盘法、厌氧发酵反应器法、厌氧池法、厌氧接触反应器、UASB法等。其中研究和应用较热的是UASB法。

酶处理法与其他微生物处理技术相比，具有催化效能高，反应条件温和，对废水质量及设备情况要求较低，反应速度快，对温度、浓度和有毒物质适应范围广，可以重复使用等优点。影响酶处理效率的主要因素包括污染物种类和浓度、酶的种类和浓度、pH值、絮凝剂和吸附剂以及污染物之间的协同效应等。

（7）膜分离法。用膜分离技术处理造纸白水，可以较彻底去除造纸白水中的金属离子和溶解性无机盐，是实现造纸零排放目标的有效措施之一。一项研究采用浸没式纤维膜作为生物膜载体，及无泡供氧于一体的生物膜反应器污水处理装置处理造纸白水，分析结果表明：总有机碳（TOC）、COD的去除率分别达到78%~96%和88%~94%，而电导率的下降率达95%~97%。膜分离技术具有处理效果好、能耗低、占地面积小、操作管理容易等优点。但它处理水量的能力不大、费用较高。

7.3.7 造纸废水的综合处理实例分析

7.3.7.1 工程概况

某公司以废纸为原料，生产高强瓦楞原纸。该企业通过对造纸工艺进行技术改造和分工序实施水封闭循环，使吨纸耗水量逐年下降。采用内循环厌氧反应器/好氧活性污泥法处理废纸造纸废水，处理出水水质达到企业生产的回用水水质要求，实现了"零排放"。工程投产后不仅节约了水资源，而且为企业创造了一定的经济效益。

废纸造纸的废水污染物量相对于用原生植物纤维制浆造纸要少，但 COD、SS 浓度仍然较高。工程设计规模为 $6000m^3/d$，废水主要来自制浆和造纸车间。根据生产的需要，对处理出水中 SS 和 BOD_5 要求较为严格。设计进、出水水质见表7-14。

表 7-14 设计进、出水水质

项目	COD/mg·L^{-1}	BOD$_5$/mg·L^{-1}	SS/mg·L^{-1}	pH
进水	5000	2000	2000	6~9
出水	1000	30	100	6~9

7.3.7.2 处理工艺

改造后的废水处理工艺流程见图 7-8。

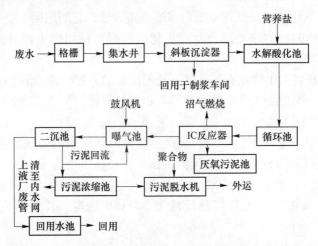

图 7-8 改造后的废水处理工艺流程

造纸车间排水经白水沟的机械格栅去除大的固形物后，由泵提升到异向流斜板沉淀器进行纤维回收，下部高浓度废水送到破浆机，上清液流入水解酸化池。水解酸化池出水经循环池由泵提升至 IC 反应器进行厌氧生化反应。由于造纸废水缺乏 N、P，故在水解酸化池中加入营养盐（尿素和磷酸氢二铵）。IC 反应器出水重力流入曝气池进行好氧生化反应。好氧池出水经二沉池泥水分离后进入回用水池，供纸机生产用水。二沉池的污泥用泵排至污泥浓缩池进行浓缩，之后进入带式压滤机脱水处置。

7.3.7.3 主要处理单元设计

（1）机械格栅与集水井。格栅宽为 800mm，栅条间隙为 5mm，功率为 1.1kW。集水井直径为 20m，深为 4m，设提升泵 2 台（1 用 1 备），$Q=400\text{m}^3/\text{h}$，$H=280\text{kPa}$，$N=37\text{kW}$。

（2）斜板沉淀器。上清液设计流量为 6000m^3/d。每台斜板沉淀器的面积为 20m^2，共4 台（新建 3 台，利旧 1 台）。

（3）水解酸化池。水解酸化池有效容积为 1332m^3，停留时间为 5.3h。废水在水解酸化池中达到 30% 的预酸化度，满足 IC 反应器的进水要求。同时需在水解酸化池中投加生化反应所需要的营养盐。

（4）IC 反应器。IC 反应器具有自调节的气提内循环结构，循环废水与原水混合可稀释进水浓度。内循环所带来的能量使得泥水在底部混合更加充分，从而提高了污泥活性。与 UASB 相比，IC 反应器具有更强的抗冲击负荷能力。

（5）曝气池。曝气池长为 16m、宽为 10m、深为 4.8m，共 4 座，总有效容积为

$2800m^3$。曝气池水力停留时间为 11.2h，容积负荷为 $3.2kgCOD/(m^3 \cdot d)$。曝气池供氧利用原有罗茨鼓风机（3台），其中 1台 $Q = 23.04m^3/min$、$P = 49kPa$、$N = 30kW$；1台 $Q = 50.4m^3/min$、$P = 49kPa$、$N = 75kW$；1台 $Q = 11.5m^3/min$、$P = 49kPa$、$N = 18.5kW$。

（6）二沉池。采用辐流式沉淀池，直径为25m，池深为3.6m，表面负荷为 $0.5m^3/(m^2 \cdot h)$。池内设半桥式刮泥机1台，功率为2.2kW。污泥回流井内设污泥回流泵2台，1用1备，$Q = 280m^3/h$，$H = 160kPa$，$N = 18.5kW$。二沉池出水进入回用水池再回用于生产。回用水池2座，1座新建，1座利旧，总有效容积为 $1000m^3$。

（7）污泥处理系统。污泥浓缩池利用原污泥浓缩池，直径为3m，高为5m。污泥脱水利用原污泥脱水系统，带式压滤机的带宽为1m。

7.3.7.4 运行情况

该公司造纸废水"零排放"工程所有处理设施运行平稳正常后，处理水量已达到 $3600m^3/d$，满足生产用水需求，经处理后的水质符合纸机生产用水要求，实现了生产用水的"零排放"。经当地环境监测中心监测，出水各项指标均达到设计要求，满足该公司回用水质控制指标要求，监测结果见表7-15。

表7-15 废水处理工艺运行效果

项目	斜板沉淀进水	斜板沉淀出水	水解酸化池出水	IC反应器出水	曝气池出水
$COD/mg \cdot L^{-1}$	—	5781	5207	2660	852
$BOD_5/mg \cdot L^{-1}$	—	—	2046	252	29
$SS/mg \cdot L^{-1}$	4.038	531	334	—	74
pH值	7.50	7.50	7.30	7.85	8.25

IC反应器产生的沼气送至纸机车间的燃烧器，点燃后用于纸页的辅助干燥。同时IC反应器产生的颗粒污泥性状良好，可作为其他新建项目种泥出售。此外，好氧处理排放的剩余污泥通过投加絮凝剂改良后，目前也全部回用于造纸生产，实践证明完全符合生产要求，在实现废水"零排放"的同时，可实现污泥的"零排放"。

7.3.8 造纸废水的循环利用

造纸废水是一种处理难度较大的工业废水，一般通过物化法＋生化法使其中的污染物质得以降解。由于废水本身所含污染物十分复杂，经处理后，出水虽能基本达到排放标准，但与废水回用对水质的要求相距较远，采用传统砂滤、活性炭过滤、多介质过滤等处理工艺实现废水回用处理，只是一定程度降低出水悬浮物浓度，对废水中可溶性污染物如COD、氨氮和盐分等无法进一步除去，如果回用，会直接影响到纸张效果。

制浆废液：通过常规的碱回收工艺可以得到回收利用。

中段水：通常所说的造纸废水主要指的是中段水，它含有木素、半纤维素、糖类、残碱、无机盐、挥发酸、有机氯化物等，具有排放量大、COD高、pH值变化幅度大、色度高、有硫醇类恶臭气味、可生化性差等特点，属于较难处理的工业废水。

纸机白水：通过气浮或多盘真空过滤等处理后可直接回用于生产。

造纸黑液循环回用的途径：

（1）资源化治理。资源化治理有变废为宝的优点，设备较简单，系统运行较稳定；但为了不影响制浆质量，碱性清液回用率不能超过 25%，致使相应的碱回收率仅为 5%；处理过程中生成的各种产品由于杂质较多，无综合利用价值，需进一步处理。

（2）资源化利用。直接利用草浆黑液加入煤粉制造黑液水煤浆，通过燃烧获得热能，燃烧后的排气达标，残渣可用作建材；或将黑液通过化学法改性，用作钻井泥浆降粘剂。另一研究方向是提取黑液中的木质素，通过化学方法对其进行改性，成为化工原料，可制成减水剂、沥青乳化剂、水处理剂等，对此已有大量研究成果。

造纸白水是指抄纸系统的废水，主要含有大量的细小纤维、填料等悬浮物，以及施胶剂、防腐剂、增强剂等，同时也含有很多的溶解性胶体物质（DCS）。其溶解 COD、BOD 指标较低，分别在 300～800mg/L 和 100～300mg/L 范围，但悬浮物的含量较高，差异也较大，在 500～3500mg/L 范围。从目前国际上相关技术的发展情况来看，在纸机系统首先实行白水的循环回用是较为可行的。造纸白水循环回用的途径：

（1）直接回用。这是目前造纸白水回用中用得较多的一种方式，也是效率最高的回用方法。这样可节省系统外处理所需的大量管线、池槽和泵类，并可使系统更紧凑，管理更方便。在满足生产系统用水的前提下，多余白水尽量回用于制浆系统和纸机对水质要求不很严格的生产过程。

（2）间接回用。将经过白水回收机回收纤维后的白水，根据水质要求和具体情况，选择用水部位。处理后水质好的白水可用作对水质要求较高的生产过程如洗毯、洗网等，也可送往打浆调料部分作稀释用水以及送往制浆车间。

（3）封闭循环。造纸工业中采用封闭循环，使工艺用水及其他资源如白水中的纤维、填料等得到回收利用，做到废水不外排。这在技术经济与环境保护两方面，均是理想目标。但目前做到白水的封闭循环难度很大。

（4）分质-串级-循环。造纸企业的生产工艺比较复杂，工艺设备对水质的要求各不相同，白水回用水质完全可以按照供水要求分类。同时由于实现白水零排放的封闭循环的基建投资和运转费用较高，因此人们摸索总结出一种"按质用水、清浊分流、分片循环、一水多用"的方法，即"分质-串级-循环"用水法。

7.4　制药废水综合处理

7.4.1　制药废水的来源

制药工业相对于其他产业，具有原料成分复杂、生产过程多样、产品种类繁多等特点。制药过程中产生的废水污染物含量高、可生化降解性差、水质水量变化大，是较难处理的工业废水之一。制药工业污染物排放标准体系由 6 个分标准组成，即发酵类、化学合成类、提取类、中药类、生物工程类和混装制剂类。

7.4.2　制药废水的成分与危害

制药行业废水中含有的主要污染物有悬浮物（SS）、化学需氧量（COD）、生化需氧量（BOD）、氨氮（NH_3-N）、氰化物及挥发酚等有毒有害物质。

（1）发酵类制药废水。发酵类制药废水来源于发酵、过滤、萃取结晶、提炼、精制等过程。主要污染指标是 pH 值，色度，BOD_5、COD、SS、动植物油、氨氮和 TOC 含量，急性毒性，总锌含量和总氰化物含量等。

（2）化学合成类制药废水。化学合成类制药废水是用化学合成方法生产药物和制药中间体时产生的废水。主要污染指标为 pH 值，色度，SS、BOD_5、COD、动植物油、氨氮和 TOC 含量，急性毒性，总镉、总汞、总铅含量等金属类毒性无机物，以及苯、乙醇、氯仿等有机溶剂含量。

（3）提取类制药废水。提取类制药废水包括从母液中提取药物后残留的废滤液、废母液和溶剂回收残液等。主要污染指标为 pH 值，色度，BOD_5、COD、SS、动植物油、氨氮、TOC 含量，急性毒性等。废水成分复杂，水质水量变化大，pH 波动范围较大。传统的处理方法主要为化学方法，目前较为理想的处理方法是物理、化学和生物方法相结合。

（4）中药类废水。中药类废水产生于生产车间的洗泡蒸煮药材、冲洗、制剂等过程。主要污染指标为 pH 值，BOD_5、COD、SS、动植物油、氨氮、TOC 和总氰化物含量，急性毒性等。该类废水有机污染物含量高，成分复杂，难于沉淀，色度高，可生化性好，水质水量变化大。采用生化法处理比较常见，通常为水解酸化、厌氧折流板反应器（ABR）、上流式厌氧污泥床（UASB）、序批式活性污泥法（SBR）等工艺的组合工艺。

（5）生物工程类制药废水。生物工程类制药废水是以动物脏器为原料培养或提取菌苗血浆和血清抗生素及胰岛素胃酶等产生的废水。主要污染指标为 pH 值，色度，BOD_5、COD 和 SS、动植物油、氨氮、TOC、挥发酚、甲醛、乙腈、总余氯含量，急性毒性等。成分复杂，COD、SS 含量高，水质变化大并且存在难生物降解且有抑菌作用的抗生素。多采用生物处理工艺，尤其以厌氧/好氧组合工艺为主。

（6）混装制剂类制药废水。混装制剂类制药废水来源于洗瓶过程中产生的清洗废水、生产设备冲洗水和厂房地面冲洗水。主要污染指标为 pH 值，BOD_5、COD、SS、TOC 含量，急性毒性等。废水水质较简单，属于中低含量有机废水。常采用生物法处理，如生物接触氧化法、水解酸化+SBR 工艺、气浮+过滤物化法等。

7.4.3 制药厂产污流程

制药产品的生产过程主要是发酵、过滤、离子交换、浓缩、酯化、转化以及精制等多种复杂而有序的物理、化学和生物过程，在这些工艺过程中会产生大量的高有机污染含量废水。

生物制药、化学制药、其他植物提取、生物制品及制剂生产过程伴有各种生产工艺和生产方式，复杂性生产工艺和多样性生产方式决定了废水产生多样性的特点。归纳起来可分为 4 类：

（1）主生产过程排水。此排水是最重要的一类废水，包括废滤液、废母液（从滤液中提取药物）、溶剂回收残液等。该废水浓度高、酸碱性和温度变化大、药物残留是此类废水的特点，虽然水量未必很大，但是其中污染物含量高，对全部废水中的 COD 贡献比例大，处理难度大。

（2）辅助过程排水。辅助过程排水包括工艺冷却水、动力设备冷却水、循环冷却水系统排水、水环真空设备排水、去离子水制备过程排水，蒸馏设备冷凝水等。此类废水污染物浓度低，但水量大，并且季节性强，企业间差异大，此类废水也是近年来企业节水的目标。需要注意的是，一些水环真空设备排水含有溶剂，COD 浓度高。

（3）冲洗水。冲洗水包括容器设备冲洗水、过滤设备冲洗水、树脂柱冲洗水、地面冲洗水等。其中过滤设备冲洗水污染物浓度很高，主要是悬浮物，如果控制不当，也会成为重要污染；树脂柱冲洗水水量也比较大，初期冲洗水污染物浓度高，并且酸碱性变化大，也是一类重要废水。

（4）生活污水。生活污水与企业的人数、生活习惯、管理状态相关，但不是主要废水。

7.4.4　制药废水的处理方法

制药废水的处理难点在于废水中的某些成分有可能抑制微生物的生长，进一步降低废水的可生化性，使出水不符合排放标准。因此，提高可生化性是制药废水处理过程中面临的首要问题。目前，制药废水的处理方法主要有生化法、化学法和物理化学法以及其组合方法。

7.4.4.1　物化处理

根据制药污水的水质特点，在其处理过程中需要采用物化处理作为生化处理的预处理或后处理工序。目前应用的物化处理方法主要包括混凝、气浮、吸附、氨吹脱、电解、离子交换和膜分离法等。

（1）混凝法。该技术是目前国内外普遍采用的一种水质处理方法，它被广泛用于制药污水预处理及后处理过程中，如硫酸铝和聚合硫酸铁等用于中药污水等。高效混凝处理的关键在于恰当地选择和投加性能优良的混凝剂。近年来混凝剂的发展方向是由低分子向聚合高分子发展，由成分功能单一型向复合型发展。刘明华等以其研制的一种高效复合型絮凝剂 F-1 处理急支糖浆生产污水，在 pH 值为 6.5，絮凝剂用量为 300mg/L 时，废液的 COD、SS 和色度的去除率分别达到 69.7%、96.4% 和 87.5%，其性能明显优于 PAC（粉末活性炭）、聚丙烯酰胺（PAM）等单一絮凝剂。

（2）气浮法。气浮法通常包括充气气浮、溶气气浮、化学气浮和电解气浮等多种形式。新昌制药厂采用 CAF 涡凹气浮装置对制药污水进行预处理，在适当药剂配合下，COD 的平均去除率在 25% 左右。

（3）吸附法。常用的吸附剂有活性炭、活性煤、腐殖酸类、吸附树脂等。武汉健民制药厂采用煤灰吸附-两级好氧生物处理工艺处理其污水。结果显示，吸附预处理对污水的 COD 去除率达 41.1%，并提高了 BOD_5/COD 值。

（4）膜分离法。膜技术包括反渗透、纳滤膜和纤维膜，可回收有用物质，减少有机物的排放总量。该技术的主要特点是设备简单、操作方便、无相变及化学变化、处理效率高和节约能源。

（5）电解法。该法处理污水具有高效、易操作等优点而得到人们的重视，同时电解法又有很好的脱色效果。采用电解法预处理核黄素上清液，COD、SS 和色度的去除率分别达到 71%、83% 和 67%。

7.4.4.2　化学处理

应用化学方法时，某些试剂的过量使用容易导致水体的二次污染，因此在设计前应做好相关的实验研究工作。化学法包括铁炭法、化学氧化还原法（试剂、H_2O_2、O_3）、深度氧化技术等。

（1）铁炭法。工业运行表明，以 Fe-C 作为制药污水的预处理步骤，其出水的可生化性可大大提高。楼茂兴等采用铁炭-微电解-厌氧-好氧-气浮联合处理工艺处理甲红霉素、盐酸环丙沙星等医药中间体生产污水，铁炭法处理后 COD 去除率达 20%，最终出水达到国家《污水综合排放标准》（GB 8978—1996）一级标准。

（2）试剂处理法。亚铁盐和 H_2O_2 的组合称为试剂，它能有效去除传统污水处理技术无法去除的难降解有机物。随着研究的深入，又把紫外光（UV）、草酸盐（$C_2O_4^{2-}$）等引入试剂中，使其氧化能力大大加强。程沧沧等以 TiO_2 为催化剂，9W 低压汞灯为光源，用试剂对制药污水进行处理，取得了脱色率 100%，COD 去除率 92.3% 的效果，且硝基苯类化合物从 8.05mg/L 降至 0.41mg/L。

采用该法能提高污水的可生化性，同时对 COD 有较好的去除率。对 3 种抗生素污水进行臭氧氧化处理，结果显示，经臭氧氧化的污水不仅 BOD_5/COD 的比值有所提高，而且 COD 的去除率均为 75% 以上。

（3）氧化技术。氧化技术又称高级氧化技术，它汇集了现代光、电、声、磁、材料等各相近学科的最新研究成果，主要包括电化学氧化法、湿式氧化法、超临界水氧化法、光催化氧化法和超声降解法等。其中紫外光催化氧化技术具有新颖、高效、对污水无选择性等优点，尤其适合于不饱和烃的降解，且反应条件也比较温和，无二次污染，具有很好的应用前景。

7.4.4.3 生化处理

生化处理技术是目前制药污水广泛采用的处理技术，包括好氧生物法、厌氧生物法、好氧-厌氧等组合方法。

（1）好氧生物处理。由于制药污水大多是高浓度有机污水，进行好氧生物处理时一般需对原液进行稀释，因此动力消耗大，且污水可生化性较差，很难直接生化处理后达标排放，所以单独使用好氧处理的不多，一般需进行预处理。常用的好氧生物处理方法包括活性污泥法、深井曝气法、吸附生物降解法（AB 法）、接触氧化法、序批式间歇活性污泥法（SBR 法）、循环式活性污泥法（CASS 法）等。

1）深井曝气法。深井曝气是一种高速活性污泥系统，该法具有氧利用率高、占地面积小、处理效果佳、投资少、运行费用低、不存在污泥膨胀、产泥量低等优点。

2）AB 法。AB 法属超高负荷活性污泥法。AB 工艺对 BOD_5、COD、SS、磷和氨氮的去除率一般均高于常规活性污泥法。其突出的优点是 A 段负荷高，抗冲击负荷能力强，对 pH 和有毒物质具有较大的缓冲作用，特别适用于处理浓度较高、水质水量变化较大的污水。杨俊仕等采用水解酸化-AB 生物法工艺处理抗生素污水，工艺流程短，节能，处理费用也低于同种污水的化学絮凝-生物法处理方法。

3）生物接触氧化法。该技术集活性污泥和生物膜法的优势于一体，具有容积负荷高、污泥产量少、抗冲击能力强、工艺运行稳定、管理方便等优点。很多工程采用两段法，目的在于驯化不同阶段的优势菌种，充分发挥不同微生物种群间的协同作用，提高生化效果和抗冲击能力。

4）SBR 法。SBR 法具有耐冲击负荷强、污泥活性高、结构简单、无需回流、操作灵活、占地少、投资省、运行稳定、基质去除率高、脱氮除磷效果好等优点，适合处理水量水质波动大的污水。王忠用 SBR 工艺处理制药污水的试验表明：曝气时间对该工艺的处理效果有很大影响；设置缺氧段，尤其是缺氧与好氧交替重复设计，可明显提高处理效果；反应池中投加 PAC 的 SBR 强化处理工艺，可明显提高系统的去除效果。近年来该工艺日趋完善，在制药污水处理中应用也较多，邱丽君等采用水解酸化-SBR 法处理生物制药污水，出水水质达到 GB 8978—1996 一级标准。

（2）厌氧生物处理。目前国内外处理高浓度有机污水主要是以厌氧法为主，但经单独的厌氧方法处理后出水 COD 仍较高，一般需要进行后处理。目前仍需加强高效厌氧反应器的开发设计及进行深入的运行条件研究。在处理制药污水中应用较成功的有上流式厌氧污泥床（UASB）、厌氧复合床（UBF）、厌氧折流板反应器（ABR）、水解法等。

1）UASB 法。UASB 反应器具有厌氧消化效率高、结构简单、水力停留时间短、无需另设污泥回流装置等优点。采用 UASB 法处理卡那霉素、氯霉素、VC、SD 和葡萄糖等制药生产污水时，通常要求 SS 含量不能过高，以保证 COD 去除率在 85%～90% 以上。二级串联 UASB 的 COD 去除率可达 90% 以上。

2）UBF 法。买文宁等将 UASB 和 UBF 进行了对比试验，结果表明，UBF 具有反应液传质和分离效果好、生物量大和生物种类多、处理效率高、运行稳定性强的特征，是实用高效的厌氧生物反应器。

3）水解酸化法。水解池全称为水解升流式污泥床（HUSB），它是改进的 UASB。水解池较之全过程厌氧池有以下优点：不需密闭、搅拌，不设三相分离器，降低了造价并利于维护；可将污水中的大分子、不易生物降解的有机物降解为小分子、易生物降解的有机物，改善原水的可生化性；反应迅速、池子体积小、基建投资少，并能减少污泥量。

（3）厌氧-好氧及其他组合处理工艺。随着膜技术的不断发展，膜生物反应器（MBR）在制药污水处理中的应用研究也逐渐深入。MBR 综合了膜分离技术和生物处理的特点，具有容积负荷高、抗冲击能力强、占地面积小、剩余污泥量少等优点。白晓慧等采用厌氧-膜生物反应器工艺处理 COD 为 25000mg/L 的医药中间体酰氯污水，选用杭州化滤膜工程公司生产的 ZKM-W0.5T 型膜组件，系统对 COD 的去除率均保持在 90% 以上；利用专性细菌降解特定有机物的能力，首次采用了萃取膜生物反应器处理含 3，4 二氯苯胺的工业污水，HRT 为 2h，其去除率达到 99%，获得了理想的处理效果。尽管在膜污染方面仍存在问题，但随着膜技术的不断发展，将会使 MBR 在制药污水处理领域中得到更加广泛的应用。

7.4.4.4 制药废水的深度处理

针对制药生产废水的水质特征，多年来人们普遍采用："消除废水生化抑制影响预处理-厌氧生化（包括厌氧水解或厌氧消化）-好氧生化-废水深度处理"的工艺途径。废水首先进行生化抑制影响预处理，将其毒性控制在生化抑制浓度以下，以提高废水的可生化性，然后再通过厌氧生化和好氧生化以及后续的深度处理措施实现废水的达标排放。由于制药生产废水组分复杂、可生化性差，不同品种药物的生产废水特性有较大的区别。因此，很难保证制药企业的废水污染治理在方案制定、工程设计、实施运行等过程，能针对其特定产品废水的特点，确立优化的组合工艺及其过程参数，从而造成技术选择不合理、工艺设计参数选用不科学，废水处理设施不能保证长期、稳定达标排放。此外，随着近年来水资源的匮乏和企业节水指标的持续提高，单位产品用水量的不断减少，导致企业综合废水的污染物浓度在大幅度提高。

（1）混凝沉淀技术。混凝沉淀技术是目前国内外普遍采用的、提高废水处理效率的一种既经济又简便的固液两相体系分离的水处理方法，作为预处理、中间处理或深度处理的手段已成功应用于制药废水处理中。其中，混凝过程的主要作用是通过投加化学药剂把水中稳定分散的微细污染物转化为不稳定状态并聚集成易于分离的絮凝体或絮团。现代水处理技术认为，混凝工艺具有去除浊度、色度和有机有毒物的功能。沉淀过程是提供动态的流动空间，使混凝过程形成的絮体在重力作用下沉降，实现固液分离的过程。张鹏等在制药废水二级出水的混凝沉淀对比试验研究中发现，当混凝剂 PAC 的最佳混凝条件为投加量为 120mg/L，pH＝8，温度为 25℃时，COD_{Cr} 的去除率可达 74.12%，出水 COD_{Cr} 浓度在 38.83～90.58mg/L 之间，浊度的去除率达到 89.98%。

混凝沉淀工艺发展较早，因而技术成熟，具有设备简单，维护操作容易掌握，运行稳定的优点。但该工艺对溶解性物质的去除率较低，同时也难以彻底去除水中病原微生物、有毒有害微量污染物和生态毒性等。

（2）活性炭吸附技术。活性炭是一种多孔碳质吸附材料，具有巨大的比表面积和高度发达的孔隙结构，其吸附能力得到了公认。它的吸附机理是以物理吸附为主，同时化学吸附也在起作用，对水体环境如温度等有很强的适应能力，可有效去除废水中的重金属、色度、消毒副产物、臭味、农药等。檀俊利等采用三级活性炭吸附深度处理制药厂二级生化出水的实验研究表明，进水化学需氧量（COD_{Cr}）质量浓度控制在 400mg/L 以下，通量控制在 25L/h，进水倍数在 1000 倍以内，出水 COD_{Cr} 可控制在 100mg/L 以下。

但活性炭的成本问题一直是其在发展中国家大规模应用的主要瓶颈。

（3）膜分离技术。目前膜分离技术深度处理制药废水的研究主要有纳滤、微滤、反渗透等。微滤可去除沉淀不能去除的包括细菌、病毒和寄生生物在内的悬浮物。超滤可去除腐殖酸和富里酸等大分子有机物，反渗透可用于降低矿化度和去除总溶解固体。用超滤和反渗透处理二级出水不仅能除去悬浮固体和有机物，而且能去除溶解的盐类和病原菌等，得到高质量的再生水。反渗透对二级出水的脱盐率达 90% 以上，水的回收率 70% 左右，COD 和 BOD 的去除率 85% 左右，细菌去除率 90% 以上，并且对含氯化合物、氮化物和磷也有优良的脱除性能。

此外，膜生物反应器（MBR）工艺是集合了传统污水处理与膜过滤技术的新型污水处理工艺，它是利用高效分离膜组件取代二沉池，与生物处理中的生物单元组合形成的一套有机水净化技术。该工艺的研究对象从生活污水扩展到高浓度有机废水（食品废水、啤酒废水）与难降解工业废水（石化废水、印染废水等），但以生活污水的处理为主。李振红等利用浸没一体式 MBR 工艺对某制药厂原污水处理工艺出水进行了深度处理中试试验，结果表明，该工艺在 DO 质量浓度分别为 2mg/L、4mg/L、6mg/L 时，出水 COD 去除率分别为 63%、75%、80%，出水 NH_3-N 的去除率分别为 88.5%、93.6% 和 94%。

但目前膜污染和投资运行费用较高，制约了其在制药废水深度处理中的应用和发展。

（4）高级氧化技术。20 世纪 80 年代发展起来的高级氧化技术，能够利用光、声、电、磁等物理和化学过程产生的高活性中间体·OH，快速矿化污染物或提高其可生化性，具有适用范围广、反应速率快、氧化能力强的特点，在处理印染、农药、制药废水和垃圾渗滤液等高毒性、难降解废水方面具有很大的优势。近年来，世界范围内对高级氧化技术的研究主要包括试剂法、臭氧氧化法、湿式氧化技术、超临界水氧化法、光催化氧化法、电化学氧化法及超声氧化法等。

（5）生物处理技术。由于好氧生化处理法对于中低度的有机废水有很好的处理效果，因此在制药废水的深度处理中，采用预处理-好氧生物处理相结合的组合工艺是比较适宜的。目前深度处理中研究较多的好氧生物处理技术有生物活性炭法、曝气生物滤池、生物接触氧化法、生物流化床及膜生物反应器等。

从上述制药废水的深度处理技术研究不难看出，利用单一的处理技术进行制药废水的深度处理有一定的局限性，或是不能确保做到达标排放，或是受成本的制约。近年来，国内学者将制药废水深度处理的研究重点放在多种单元技术的优化组合。

7.4.5　高浓度制药废水处理及回用工程实例

7.4.5.1　工程概况

瑞阳制药有限公司废水来源主要是制药车间生产过程中产生的生产废水、洗涤废水及冲洗水等，废水排放量大，有机污染物浓度高。车间废水分为特高浓度、高浓度、低浓度废水三类，低浓度废水可生化性好，$BOD/COD \approx 0.45$，可以补充特高浓度废水和高浓度废水后续处理所需的碳源。针对上述情况，铺设不同管道，特高浓度废水、高浓度废水、低浓度废水分别进入系统进行处理。具体废水水量水质见表7-16，工艺流程见图7-9。

表 7-16　工程设计水量及排放标准

项目	水量/$m^3 \cdot d^{-1}$	COD/$mg \cdot L^{-1}$	SS/$mg \cdot L^{-1}$	pH 值
特高浓度废水	50	10 万	5000	4~5
高浓度废水	600	1 万	2000	6~9
低浓度废水	3350	200	500	6~9
排放标准		100	70	6~9

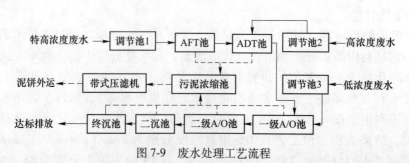

图 7-9　废水处理工艺流程

7.4.5.2　处理工艺

采用兼氧-深曝-两级 A/O 工艺对其进行处理，并将根据废水不同浓度实行分质处理，处理后出水达到《污水综合排放标准》（GB 8978—1996）一级标准，之后再经曝气池-精过滤器处理系统，最终达到企业中水回用要求。废水先经格栅去除掉大的悬浮物、垃圾等，之后特高浓度废水进入调节池 1 和兼氧池（AFT）进行前处理，调节池内设潜水搅拌机，均匀水质且使废水中颗粒物不在池内沉积；特高浓度废水进入 AFT 内去除有机污染物的同时将大分子物质的链打断，从而提高废水的可生化性；高浓度废水进入调节池 2 和深曝池（ADT）进行预处理，调节池内的潜水搅拌机起到均匀水质水量的作用，AFT 出水和高浓度废水混合进入 ADT 反应池，ADT 内深层曝气和中层曝气与表层导流相结合，微生物活性更高，耐冲击；低浓度废水进入调节池 3，和经前处理和预处理后的废水一同进入两段 A/O 处理系统，对废水中的有机物、氨氮进一步去除，最终经二沉池和终沉池沉淀后达标排放。AFT、ADT、A/O 工艺都设污泥回流系统，可以增强菌种活性，保证处理效果，剩余污泥排放至污泥浓缩池，最终经带式压滤机压成泥饼，填埋处置。

7.4.5.3 主要构筑物及设备

（1）调节池 1。1 座，钢筋混凝土结构，尺寸 15m×12m×9m，有效容积 1350m³，HRT27d，内设 TQK-2L-1.1 型潜污泵 2 台（1 用 1 备），QJB1.5/8-400/3-740/S 型潜水搅拌机 2 台，格栅 GSHZ1000×3.1 型 1 台。该池主要调节特高浓度废水。

（2）调节池 2。1 座，钢筋混凝土结构，尺寸 22.5m×10m×9m，有效容积 1688m³，HRT67.5h，内设 TQK-2L-2.2 型潜污泵 2 台（1 用 1 备），QJB3.5/8-400/3-740/S 型潜水搅拌机 2 台，格栅 GSHZ1000×2.6 型 1 台。该池主要调节高浓度废水。

（3）调节池 3。1 座，钢筋混凝土结构，尺寸 22.5m×20m×9m，有效容积 3375m³，HRT24.2h，内设 TQK-3L-7.5 型潜污泵 3 台（2 用 1 备），QJB 5.5/12-620/3-480/S 型潜水搅拌机 2 台，格栅 GSHZ1000×1.6 型 1 台。该池主要调节低浓度废水。

（4）AFT 反应池。1 座，钢筋混凝土结构，尺寸 42m×20m×11m，有效容积 8568m³，HRT 62.5d，控制 DO 0.5mg/L，污泥浓度 1500mg/L，设 50GW20-15 型污泥回流泵 2 台（1 用 1 备），MDK3000 型罗茨鼓风机 3 台（1 用 2 备），微孔曝气器 32 组。

（5）ADT 反应池。1 座，钢筋混凝土结构，尺寸 42m×21.5m×11m，有效容积 9030m³，HRT167h，控制 DO1.5~4mg/L，污泥浓度 3000mg/L，设 WFB80 型污泥回流泵 2 台（1 用 1 备），与 AFT 反应池共用罗茨鼓风机，微孔曝气器 28 组。

（6）一级 A/O 池。1 座，钢筋混凝土结构，尺寸 30m×30m×9m，有效容积 7380m³，控制 A 区 HRT 8h，DO 小于 0.3mg/L；O 区 HRT 32h，DO 2~4mg/L，污泥浓度 2500mg/L。设 WFB150 型污泥回流泵 2 台（1 用 1 备），WFB150 型混合液回流泵 2 台（1 用 1 备），HSR250 型罗茨鼓风机 3 台（1 用 2 备），微孔曝气器 40 组。

（7）二级 A/O 池。1 座，钢筋混凝土结构，尺寸 40m×20m×9m，有效容积 5200m³，控制 A 区 HRT 6h，DO0.2~0.5mg/L；O 区 HRT 18h，DO3~5mg/L，污泥浓度 1500~2000mg/L。设 WFB150 型污泥回流泵 2 台（1 用 1 备），WFB150 型混合液回流泵 2 台（1 用 1 备），与 A/O 池一段共用罗茨鼓风机，微孔曝气器 18 组。

（8）二沉池。1 座，钢筋混凝土结构，尺寸 10m×10m×5m，有效容积 450m³，HRT 2.7h，设 ZG-Z6940 型刮泥机 1 台，WFB65 型回流泵 2 台（1 用 1 备），生化池出水实现固液分离，降低 SS，污泥回流和剩余污泥排放。

（9）终沉池。1座，钢筋混凝土结构，尺寸 15m×10m×5m，有效容积 675m³，HRT 4h，设 XGZ 型刮渣机 1 台，WFB65 型排泥泵 2 台（1 用 1 备），对出水进行二次泥水分离，加强泥水分离效果，同时起到出水把关的作用，保证出水水质稳定达标。

（10）污泥浓缩池。2座，钢筋混凝土结构，尺寸 5m×8m，单座有效容积 137m³，设 PZG-Z4200 型刮泥机 2 台，G40 型螺杆泵 2 台。

7.4.5.4　运行效果分析

验收监测结果见表 7-17。

表 7-17　系统验收检测结果

项　目		日期	检测结果				
			1	2	3	4	平均值
特高浓度废水	pH 值	0715	6.94	6.86	7.07	6.90	
		0716	7.02	7.20	6.88	7.13	
	SS/mg·L⁻¹	0715	60	81	76	53	68
		0716	51	77	63	70	65
	COD_{Cr}/mg·L⁻¹	0715	13300	10000	11200	10500	11250
		0716	12600	14500	13600	11800	13125
高浓度废水	pH 值	0715	7.20	7.35	7.40	7.22	
		0716	7.35	7.24	7.44	7.29	
	SS/mg·L⁻¹	0715	53	98	100	87	87
		0716	95	82	91	87	89
	COD_{Cr}/mg·L⁻¹	0715	2460	2620	2590	2430	2525
		0716	3180	3070	2620	2500	2843
低浓度废水	pH 值	0715	7.74	7.53	7.60	7.82	
		0716	7.93	7.70	7.88	7.60	
	SS/mg·L⁻¹	0715	76	134	87	92	97
		0716	80	95	86	92	88
	COD_{Cr}/mg·L⁻¹	0715	102	187	112	164	141
		0716	141	167	183	157	162
终沉池出水	pH 值	0715	7.90	7.79	8.13	7.85	
		0716	7.84	8.20	8.35	8.02	
	SS/mg·L⁻¹	0715	11	6	8	4	7
		0716	7	5	9	6	7
	COD_{Cr}/mg·L⁻¹	0715	48	51	47	46	48
		0716	53	46	45	41	46
	氨氮/mg·L⁻¹	0715	0.16	0.25	0.21	0.19	0.20
		0716	0.17	0.23	0.17	0.20	0.19
	BOD₅/mg·L⁻¹	0715	5.6	5.2	5.0	5.9	5.43
		0716	6.2	4.7	5.6	6.3	5.70

可见，项目出水符合《污水综合排放标准》（GB 8978—1996）中新污染源二级标准，也满足《山东省南水北调沿线水污染物综合排放标准》（DB 37/599—2006）一般保护区标准：$COD_{Cr} \leqslant 100mg/L$，$BOD_5 \leqslant 20mg/L$，$SS \leqslant 70mg/L$，$NH_3-N \leqslant 15mg/L$，$pH=6 \sim 9$。按照年生产 300 天工时核算出的年排放 COD_{Cr} 为 28.2t。

7.4.5.5　污水回用

经过对滤料的吸附性能、机械强度、性价比和再生功能等多种指标综合考虑，决定采用活性污泥法+精过滤器的方式处理回用水。

（1）曝气池。主要是对废水中的有机物、氨氮和磷进一步降解，池内 MLSS800 ~ 1000mg/L，SV30 为 15%。污泥回流比 50% ~ 100%，DO 保持在 1.5 ~ 3mg/L。生化处理技术可靠、运行费用低、出水水质稳定。

（2）精过滤器。罐内由下至上为粗、中、细三种粒径的石英砂，按设计滤层厚度 3m 进行均匀铺设，将投料口固定密封紧后，进行进水检验，采用上部进水、下部出水的流程，7 ~ 10 天进行一次反冲洗，每个罐顶配置有一个压力表和排气阀，用于根据观测实际情况进行调整。

7.4.5.6　结论

（1）对终沉池出水进行深度处理，出水 $COD_{Cr} < 30mg/L$、$BOD_5 < 10mg/L$、$SS < 10mg/L$、$pH=6 \sim 9$。

（2）该工程占地 $4800m^2$，总投资费用为 3600 万元。运行成本为 1.792 元/m^3，其中电费 1.612 元/m^3，药剂费 0.12 元/m^3，人工费 0.06 元/m^3。而中水回用可节省 0.5 元/m^3，故综合运行费用为 1.292 元/m^3。

7.4.6　制药废水的循环利用

推进制药业清洁生产，提高原料的利用率以及中间产物和副产品的综合回收率，通过改革工艺使污染在生产过程中得到减少或消除。由于某些制药生产工艺的特殊性，其污水中含有大量可回收利用的物质，对这类制药污水的治理，应首先加强物料回收和综合利用。如浙江义乌华义制药有限公司针对其医药中间体污水中含量高达 5% ~ 10% 的铵盐，采用固定刮板薄膜蒸发、浓缩、结晶、回收质量分数为 30% 左右的 $(NH_4)_2SO_4$、NH_4NO_3 作肥料或回用，具有明显经济效益；某高科技制药企业用吹脱法处理甲醛含量极高的生产污水，甲醛气体经回收后可配成福尔马林试剂，也可作为锅炉热源进行焚烧。通过回收甲醛使资源得到可持续利用，并且 4 ~ 5 年内可将该处理站的投资费用收回，实现了环境效益和经济效益的统一。但一般来说，制药污水成分复杂，不易回收，且回收流程复杂，成本较高。因此，先进高效的制药污水综合治理技术是彻底解决污水问题的关键。

———— 本 章 小 结 ————

含油废水中油主要有浮油、分散油、乳化油、溶解油，含油废水的主要处理方法有重力法（隔油池）、浮选法、絮凝法、吸附法、粗粒化法、电化学法和生物法等。其他废水的处理方法包括化学、物理、生物法，大多以生物法为主。

思 考 题

7-1 请说明含油废水有哪些来源？

7-2 油在水中有哪些状态？并加以说明。

7-3 乳化细菌有哪些破乳方法？并加以说明。

7-4 含油废水有哪些处理方法？

7-5 含油废水有哪些回用措施？

7-6 焦化废水有哪些危害？

7-7 焦化废水处理工序有什么原则？

7-8 造纸废水有哪些处理方法？

7-9 焦化废水的综合处理常用哪些工艺？

7-10 制药废水有哪些处理方法？并加以说明。

参 考 文 献

[1] 高廷耀，顾国维，周琪．水污染控制工程（第四版）（下册）［M］．北京：高等教育出版社，2015.

[2] 杨维，张戈，张平．水文学与水文地质学［M］．北京：机械工业出版社，2009.

[3] 张凯．水资源循环经济理论与技术［M］．北京：科学出版社，2007.

[4] 马忠玉，蒋洪强．城市水循环经济理论与实践研究［M］．宁夏：宁夏人民教育出版社，2010.

[5] 张自杰．排水工程．下册［M］.4 版．北京：中国建筑工业出版社，2000.

[6] Mosaddeghi Mohammad Reza, Pajoum Shariati Farshid, Vaziri Yazdi Seyed Ali, Nabi Bidhendi Gholamreza. Application of response surface methodology（RSM）for optimizing coagulation process of paper recycling wastewater using Ocimum basilicum［J］. Environmental Technology, 2020, 41（1）：100-108.

[7] 滕丽瑞．城镇污水处理厂生物化学强化除磷方法的研究［J］．中国新技术新产品，2019（18）：102-103.

[8] 苏战青．城市污水处理厂化学除磷方法探讨［J］．科技展望，2016，26（1）：74.

[9] 岳金强，赵艺，焦振雄．城市污水再生利用新模式的探讨［J］．中国资源综合利用，2019（2）：93-95.

[10] 冯章标，何发钰，邱廷省．选矿废水治理与循环利用技术现状及展望［J］．金属矿山，2016（7）：71-77.

[11] 钱元健，梁勇．含氰废水处理技术评述［J］．矿业工程，2004（4）：49-51.

[12] 余红兵，杨知建，肖润林，等．水生植物的氮磷吸收能力及收割管理研究［J］．草业学报，2013（1）：294-299.

[13] 邹元龙，赵锐锐，石宇，贾博中．钢铁工业综合废水处理与回用技术的研究［J］．环境工程，2007（6）：101-104.

[14] 肖菊芳．钢铁硫酸洗废液中嗜酸性氧化亚铁硫杆菌对重金属的去除及机理研究［D］．天津理工大学，2014.

[15] 陈辉．轧钢废水处理工艺及发展趋势［J］．科技资讯，2014（36）：112.

[16] 邱敬贤，刘君，梁凤仪．电化学法处理电镀废水的研究进展［J］．再生资源与循环经济，2019，12（10）：37-40.

[17] 李晓莉．电镀污水处理常用技术方法及工艺研究［J］．节能，2019，38（9）：16-17.

[18] 杨合，马兴冠，赵苏．光催化技术在废水处理中的应用［J］．环境保护科学，2004（1）：9-11.

[19] 马兴冠，伊兴杰，薛向欣．一体式膜生物反应器去除废水中氨氮的试验研究［J］．当代化工，2007（2）：151-153.

[20] 楼静，马兴冠，傅金祥．五氯酚废水处理技术研究进展［J］．中国造纸，2007（12）：67-70.

[21] 马兴冠，崔伟，马志孝，刘知远.HRT 对固定硝化菌处理超二级限值源水氨氮效果的影响试验［J］．沈阳建筑大学学报（自然科学版），2009，25（3）：541-543.

[22] 马兴冠，刘剑梅，韩冲，薛向欣．含钛高炉渣吸附水中磷的实验［J］．东北大学学报（自然科学版），2009，30（9）：1286-1290.

[23] 马兴冠，纪文娟，江涛，薛向欣，杨合，傅金祥．生活污水处理中胞外聚合物对活性污泥絮凝沉降性的影响［J］．过程工程学报，2013，13（2）：207-211.

[24] 马兴冠，贺一达，高强，王磊，张荣新，傅金祥．催化臭氧-Fenton 氧化工艺处理垃圾渗滤液研究与应用［J］．水处理技术，2015，41（5）：93-97.

[25] 马兴冠，赵秋菊，江涛．人工湿地植物外加碳源的预处理研究［J］．水处理技术，2015，41（7）：26-30.

[26] 马兴冠，贺一达，高强，王磊，何祥，傅金祥．两级 AO 组合工艺处理垃圾渗滤液系统的启动及优

化 [J]. 水处理技术, 2015, 41 (9): 95-101.

[27] 马兴冠, 贺一达, 高强, 王磊, 张荣新, 刘军. 活性氧化铝吸附法处理含氟污水工况研究及应用 [J]. 沈阳建筑大学学报 (自然科学版), 2015, 31 (6): 1120-1128.

[28] 俞岚. 电镀企业清洁生产审核实践研究 [D]. 杭州: 浙江工业大学, 2017.

[29] 左鸣. 电镀废水处理工艺优化研究 [D]. 广州: 华南理工大学, 2012.

[30] 武捷. 电絮凝法处理乳化油废水的试验研究 [D]. 镇江: 江苏大学, 2016.

[31] 苑丹丹. 油田典型石油污染源分析及其对生态影响评价 [D]. 大庆: 东北石油大学, 2011.

[32] 袁腾. 超亲水超疏油复合网膜的制备及其油水分离性能研究 [D]. 广州: 华南理工大学, 2015.

[33] 孙璐. 含乳化油废水新型破乳处理方法实验研究 [D]. 阜新: 辽宁工程技术大学, 2015.